Vorwort

Die Geschäfts- und Arbeitswelt hat sich in den letzten Jahren und Jahrzehnten auch aufgrund des Megatrends der Digitalisierung kolossal verändert.

Fast immer in Richtung zunehmender Selbstständigkeit und hoher Eigenverantwortung aller Akteure. Damit sind einerseits Freiheiten und mehr Spielraum bei der Aufgabenbearbeitung verbunden. Andererseits müssen sich Führungskräfte und Mitarbeiter stärker an ihren Zahlen messen lassen und werden stärker zur Verantwortung gezogen, wenn die Ergebnisse als unbefriedigend angesehen werden. Erkennbar ist dies am Abbau von Hierarchien, dem Streben nach intensiven Kunden-Lieferantenbeziehungen, steigenden variablen Anteilen an Gehältern, Ausgliederungen von (meist) Stabsabteilungen in Profit-Center oder Matrix- und Projektstrukturen. Das Credo der Agilität wird ausgerufen, um Unternehmen in einer von Unsicherheit und Wandel geprägten Umwelt dynamischer, flexibler, leistungsfähiger und damit letztlich überlebensfähig zu machen und zu halten.

Im Zuge dessen nimmt der Abstimmungsbedarf zu, Führungsaufgaben werden immer weiter von oben nach unten verlagert – und immer wieder geht es darum, Meinungen, Ressourcen und Ansichten auszutauschen und auszuhandeln. Aufgrund der starken Konkurrenzsituation auf dem Arbeitsmarkt sind gute Ergebnisse für die Führungskräfte und Mitarbeiter überlebensnotwendig. Der Prozess des Aus- und Verhandelns beginnt im Geschäftsleben jeden Tag von neuem.

Doch nicht nur das Geschäftsleben ist durchdrungen von Verhandlungen und Verhandlungsaktivitäten. Nahezu alle sozialen Situationen sind geprägt durch den Wunsch nach dem Austausch von Ressourcen, Informationen, Kooperationen und Unterstützung. Das heißt: Die Akteure sind ständig mit Geben und Nehmen beschäftigt und müssen immer wieder das für sie Richtige aushandeln.

All dies zeigt: Die Welt ist komplexer geworden – und dieses Buch trägt dem Rechnung: Erstmals wird das systemisch-konstruktivistische Paradigma zur Lösungssuche in Verhandlungsfragen einbezogen: Statt normativer Handlungspläne bekommen die Leser Werkzeuge an die Hand, mit denen eigene Deutungen und Interpretationen überprüft und neue Handlungsoptionen aufgespürt werden. Der Blick richtet sich immer auf die Chancen, die sich für die Verhandelnden ergeben. Damit wird sowohl das aktuell verfügbare

Anwendungswissen als auch das Reflexionswissen in Bezug auf Verhandlungen signifikant erweitert.

Gleichzeitig behandelt das Buch alle Facetten des Verhandelns, kooperative genauso wie kompetitive und manipulative. Der Fokus liegt auf ganz konkretem Handwerkszeug und beschreibt die zentralen Kompetenzen, die Verhandlungsakteure unter hohem Wettbewerbsdruck und in Zeiten knapper Ressourcen im Beruf erfolgreich machen.

Als Folge der Corona-Pandemie finden Verhandlungen zunehmend im virtuellen Raum statt. Bezogen auf die Kommunikation und die Verhandlungs-Tools hat das erhebliche Auswirkungen. Ein neues Kapitel zum Thema ‚Online-Verhandeln' trägt dieser Entwicklung Rechnung. Darin erfahren Sie, wie Sie die Nachteile der virtuellen Situation minimieren, vor allem aber, welche Vorteile sich daraus für Sie ergeben und wie Sie diese nutzen.

Dieses Buch berücksichtigt, dass jede Verhandlungssituation anders ist und es letztlich auf den professionellen Umgang mit den hier vorgestellten Methoden und Werkzeugen ankommt. Jenseits von: „So habe ich es gemacht und so ist es richtig" oder von: „So sollte es aber sein, wenn man es richtig macht und alle sollten sich daran halten" gibt es den Lesern Werkzeuge an die Hand, die sie in ihrer besonderen und einzigartigen Verhandlungssituation unterstützen.

Unter den Überschriften ‚Macht', ‚Manipulation', ‚kriegerisches Verhalten' und ‚diabolisches Verhandeln' werden Themen ausgeleuchtet, die sonst häufig im Schatten bleiben. Gleichwohl: „Erfolgreich systemisch verhandeln" ist kein Aufruf dafür, die Verhandlungspartner nach allen Regeln der Kunst und mit kaum durchschaubaren taktischen Finessen zu übervorteilen. Aber es zeigt Ihnen, woran Sie erkennen, wenn andere ganz genau dies im Schilde führen. Und auch, wie Sie das verhindern und die Verhandlung in Ihrem Sinne fortsetzen.

Und alle, die schon einmal in einer schlechten Verhandlungssituation waren, erfahren unter dem Stichwort Verhandlungsmacht, was sie unternehmen können, damit das nicht noch einmal geschieht.

Diesem Buch geht eine langjährige praktische und theoretische Beschäftigung mit dem Thema Verhandeln voraus. Praktisch in Form von eigenen Verhandlungen, als Verhandlungs-Coach und –Trainer und theoretisch in der wissenschaftlichen Auseinandersetzung zur Promotion an der Helmut-Schmidt-Universität in Hamburg.

Bedanken möchte ich mich bei allen Menschen für die wertvollen Anregungen, vor allem aber bei Prof. Dr. Harald Geißler (Hamburg) und Prof. Dr. Fritz B. Simon (Berlin) für die inspirierenden Gespräche.

Freiburg, Deutschland
Frühjahr 2021

Udo Kreggenfeld

Erfolgreich systemisch verhandeln

Gebrauchsanleitung für „Erfolgreich systemisch verhandeln"

Dieses Buch ist ein Kompendium der aktuellen Verhandlungsmethoden und des aktuellen Wissens über Verhandlungen. Ihr Vorteil: Sie finden auf rund 200 Seiten Informationen, für die Sie sonst mehrere Bücher lesen würden. Sie müssen „Erfolgreich systemisch verhandeln" nicht von vorne bis hinten durchlesen – obwohl das sicher nicht schadet. Sie können ebenso gut mittendrin anfangen oder auch am Ende, die einzelnen Kapitel sind in sich geschlossen, ‚stand alone' sozusagen.

Wer sehr konkret an praktischen Hinweisen und Empfehlungen interessiert ist, der beginnt die Lektüre am besten gleich mit Kap. 2.

Wer Interesse auch an Hintergründen und einer leichten Portion Verhandlungstheorie hat, wer sich auch fragt, was eigentlich die Unterschiede zur Mediation oder zum normalen Argumentieren sind und neugierig darauf ist, wie sich ein systemischer Ansatz für alltägliche Geschäftsverhandlungen nutzen lässt, der sollte sich auf die Kap. 1 und 3 stürzen.

Ich habe mich um große Lesefreundlichkeit bemüht. Zu Beginn eines jedes Kapitels erfahren Sie im Überblick, was da auf Sie zukommt und welche Vorteile Ihnen die Lektüre bringt. Die Kapitel schließen mit kurzen Zusammenfassungen, die Sie in die Lage versetzen, alles schnell in Ihren Alltag zu übertragen. Ebenso und ausschließlich der Lesefreundlichkeit ist es geschuldet, dass die in diesem Buch gewählte männliche Form sich immer zugleich auf weibliche, männliche und diverse Personen bezieht.

Und natürlich freue ich mich, wenn Sie bei Fragen oder Anregungen den Kontakt aufnehmen – entweder zum Verlag oder direkt zum Autoren: info@kreggenfeld.de und www.kreggenfeld.de

Inhaltsverzeichnis

1 Bevor es los geht – Grundlagen des Verhandelns

Zusammenfassung

Das erwartet Sie in diesem Kapitel:

In diesem Kapitel erhalten Sie Klarheit darüber, was es mit dem Verhandeln auf sich hat. Das Wort geht sehr leicht über die Lippen, alle (oder viele) reden darüber, aber was genau bedeutet es – und wie wichtig ist es für uns? Dazu werfen wir einen Blick in den Duden, gehen der Wortbedeutung auf den Grund und befragen die Wissenschaft.

Ihr Vorteil: Sie lernen die Unterschiede kennen zwischen Feilschen und Verhandeln, hartem und weichem Verhandeln sowie zwischen Verhandeln und Argumentieren. So können Sie besser entscheiden, welches Verhalten in welcher Situation angemessen ist.

Verhandeln erfüllt in unserem (Geschäfts-)Alltag ganz bestimmte Funktionen, z. B. auch die, Entscheidungen zu treffen (mit wem kooperieren wir, zu welchen Bedingungen, u. v. a. m.). Sie lernen Wege kennen, diese für sich am besten zu nutzen und im Zusammenhang mit Verhandlungen bessere Entscheidungen zu treffen. Das gilt auch für das Verhandlungsmanagement auf der betrieblichen Ebene.

Sie bekommen einen Überblick über typische Verhandlungssituationen in und zwischen Organisationen und auch darüber, was alles verhandelt wird und verhandelt werden kann. So bewahren Sie den Überblick, auch in Druck-Situationen und wissen immer, worum es gerade geht – oder gehen sollte.

Sie bekommen konkrete erste Impulse zum erfolgreichen Verhandeln und wissen nach der Lektüre, wann Sie besser selbst verhandeln und wann Sie sich besser vertreten lassen.

U. Kreggenfeld, *Erfolgreich systemisch verhandeln*,
https://doi.org/10.1007/978-3-658-33906-7_1

1.1 Verhandeln – Was heißt das eigentlich?

Ist das nicht eigentlich eine überflüssige Frage? – Verhandeln heißt, geben und nehmen und dabei die richtigen ‚Preise' auszuhandeln – fertig. So könnte man es sehen. Dann bräuchte man wahrscheinlich auch keine dicken Bücher darüber zu schreiben. Tatsächlich aber wissen wir, dass Verhandlungen nicht erst mit dem ersten Wort beginnen. Sondern weit vorher. Schon der erste Gedanke, die erste Assoziation, die auftaucht, wenn wir dieses Wort benutzen, kann den Verlauf und am Ende den Erfolg einer Verhandlung entscheidend beeinflussen.

Der eine bleibt dabei ganz locker, der andere spürt, wie sich sein Magen zusammenzieht – für ihn heißt Verhandeln ‚in den Kampf ziehen'. Kein Wunder, dass er dabei ins Schwitzen gerät.

Und weil immer wieder viel davon abhängt, wie effektiv wir sind und welchen Erfolg wir in unserem Leben – privat und geschäftlich – haben, macht es Sinn, sich einmal ganz genau anzuschauen, was die unterschiedlichsten Akteure unter dem Begriff Verhandeln verstehen.

Vom Verhandeln unter Diplomaten bis zum Feilschen auf dem Bazar

> Mit dem Wort Verhandlungen verknüpfen sich Assoziationen an diplomatische und politische Auseinandersetzungen, Waffenstillstands- und Friedensgespräche, Fusionsvereinbarungen zwischen Konzernen, Spieleraustausch bei Sportvereinen, an Teppichhandel und Preisfeilscherei in orientalischen Bazaren. (Crott et al. 1977)

Vielleicht mögen Sie jetzt denken, dass das Verhandeln im Alltag vieler Menschen keine oder kaum eine große Rolle spielt. Denn letztlich sind es wenige, die bei den oben angeführten Anlässen mit am Tisch sitzen. Zu groß ist die Distanz zwischen der eigenen Erfahrungswelt und den medial Aufsehen erregenden Verhandlungen, über die dann in der „Tagesschau" oder dem „heute journal" berichtet wird.

Auch bei einer von uns durchgeführten Befragung von Teilnehmern eines Seminars antwortete ein 50jähriger Teamleiter, es sei ihm sehr schwer gefallen, etwas zum Thema Verhandeln zu sagen, da so etwas in seinem Leben keine Rolle spiele. Das war insofern verwunderlich, als er zu diesem Zeitpunkt bereits von der „Gewissensprüfung" beim Kreiswehrersatzamt und dem Scheidungsprozess mit seiner Ex-Frau erzählt hatte – beides Situationen mit hohem Verhandlungspotenzial, wie wir noch sehen werden.

Verhandelt wird auch vor Gericht – über Streitfragen, über die man sich mit der anderen Seite nicht einigen konnte. Jetzt muss ein Richter entscheiden.

Der tritt in schwarzer Robe auf, das Protokoll verlangt, dass sich alle Anwesenden erheben – und kraft seiner so bekundeten Autorität verkündet der Richter dann ein Urteil. Wer liefert sich so einem Verfahren schon gerne aus?

Vor Gericht und auf hoher See bist Du in Gottes Hand

Dieses geflügelte Wort drückt die Machtlosigkeit aus, die mit der geschilderten Situation häufig wahrgenommen wird. Wen wundert es da, wenn dem Wort Verhandeln eine gewisse Schwere anhaftet?

Verhandelt wird auch auf dem Basar. Dort allerdings ritualisiert, es wird gefeilscht, um des Feilschens willen. Fast schon egal, welcher Nutzen hinter dem Objekt der Begierde steckt – losgelöst von Leistungsmerkmalen also – schwirren Preise und Zahlen durch die Luft, wie es in folgendem arabischen Sprichwort deutlich wird:

> Sagt er 12, meint er 10, will er haben 8, wird es wert sein 6, will ich geben 4, werd ich sagen 2.

Auf dem Basar lässt sich viel Geschrei und Palaver beobachten. Womöglich rennt der Kunde wild gestikulierend aus dem Laden – um sich dann vom Verkäufer wieder zurückholen zu lassen. Am Ende scheint er den Teppich oder die Vase zu einem sensationell guten Preis ergattert zu haben. Zuhause, wenn sich die Emotionen gelegt haben, mag sich dann ernüchternd herausstellen, dass alles immer noch viel zu teuer war.

Jetzt könnten wir zu folgendem Schluss kommen: Der nächste orientalische Basar liegt einige Flugstunden entfernt, eine Gerichtsverhandlung, die uns betrifft (bei der wir im schlechtesten Fall auf der Anklagebank sitzen) wird hoffentlich nie oder zumindest selten stattfinden – und die bedeutungsträchtigen Verhandlungen in Wien etwa zum Atomprogramm des Iran, sind vom eigenen Handlungsbereich so weit entfernt, dass ein Durchschnittsbürger hierzulande mit Verhandlungen nicht viel zu tun hat. Oder? Weit gefehlt, denn: Verhandlungen sind kein außergewöhnliches, seltenes oder exotisches Phänomen, sondern eine zentrale Komponente des alltäglichen sozialen Austausches.

Der Alltag der meisten Menschen ist von einer Vielzahl an Verhandlungsaktivitäten durchdrungen. Im Alltag versuchen Sie mit Ihrem Partner vielleicht Fragen zu klären wie:

> „Was machen wir am Wochenende?" „Wer geht noch mit dem Hund raus?" „Wie richten wir das neue Wohnzimmer ein?"

Im Beruf ergeht es vielen kaum anders:

> „Nach welcher Strategie richten wir unser Unternehmen aus?" „Wer aus der Gruppe der Teamleiter bekommt den Job als Abteilungsleiter?" „Wer zieht in das größere Büro?"

Wir alle brauchen Ressourcen, Informationen, Unterstützung von anderen. Und denen geht es genauso. Das bedeutet, dass wir täglich mit dem Geschäft von Geben und Nehmen zu tun haben.

Möglicherweise nehmen wir die Situationen, in denen diese Fragen erörtert und entschieden werden, nicht als Verhandlungssituationen wahr. Auch, weil sie in Gesprächen oder Interaktionen eingebunden sein können, die im Grunde anderen Funktionen dienen, in denen aber auch Unterschiedlichkeiten oder unterschiedliche Interessen ausgeräumt oder mit ihnen verbindlich umgegangen werden muss. Deswegen sprechen wir im Folgenden nicht nur von „Verhandlungen" sondern auch von Verhandlungsaktivitäten und Verhandlungssequenzen.

1.1.1 Amerikaner unterscheiden Negotiating von Bargaining

Im angloamerikanischen Raum spricht man im Zusammenhang mit Verhandeln von Negotiation (Verhandlung) und Bargaining (Handel, Verhandeln, Feilschen; u. a. Lewicki et al. 2004). Dabei werden beide Begriffe in der Literatur synonym gebraucht. In der Umgangssprache unterscheiden die Amerikaner allerdings:

> ‚Negotiation' wird gebraucht für Verhandlungen zwischen großen Partnern wie Institutionen oder Nationen. ‚Bargaining' dagegen für alltägliche Verhandlungen wie etwa dem Kauf eines Autos oder auf dem Flohmarkt. (Popp 1988)

Wieder andere sprechen von ‚bargaining', wenn es darum geht, wirklich etwas zum Abschluss zu führen, und von ‚negotiating', wenn es darum geht, in einen Verhandlungsprozess einzutreten – dabei aber vielleicht gar nicht beabsichtigen, ihn zu Ende zu führen (Hargie und Dickson 2016).

Ich denke, dass es für den deutschen Sprachraum Sinn macht, folgende Unterscheidung zu treffen:

- Komplexe Verhandlungsprozesse, auf die es sich meist intensiv vorzubereiten gilt, wie Strategieverhandlungen über die Zukunft von Organisationen.
- Kürzere Verhandlungen und Verhandlungsaktivitäten, also Prozessen oder Sequenzen, die auch in andere kommunikative Interaktionen eingebunden sein können, wenn im Meeting auf einmal die Frage auftaucht, nach welchen Kriterien das neue Marketing-Budget aufgeteilt wird (logisch, dass es sich auch hier lohnt, gut vorbereitet zu sein).
- Kurze, schnelle Einigungsprozesse oder verbaler Schlagabtausch, in denen losgelöst von den Leistungsmerkmalen des Verhandlungsgegenstands Zahlen in der Luft flirren – und die dem Feilschen und Schachern sehr nahe kommen, etwa wenn Sie auf einem Wochenend-Automarkt einen Wagen in der 3-stelligen Preisklasse erwerben (was wir freilich nur in einer bestimmten Altersklasse gemacht haben – dennoch, eine wertvolle Erfahrung).

1.1.2 Hartes und weiches Verhandeln

Oft ist auch die Rede vom „hartem" und vom „weichem Verhandeln" (Kreggenfeld 2009). Unter „hartem Verhandeln" wird üblicherweise das Einnehmen von starken und auch von Extrempositionen verstanden, die dann willensstark, zäh und ausdauernd aufrechterhalten und mit entschlossener Miene vertreten werden. Symbolisch könnten wir diese Form des Verhandelns mit einem Boxkampf vergleichen.

„Weiches Verhandeln" bezeichnet demgegenüber ein meist schnelles Nachgeben, um Beziehungsstörungen zu vermeiden und um zu harmonischen friedlichen Übereinkünften zu kommen. Ein Symbol für diese Form des Verhandelns ist die offen ausgestreckte Hand.

Was der Duden uns dazu sagt
Im deutschen Universalwörterbuch, dem Duden, wird „verhandeln" beschrieben als:

> Etwas eingehend erörtern, besprechen', sich über etwas in einer bestimmten Angelegenheit eingehend beraten, um zu einer Klärung, Einigung zu kommen.

Es fällt auf: Verhandeln wird sehr neutral als nüchternes Beraten und Besprechen definiert. Damit käme es eher einem Erörterungsprozess gleich, der Erkenntnisse liefern soll, in dem jedoch subjektive Interessen oder unlautere Motive (dem anderen mehr abzuknöpfen, als die Sache tatsächlich wert ist) keine Rolle spielen. Dass es in Verhandlungen auch darum geht, Entscheidungen zu treffen, kommt im Duden nicht wirklich durch.

Schauen wir uns einmal die Herkunft des Begriffs Verhandlung an: In Mackensens „Ursprung der Wörter" wird seine Bedeutung seit Mitte des 17. Jahrhunderts mit „beraten" angegeben. Verwiesen wird auf den Wortstamm „handeln" – und damit kommt der wirtschaftliche Aspekt ins Spiel, denn: Handeln heißt ja: etwas unternehmen, Handel betreiben. Im engeren Sinne mit Gütern wie Blumenvasen, Gewürzen oder Lebensmitteln, aber auch mit Produktionsfaktoren wie Arbeit, Rohstoffen und Geld. Handel treiben heißt dabei „tauschen": Ware gegen Geld, Ware gegen andere Ware.

1.1.3 Verhandeln heißt Handel treiben

Zu dem eher nüchternen Beraten gesellt sich nun also das weite kaufmännische und in der Regel auf Gewinn ausgerichtete Bedeutungsfeld.

Handel treiben im weiteren Sinne umfasst auch das Aushandeln verschiedener Positionen, die sich durch Unterschiede definieren:

- **Interessen** (Kollege A wünscht sich vor allem Bequemlichkeit, Kollege B ist es am wichtigsten, soziale Bezüge zu pflegen),
- **Einstellungen** (tolerante Einstellungen versus intolerante Einstellungen)
- **Bewertungen** (die zur Diskussion stehende Handlung ist positiv oder negativ zu bewerten)
- **Verantwortungen** (etwas war beabsichtigt oder nicht beabsichtigt).

Es gibt auch das weite Feld des Handels mit

- **Verhaltensweisen** (so wird eine Führungskraft nur dann Loyalität von ihren Mitarbeitern erleben, wenn sie gleichermaßen hinter ihren Leuten steht. Oder: Mitarbeiter sind in aller Regel dann bereit, Verantwortung zu übernehmen, wenn sie nicht jeden ihrer Schritte juristisch absegnen lassen und nicht in Sorge sein müssen, sich den kleinsten Fehler auch noch Jahre später vorhalten lassen zu müssen.

- **Interessen und Bedürfnissen ein und derselben Person.** Kommunikationspsychologen beschreiben dies als innere Pluralität mit der wir umgehen müssen, wenn wir viele Seelen in unserer Brust spüren, innerlich hin- und hergerissen sind – und irgendwann doch zu einer Entscheidung kommen müssen.

Klar ist: In Verhandlungen treffen verschiedene Positionen oder auch Interessen aufeinander – identische und divergierende. Identische, weil beide Parteien ihre Ziele in Kooperation mit dem anderen erreichen wollen. Divergierende, weil über den Preis der Zusammenarbeit unterschiedliche Vorstellungen herrschen.

► Und natürlich erhoffen sich alle Parteien eine Verbesserung der aktuellen Situation – oder eine geringere Verschlechterung, als dies ohne Verhandlung der Fall wäre.

Die Verhandlungspartner müssen sich in der Regel auch mit der Frage beschäftigen, was ein Angebot möglichst attraktiv erscheinen lässt und wie dieses dann umgesetzt wird.

Wenn keine Notwendigkeit für eine Übereinkunft gesehen wird, kein Interesse für den Austausch von Ressourcen besteht oder prinzipiell keine Entscheidungsnotwendigkeit eingeräumt wird, gibt es für die Akteure auch keinen Grund, in eine Verhandlung einzusteigen – es sei denn, dass Ziel einer Verhandlung soll sein, einen solchen Zustand herzustellen.

1.1.4 Was sagt die Wissenschaft – Verhandlungsdefinitionen

Eine Reihe von wissenschaftlichen Disziplinen hat sich mit dem Thema Verhandeln beschäftigt – Mathematiker und Ökonomen, Sozialpsychologen, Kognitionswissenschaftler, Soziologen, Systemtheoretiker – und viele der dabei erzielten Erkenntnisse finden Sie in diesem Buch wieder.

Die Definitionen zum Verhandeln bleiben allerdings sehr offen. Der amerikanische Verhandlungsforscher Dean Pruitt (1993) etwa sagt:

> Verhandeln (…) lässt sich definieren als eine Diskussion zwischen zwei Parteien mit dem Ziel, zu einer Einigung zukommen. (Pruitt und Carnevale 1993)

Ebenso verhält es sich mit dem Vorschlag im aktuellen Brockhaus, in dem Verhandeln als Kommunikationsprozess beschrieben wird,

> (…) durch den zwei Parteien versuchen, eine Lösung für eine Frage zu finden, über die zunächst keine Einigkeit besteht.

Nun ist der Begriff der Diskussion außerordentlich weit zu fassen und der Aspekt des Handels und Austauschs wird auch hier nicht ausdrücklich angesprochen.

Andere Definitionen, wie die des amerikanischen Psychologen Owen Hargie (Hargie und Dickson 2016) sind in meinen Augen zwar sehr zutreffend, doch auch schwer zu vermitteln. Er beschreibt Verhandlungen als

> reflexive soziale Interaktionen mit dem Ziel einer Einigung, in denen die Akteure in spezifischen sozialen Kontexten vor dem Hintergrund geschichtlicher Erfahrung und zukünftiger Erwartung mit der Interpretation und dem Austausch von Kommunikationen beschäftigt sind.

Meine Definition geht deswegen einen Schritt weiter. Ich definiere Verhandlungen zunächst folgendermaßen:

- Verhandlungen sind Gespräche, in denen eine verbindliche Einigung angestrebt wird, ob, und wenn ja, in welcher Form, Ressourcen (oder der potenzielle Zugriff darauf) zwischen den Gesprächspartnern aufgeteilt bzw. getauscht werden. In diesen Gesprächen kommt es in der Regel zu einer Folge von Angeboten und Gegenangeboten, Forderungen, Zugeständnisse und Ähnlichem.

1.1.5 Verhandeln vs. Argumentieren – der Kontext macht den Unterscheid

Wo genau liegen denn jetzt die Unterschiede zwischen einer Verhandlung und einer Argumentation oder auch einer Diskussion?

Der zentrale Unterschied ist der, dass Verhandlungen keine intellektuellen Übungen sind, darüber zu befinden, was z. B. richtig oder falsch, ethisch einwandfrei oder nicht ist, sondern dass die verhandelten Ergebnisse spürbare materielle und symbolische Konsequenzen für die Akteure haben.

Wenn Sie in einem Rhetorik-Seminar darüber diskutieren, ob das Tempolimit auf den Autobahnen richtig oder falsch ist, hat der Ausgang dieser Übung auf die Beteiligten keinerlei Konsequenzen – zumal sich die meisten Teilnehmer kein zweites Mal im Leben treffen werden.

Führen Sie die gleiche Diskussion allerdings im Rahmen eines Assessment-Centers, kann der Ausgang der Diskussion und auch Ihr Verhalten währenddessen sehr konkrete und mehrstellige Konsequenzen auf Ihr Konto haben. Der Rahmen, in dem kommuniziert wird, der Kontext also macht den Unterschied.

Darüber hinaus aber müssen wir uns vor Haarspalterei in Acht nehmen. Denn wir können getrost davon ausgehen, dass in vielen Argumentationen und Diskussionen durchaus verhandelt wird – nicht offiziell, eher inoffiziell werden Rollen innerhalb der Gruppe verhandelt: Wer übernimmt die Alpha-Rolle, wer ist wem überlegen bzw. unterlegen? Beobachtet werden kann dieses Verhalten in nahezu allen öffentlichen Diskussionen besonders in den allseits beliebten Talkshows im deutschen Fernsehen.

Argumentationen als die reine Wahrheitssuche der Erkenntnis willen zu betrachten – das scheint hier sehr pathetisch und blendet das weite Feld der in Argumentationen implizit stattfindenden Rollendefinitionen und manchmal auch Rollenspielen aus. So dürfte es einem wahlkämpfenden Politiker in einer Talkrunde kaum egal sein, wie oft, und in welcher Ausführlichkeit er zu Wort kommt. Schließlich will er als Alpha-Tier wahrgenommen werden, um seinen Führungsanspruch zu untermauern.

Immer wieder haben Wissenschaftler versucht, eine klare Unterscheidung zwischen Verhandeln und Argumentieren vorzunehmen (u. a. Saretzki 1996; Esser 2004) – und das folgendermaßen begründet:

- Beim Argumentieren siegt das bessere Argument – beim Verhandeln ist zusätzlich die Machtposition entscheidend.

Dahinter steckt die Vorstellung, dass die Kontexte, in denen argumentiert bzw. verhandelt wird, völlig unterschiedlich sein können: Argumentiert wird überall da, wo die Menschen in einer ‚normalen Kommunikation' – also einer Nicht-Kauf-Situation – auf Wahrheitssuche sind und versuchen, den anderen mit der Kraft des besseren Arguments davon zu überzeugen, eine bestimmte Meinung oder Auffassung zu übernehmen.

- Verhandelt wird dort, wo es um den Markt, ums Kaufen und um Macht geht.

Beim Verhandeln werden beide Parteien anerkennen, dass die andere Seite ihre eigenen Interessen hat – es wird kein Anspruch auf den Besitz einer objektiv einzig wahren Lösung erhoben. Vielmehr wird versucht, den anderen durch die eigene Verhandlungskraft, durch glaubwürdige Drohungen, Versprechungen und Hinweise, sich anderweitig umzuschauen, dazu zu bewegen oder gar zu zwingen, die erhobenen Forderungen zu akzeptieren.

Das muss aber nicht grundsätzlich so sein: Ein Vorgesetzter wird sich zum Beispiel gut überlegen, ob er eine Position gegen den Widerstand seines Teams kraft seiner disziplinarischen Macht durchsetzt und damit eventuell den stillen Boykott und die Demotivation seiner Mitarbeiter in Kauf nimmt.

Um diese Kosten zu vermeiden, bezieht man sich auch in Verhandlungen gerne auf übergeordnete Wertesysteme. Damit tritt ein, was Sozial- und Politikwissenschaftler wie Thomas Saretzki und Volker von Prittwitz folgendermaßen beschreiben:

> Wenn auch Verteilungskonflikte über sachliche Argumentationen gelöst werden sollen, muss eine von beiden Seiten akzeptierte Bezugsinstanz bestehen – oder es muss zunächst eine Verhandlung über die Maßstäbe geführt werden, an der eine Übereinkunft zu messen ist. (von Prittwitz 1996)

- Beim Argumentieren kann also auf eine dritte Instanz Bezug genommen werden – beim Verhandeln nicht.

Die Argumentation dahinter ist folgende: Verhandeln baut auf Verhandlungsmacht auf, ob das Ergebnis dann richtig ist, kann nicht garantiert werden, denn mangels Rückgriff auf eine übergeordnete Instanz, aus der sich ableiten lässt, was richtig ist, liegt diese Fragestellung außerhalb der Verhandlung. Niemand wird durch Argumente zu einer bestimmten Übereinkunft gezwungen.

Diesen Schlüssen folgt auch der Jurist und Verhandlungsexperte Thomas Pfeiffer:

> Ein Ausgleich der Interessen wird nur durch Verhandlungsmacht aus der Situation heraus und nicht durch Orientierung an einem gerechten Wertesystem erreicht. (Pfeiffer 2004)

Das Argumentieren ist sozusagen höheren Werten verpflichtet, gute Argumente und eine gewisse Logik in der Argumentation sind vorteilhaft. Beim Verhandeln entscheidet letztendlich der, der auf den anderen weniger angewiesen ist.

Aber: Auch in Verhandlungen, die sich vor dem Hintergrund einer Wettbewerbssituation abspielen, werden die Ausgangspunkte und Interessen der Beteiligten thematisiert und gegebenenfalls in Frage gestellt. Preise und Leistungen müssen mit guten Argumenten untermauert werden und das Hinterfragen dieser beiden Kriterien bietet mitunter die einzige Möglichkeit, Vergleiche zwischen verschiedenen Wettbewerbern anzustellen. Außerdem agieren die verhandelnden Akteure nicht im luftleeren Raum. Die dritte Instanz wirkt immer mit am Tisch; es ist der Rahmen in dem sich alles abspielt. Allen voran der Markt, der den Akteuren Alternativen außerhalb der aktuellen Verhandlungssituation bietet. Es ist aber auch die Gesetzgebung, mit deren Hilfe, sich etwa eklatante Verstöße gegen das Wettbewerbsrecht einklagen lassen.

▶ Beim Argumentieren werden Interessen und Hintergründe aufgedeckt – bei Verhandlungen nicht.

Man spricht davon, dass eine vernünftige Argumentation beendet wird, wenn einer der beiden Akteure nicht bereit ist, seine Interessen, Ausgangspositionen und Bezugspunkte zu hinterfragen. Dies ist zumindest in bestimmten Arten von Verhandlungen wie Wettbewerbsverhandlungen geradezu konstituierend: Ausgangspunkte und Interessen der Beteiligten werden grundsätzlich nicht in Frage gestellt oder bewertet.

Darüber hinaus allerdings bin ich davon überzeugt, dass in nahezu allen Verhandlungen – vom reinen Feilschen einmal abgesehen – Argumentationen und argumentative Sequenzen konstitutive Bestandteile sind; es werden Argumente für eine bestimmte Position vorgebracht, Aussagen begründet, Forderungen der Gegenseite wird stichhaltig begegnet – gerne mit Verweis auf allgemeingültige Maßstäbe.

Lassen Sie uns deswegen wir folgt schließen: In Verhandlungen wird ebenso argumentiert wie in Diskussionen und (natürlich) Argumentationen. In vielen Argumentationen (und auch Diskussionen) werden offen oder verdeckt Führungsrollen und Images verhandelt.

Unterscheiden können wir Argumentieren und Verhandeln am ehesten mit Blick auf den Kontext und den spürbaren Konsequenzen, die sich daraus für die Akteure ableiten – oder eben nicht.

1.2 Funktionen von Verhandlungen

Halten wir uns noch einmal die Definition von Verhandeln vor Augen:

► Verhandlungen sind Gespräche oder Kommunikationen, in denen eine verbindliche Einigung angestrebt wird, ob und wenn ja, in welcher Form Ressourcen (oder der potenzielle Zugriff darauf) zwischen den Gesprächspartnern aufgeteilt oder getauscht werden.

Damit ergeben sich drei wesentliche Funktionen von Verhandlungen:

- Entscheidungen zu treffen,
- Konflikte zu lösen und
- anschlussfähige Lösungen zu finden bzw. Wettbewerbsfähigkeiten zu verbessern.

1.2.1 Entscheidungen treffen

Entscheidungen zu treffen, ist ein zentrales Element für Verhandlungen. Oder andersherum formuliert:

► Verhandlungen, in denen keine Entscheidungen getroffen werden, können zu keinem Abschluss kommen.

Das wird deutlich, wenn wir uns bewusst machen, wie viele Entscheidungen vor, während und nach einer Verhandlung zu treffen sind (Hargie und Dickson 2016).

Schon im Entschluss, überhaupt in eine Verhandlung zu treten, drückt sich ja eine Entscheidung aus – sie geht der Verhandlung gewissermaßen voran.

Ist die Entscheidung dafür einmal getroffen, stehen laufend weitere Entscheidungen an, beispielsweise:

- ein Angebot zu akzeptieren – oder eben nicht
- eine andere und bessere Einigung mit diesem Verhandlungspartner anzustreben
- auf Zeit zu spielen – oder
- die Verhandlung mit dem vorgesehenen Partner abzubrechen
- mit einer Alternative, der so genannten BATNA (Best Alternative To Negotiated Agreement – zu Deutsch: Beste Alternative zu der aktuell möglichen Vereinbarung), zu dem aktuellen Verhandlungspartner Verhandlungen aufzunehmen oder
- gar nicht und mit niemandem weiter zu verhandeln

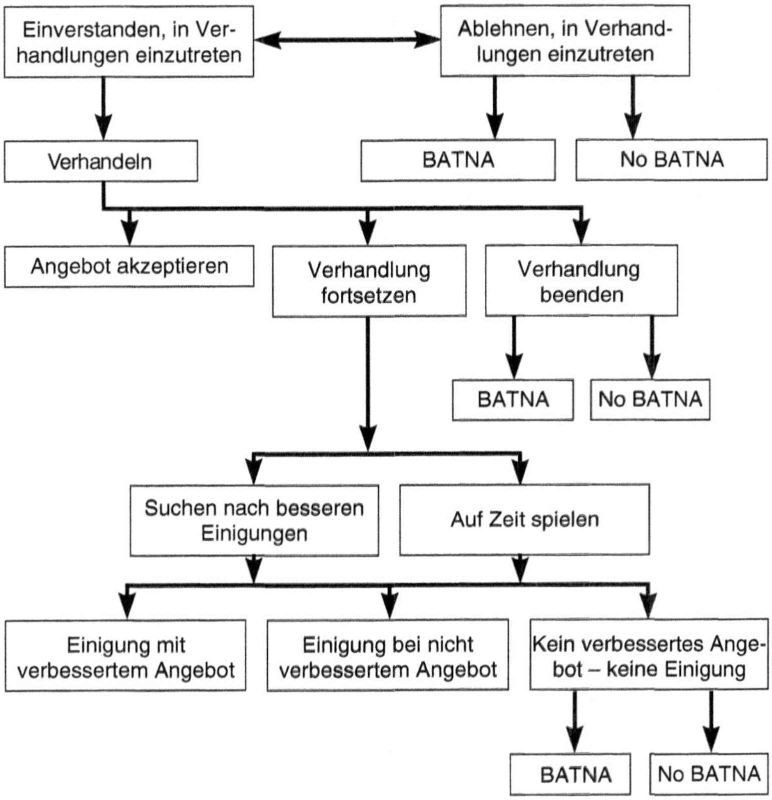

Abb. 1.1 Der Entscheidungsbaum für Verhandlungen (nach Hargie und Dickson 2016)

All das zeigt sich in Abb. 1.1 im Entscheidungsbaum für Verhandlungen:

Darüber hinaus treffen wir auch während des Verhandelns laufend Entscheidungen vor allem darüber, welche Informationen wir preisgeben oder was wir diesem Verhandlungspartner anvertrauen und was nicht.

Halten wir uns dann noch vor Augen, dass die getroffenen Vereinbarungen die Grundlage für das weitere Handeln im Unternehmen, in der Abteilung oder im Team sind – und auch die Grundlage für weitere Entscheidungen – wird die besondere Bedeutung des Treffens von Entscheidungen deutlich.

Praxisbeispiel

Die Entscheidung im Sommer 2013 für Pep Guardiola als neuen Trainer des FC Bayern Münchens – der sicher längere Verhandlungsaktivitäten des Vorstands voran gingen – hat eine Reihe weiterer Entscheidungen nach sich gezogen: etwa, dass Guardiola aus Barcelona seinen bisherigen Co-Trainer, einen Mannschaftsarzt sowie einen Nachwuchsleiter mitbringt und dass auf Wunsch von Guardiola der Spieler Thiago Alcántara vom FC Barcelano nach München wechselt. ◀

Verhandlungen und die damit zu treffenden Entscheidungen sind auch dazu da, Unsicherheiten zu beseitigen. Vor einer Verhandlung steht in aller Regel eine unsichere Situation. Beispielsweise: Werde ich den Job zu meinen Bedingungen kriegen oder nicht? Wird es uns gelingen, die Lieferbedingungen für unser Unternehmen durchzusetzen oder nicht? Erst nach den Verhandlungen – und damit nach der Entscheidung – wissen wir es.

Entscheidungen zu treffen und zu kommunizieren ist eine anspruchsvolle Aufgabe. Deswegen gibt es eine Vielzahl an Methoden, die den Akteuren dabei helfen sollen, optimale Entscheidungen zu treffen. Es gibt intuitive, integrative und rationale Entscheidungsmethoden. Bei den rationalen können wir unterscheiden in analytische und kreative. Und schließlich gibt es auch noch den Zufall, den wir freilich auch bewußt wählen können, indem wir vielleicht eine Münze werfen oder einen Würfel schmeißen. Es wäre ein leichtes, ein ganzes Buch zum Thema Entscheidungsmethoden zu füllen.

Ich möchte mich hier auf die für Verhandlungen relevanten Aspekte beschränken und Ihnen ausgewählte und bewährte Möglichkeiten vorstellen.

In Entscheidungssituationen haben wir mindestens zwei Möglichkeiten. Hätten wir nur eine, bräuchten wir uns nicht zu entscheiden …

Häufig ist das schon die erste Falle: Zu glauben, dass es nur zwei Möglichkeiten gibt. Denn grundsätzlich bestehen immer mindestens vier Möglichkeiten (Simon 2004), wie in Abb. 1.2 dargestellt.

Wir können uns also entweder für A oder B, für eine Mischung aus A und B oder für etwas ganz anderes entscheiden. Wenn Sie also zwei mögliche Vertragspartner haben (A und B), können Sie sich entscheiden, das Geschäft mit A oder mit B zu machen. Oder sie teilen es auf und kooperieren mit beiden. Auch möglich: Sie blasen alles ab und gehen auf jmd. Drittes zu. Mit diesen vier Möglichkeiten vor Augen, gehen Sie bereits einer großen Entscheider-Falle aus dem Weg: dem Trugschluss, keine Alternativen zu haben.

Exkurs: Entscheidungen treffen trotz ungewisser Zukunft

Ob wir uns eher rational oder eher emotional entscheiden, es bleibt immer eine (große) Ungewissheit, ob wir die richtige Entscheidung treffen oder getroffen haben.

Eine in der Gegenwart getroffene und für gut befundene Entscheidung in der Zukunft kann sich leicht als desaströser Fehlgriff herausstellen. So haben die meisten derjenigen, die den Untergang der amerikanischen Investmentbank Lehman Brothers im September 2008 durch das Abdrehen des Kredithahns hervorgerufen hatten, im Nachhinein gesagt, dass dieser Schritt ein Fehler war. Die Auswirkungen, die die Pleite einer ‚systemisch'

Abb. 1.2 Das Entscheidungstetralemma

A	**A und B**
weder A noch B	**B**

wichtigen Bank auf das gesamte Finanzsystem hatte, sind von den Akteuren absolut falsch eingeschätzt worden.

Wie ist es aber möglich, Entscheidungen zu treffen, die sich auch in der Zukunft noch als stimmig erweisen – auch und vor allem, weil wir ja nicht in die Zukunft schauen können?

Es gibt eine Reihe von Möglichkeiten (u. a. Kreggenfeld 2012), die es zumindest wahrscheinlicher machen, dass unsere Entscheidungen sich auch in der Zukunft bewähren – oder zumindest besser bewähren als andere. Zwei praktikable Methoden lernen Sie auf den folgenden Seiten kennen:

Die Szenario-Methode

Die Szenario-Methode wird in Unternehmen gerne zur besseren Prognostizierbarkeit von Innovationen genutzt. Korrekt bezeichnen müsste man sie als Methode der strategischen Planung, mit der sich verschiedene Entwicklungen der Zukunft analysieren lassen (Graf und Klein 2003).

Etwas verkürzt gesagt, geht man dabei folgendermaßen vor: Ausgehend von einer Analyse der Vergangenheit und einem Punkt in der Gegenwart projiziert man die aktuellen Umweltbedingungen in die Zukunft und erhält so ein Trendszenario.

So könnten Sie etwa schauen, wie sich ihr Unternehmen oder die Zusammenarbeit mit einem Lieferanten in den letzten drei Jahren entwickelt hat – und diese Entwicklung in die Zukunft fortschreiben. Falls sich die Rahmenbedingungen nicht ändern und auch andere Umweltbedingungen stabil bleiben, hätten sie auf diesem Wege mit hoher Wahrscheinlichkeit eine valide Prognose erstellt.

Aber: Welche Umweltbedingungen sind schon stabil? Wer hat denn die Finanzkrise im Jahr 2008 und 2009 vorhergesagt? Der dadurch verursachte massive Zusammenbruch der Finanzmärkte hat alle Trendszenarios zunichte gemacht – und weltweit zu einer großen Verunsicherung geführt.

Deswegen wird ein Trendszenario mit mindestens zwei weiteren Szenarien ergänzt:

Einem positiven Extremszenario, dass die bestmögliche Entwicklung (best case) in den nächsten Jahren aufzeigt, und einem negativen Extremszenario (worst case), das die schlechteste Entwicklungsmöglichkeit skizziert. Dargestellt wird dies in Abb. 1.3.

Selbstverständlich können auch weitere und weniger extreme Szenarios entwickelt werden, die dann beispielsweise auch berücksichtigen, wie aus heutiger Sicht höchst unwahrscheinliche Ereignisse auf die weitere Entwicklung einwirken könnten.

Praxisbeispiel

Nehmen wir einmal an, Sie betreiben eine Steuerberatungskanzlei. Bei der Frage, wie Sie Ihr Unternehmen ausrichten, könnten Sie als Extremszenario 1 die Einführung der so genannten Bierdeckelsteuererklärung projizieren: Lediglich 3 Steuersätze für die ganze Bevölkerung, für jedes Kind gibt es einen Freibetrag, weitere Möglichkeiten der Abschreibung sowie Sonderfälle gibt es nicht. Wie müssten Sie Ihr Unternehmen strukturieren oder auch Ihr Geschäftsfeld verändern, um vor diesem Hintergrund noch marktfähige Dienstleistungen anzubieten?

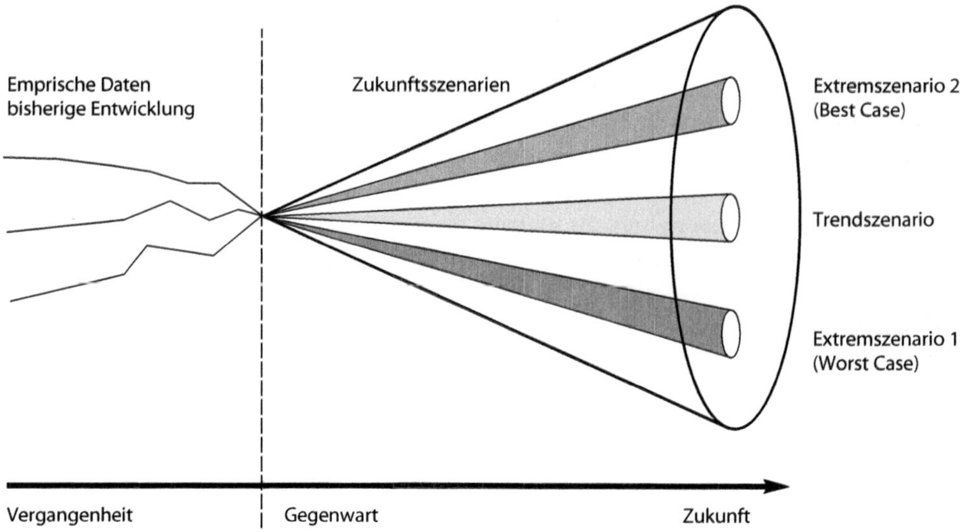

Abb. 1.3 Der Szenariotrichter

Extremszenario 2 könnte ein weiterer Ausbau des bisherigen Systems sein, noch mehr Steuergesetze, mehr Ausnahmen, kompliziertere Abschreibungsvorschriften. Welche technischen Mittel oder welche Manpower bräuchten Sie, um diesen gestiegenen Anforderungen zu begegnen? ◄

Ein professionell moderiertes Szenarioverfahren hätte uns möglicherweise die fatalen finanzwirtschaftlichen Kettenreaktionen auf die Pleite von ‚Lehmann-Brothers' und damit den schwersten Einbruch des Finanzmarktes seit der Weltwirtschaftskrise von 1929 erspart.

Nach meinem Eindruck wird ein strukturiertes Szenarioverfahren in Organisationen aber nur selten eingesetzt, um Entscheidungen vorzubereiten oder zu treffen. Häufig beschränkt sich das Szenario darauf zu überlegen, was unternommen werden muss, damit die Unternehmensführung einen guten Eindruck von der betreffenden Abteilung bekommt.

Fragwürdige Entscheidungsmuster in Organisationen

Systemische Organisationsentwickler wie Fritz B. Simon u. a. konnten herausfinden, dass in Unternehmen bei der Entscheidungsfindung oft ganz andere Faktoren eine Rolle spielen als das, was man eigentlich als Ziel erwarten würde: Dabei wurde vor allem nach folgenden Mustern entschieden:

- Entscheidungsträger richten sich auf bestimmte Personen aus, und fragen sich, wie diese Personen (z. B. die Vorgesetzten) wohl entscheiden würden oder was die Personen wohl für eine gute Entscheidung halten würden

- Entscheidungsträger richten sich nach so genannten Programmen. Das sind Denk-Muster, die sich in Organisationen herausbilden. Etwa: Um die besten Preise zu bekommen, ist uns jedes Mittel recht. Oder: Um in unserem Geschäftsfeld erfolgreich zu sein, dürfen wir uns niemals von einzelnen Geschäftspartnern abhängig machen.
- Entscheidungsträger delegieren auf dem Dienstweg alle Entscheidungen nach oben.

Ob ein solches Vorgehen jetzt gut oder schlecht ist, soll hier gar nicht bewertet werden – zudem wäre dies so ganz ohne Kontext wohl auch fragwürdig.

Auffällig ist aber, dass die Entscheider nur wenige Umwelteinflüsse berücksichtigen und sich in allen Fällen nicht selbst befragen, sich nicht an eigenen Zielen orientieren.

Wir werden später noch sehen, dass die Verhandlungsforschung belegen konnte, dass die besten Ergebnisse dann erzielt werden, wenn die Verhandelnden möglichst intensiv ihre eigenen Interessen vertreten – dieses Verhalten aber genauso dem jeweiligen Verhandlungspartner zugestehen (Frank und Frey 2008).

► Die eigenen Interessen kann ich aber nur dann intensiv vertreten, wenn ich genau weiß, wie diese aussehen und was ich will. So gesehen macht es Sinn, sich vor Verhandlungen stets vor Augen zu führen, was genau Ihr Ziel ist.

An dieser Stelle kommen wir an den Begriffen „Ziel“ und „Vision“ kaum vorbei – die zwar in den vergangenen Jahren stark strapaziert wurden, im Zusammenhang mit Verhandlungen aber durchaus relevant sind.

Ziele und Visionen in Verhandlungen

Was steckt hinter dem Appell, für sich zu definieren, was man im Beruf, im Privaten und generell im Leben erreichen will (u. a. Lietz 2009)? Warum ist es von Bedeutung festzulegen, welche Zwischenstationen und Zwischenziele dafür notwendig sind? Dafür spricht vielfach die Erfahrung, dass sich langfristige Zielbilder als Grundlage für erfolgreiche Verhandlungen und generell für wichtige Entscheidungen sehr bewährt haben. Steve Jobs, der charismatische Apple-Chef, ließ sich davon leiten, den fortschrittlichsten und ‚menschlichsten‘ Computer zu bauen – und das war die Grundlage für den Erfolg von Apple. Bundespräsident Horst Köhler hatte in seiner ersten Berliner Rede dazu aufgerufen, alle Entscheidungen daraufhin zu prüfen, ob sie Arbeitsplätze schaffen – oder nicht.

Wie sehen Ihre Ziel, Ihre Visionen aus?

Haben Sie das geklärt, sind Sie einen großen Schritt weiter. Stellen Sie sich anschließend folgende drei Fragen:

- Was soll nach der Verhandlung bzw. Entscheidung anders, sprich besser sein?
- Welche Aspekte der aktuellen Situation sollen auch nach der Verhandlung bzw. Entscheidung Bestand haben?
- Welche Ergebnisse wollen Sie unbedingt vermeiden?

Nehmen wir einmal an, Ihr Ziel ist es, bestehende Kundenbeziehungen nachhaltig zu festigen und umsatzwirksam auszubauen. Zwecks dessen wollen Sie eine CRM-Software für Ihr Kundenbeziehungsmanagement einführen. Erste Antworten auf obige Fragen könnten dann wie folgt aussehen:

- Alle Kontakte mit Ihren Kunden und alle Informationen über sie und ihren Markt sollen mit einem Klick abrufbar sein.
- Die guten persönlichen Beziehungen zwischen den Kunden und Ihrem Unternehmen sollen erhalten bleiben.
- Die Pflege der Kundendaten sollte einfach zu handhaben und niemals zur Hauptbeschäftigung Ihrer Vertriebsleute werden.

Schauen Sie dann, welche Entscheidungsalternativen (Anbieter) sich auf dem Markt für CRM-Software bieten und prüfen Sie in einem letzten Schritt, ob diejenigen, die von der Entscheidung für das Produkt betroffen sind (also Ihre Mitarbeiter oder Teammitglieder), Sie bei der Umsetzung unterstützen. Sprich: ob sie mit dem Handling der entsprechenden Software zurecht kommen.

Ihr Vorteil: Sie handeln mit erhöhter Entscheidungsklarheit und besseren Chancen auf nachhaltig gute Entscheidungen und Verhandlungsergebnisse. Jetzt haben Sie eine gute Basis, um in die Kauf-Verhandlungen mit potenziellen Anbietern einzusteigen. Sie wissen, was sie wollen – und das werden ihre Verhandlungspartner merken.

Evolutionäre Planung verhindert blindes Vorgehen

Am Schluss dieses Kapitels halten wir fest: Eine genaue Klärung der Ziele ist für eine erfolgreiche Entscheidungsfindung unabdingbar. Lassen Sie uns aber auch die andere Seite der Medaille betrachten. Denn es besteht die Gefahr, dass eine zu scharfe Zieleinstellung blind macht für Chancen, die sich in einer Entscheidungssituation ergeben, wie es sich im folgenden Sprichwort ausdrückt:

> Je besser man sich vorbereitet, desto härter trifft einen der Zufall.

Deswegen kann es durchaus Sinn machen, sich der so genannten evolutionären Planung (Simon 2013) zu bedienen. Dabei machen Sie sich die positive Kraft des negativen Denkens zu Nutze. Überlegen Sie, was die sicherste oder wahlweise die fatalste Methode wäre, um infolge einer Verhandlung, ihre Abteilung oder das ganze Unternehmen an die Wand zu fahren. Dann wissen Sie zwar noch nicht, was Sie tun können, Sie wissen aber sehr sicher, was Sie tunlichst unterlassen müssen. Ferner können Sie sich fragen, mit welchen Entscheidungen sie sich die meisten Möglichkeiten offenhalten. Wir werden diesen Punkt weiter unten im Kapitel ‚Verhandlungsstrategien' noch einmal aufgreifen.

Die Nutzwertanalyse

„Die wahrscheinlich gebräuchlichste Entscheidungsmethode in der Praxis ist die Nutzwertanalyse“ (Steiger und Lippmann 2013). Sie ist hilfreich, wenn es darum geht, verschiedene Lösungsvarianten zu bewerten, um anschließend eine davon definitiv auszuwählen. Als Bewertungskriterien werden die Detailziele gemäß Zielformulierung herangezogen, eventuell ergänzt mit weiteren Hilfskriterien (z. B. Realisierungsdauer, Kosten). Lösungen werden bewertet, indem die Erfüllung der Detailziele von jeder Variante beurteilt wird. Zuerst sind natürlich alle Lösungsalternativen auf die Erfüllung der Muss-Ziele zu überprüfen. Ist beispielsweise beim Kauf einer Gewerbehalle Bedingung (Muss-Ziel), dass sie mindestens 2000 m^2 Nutzfläche bietet, wird das Muss-Ziel entweder erfüllt oder nicht. Es kann nicht in niedrigerem oder höherem Maß erfüllt sein. Bietet also ein Objekt weniger als 2000 m^2, ist es als Lösungsvariante nicht brauchbar. Die Teilziele, die zur Entscheidungsfindung als Kriterien herangezogen werden, sind nicht unbedingt alle von gleicher Bedeutung. Ihnen kommt bei der Entscheidung für diese oder jene Alternative unterschiedliches Gewicht zu. Die Gewichtung der einzelnen Kriterien wird so vorgenommen, dass die Summe aller Gewichte 100 % ergibt. Das Gewicht jedes einzelnen Kriteriums (z. B. 20 oder 10 Punkte) stellt somit eine Prozentzahl dar (X oder Y Prozent). Die wichtigsten Hilfsmittel bei der Nutzwertanalyse sind die Präferenzmatrix und die Bewertungstabelle.

Die Nutzwertanalyse wollen wir am Beispiel des Kaufs einer Lagerhalle mit Bürogebäude im Großraum Frankfurt verdeutlichen und anschließend die Kriterien mit Hilfe der Präferenzmatrix ermitteln

Versetzen wir uns einmal in die Lage eines Geschäftsführers, der in die finalen Kaufverhandlungen für eine Lagerhalle mit Bürogebäude eintreten möchte und drei Alternativen zur Auswahl hat. Alle drei möglichen Kaufobjekte erfüllen die folgenden Musskriterien:

- Preis unter 5 Mio. €
- mindestens 2000 m^2 Lagerfläche
- mindestens 300 m^2 Bürofläche

Neben diesen drei Musskriterien sind dem Geschäftsführer folgende Wunschkriterien wichtig:

- Grundriss (praktisch, variabel)
- Baujahr (möglichst neueren Datums)
- Autobahnauffahrt in der Nähe
- Modernste IT-Architektur im Bürogebäude
- Standort mit öffentlichen Verkehrsmitteln erreichbar
- Kindergarten in der Nähe
- Stabiles Dach mit Südausrichtung, das potenziell, das Gewinnen von Solarenergie ermöglicht

- das Gewinnen von Solarenergie ermöglicht

Der Geschäftsführer hat folgende drei Alternativen zur Auswahl:

- **Alternative I:** Preis; 4 Mio. €, praktischer Grundriss, variable Einteilung möglich, Autobahnauffahrt hinter der nächsten Ortschaft – Umfahrung möglich, IT-Voraussetzungen perfekt, 300 m bis zur S-Bahn, Kindergarten in der übernächsten Ortschaft, Baujahr 1989, Dach zum Gewinnen von Solarenergie gut geeignet.
- **Alternative II:** Preis 4,3 Mio. €, praktischer Grundriss, variable Einteilung möglich, Autobahnauffahrt in 5 min erreichbar, IT-Voraussetzungen sehr gut, 500 m bis zur Bushaltestelle, Kindergarten im Nachbarort, Fitnesspfad, Fußballverein. Baujahr 2000. Dach zum Gewinnen von Solarenergie optimal ausgerichtet.
- **Alternative III:** Preis: 4,6 Mio. €, praktischer und origineller Grundriss, variable Einteilung möglich, Kindergarten 1 km entfernt, Autobahnauffahrt über kurzen Zubringer problemlos zu erreichen, IT-Voraussetzungen sehr gut, Bushaltestelle 10 min entfernt, Kindergarten quasi um die Ecke, Dach zum Gewinnen von Solarenergie optimal ausgerichtet.

Um eine rationale Entscheidung treffen zu können, gewichtet der Geschäftsführer die sieben Wunschkriterien und als zusätzliches Kriterium den Preis mit Hilfe der Präferenzmatrix. Darin vergleicht er jedes einzelne Kriterium paarweise mit allen anderen und schreibt auf, welches im direkten Vergleich das wichtigere ist. Der Preis wird also einzeln mit dem Grundriss vergleichen, ebenso mit dem Baujahr, der Autobahnauffahrt usw. Der ‚Gewinner' wird jeweils im Matrixfeld markiert (siehe Abb. 1.4).

Die Anzahl der Nennungen wird dann durch die Gesamtzahl der Nennungen geteilt – und heraus kommt die Gewichtung der Kriterien (siehe Abb. 1.5).

Wunschkriterien	1	2	3	4	5	6	7	8
1 Preis		2	1	4	1	1	1	1
2 Grundriss			2	4	2	2	2	2
3 Baujahr				3	5	6	7	3
4 Autobahnauffahrt in der Nähe					4	4	7	4
5 Modernste IT-Architektur möglich						5	5	5
6 Öffentlich. Erreichbarkeit							6	6
7 Kindergarten in der Nähe								8
8 Solarnutzung Dach								

Abb. 1.4 Die Präferenzmatrix

Abb. 1.5 Gewichtung der Kriterien

Kriterien	Anzahl der Nennungen	Gewichtung	Rang
1	5	17,9 % = 18	2
2	6	21,4 % = 21	1
3	2	7,1 % = 7	6
4	5	17,9 % = 18	2
5	4	14,3 % = 15	4
6	3	10,7 % = 11	5
7	2	7,1 % = 7	6
8	1	3,6 % = 4	8
Total	28	100 %	

Teilziele	Gewicht	Alternative 1		Alternative 2		Alternative C	
		Punkte	Nutzwert	Punkte	Nutzwert	Punkte	Nutzwert
Preis	18	6	108	5	90	4	72
Grundriss	21	5	105	5	105	6	126
Baujahr	7	3	21	5	35	4	28
Autobahn-auffahrt	18	3	54	4	72	6	108
IT-Architektur	14	6	84	5	70	5	70
Öffentlicher Verkehr	11	5	55	4	44	3	33
Kindergarten	7	4	28	5	35	6	42
Solarnutzung Dach	4	4	16	6	24	6	24
Gesamt-nutzen	**100**		**471**		**475**		**503**

Abb. 1.6 Tabelle der Nutzwertanalyse

Deutlich wird, dass dem Kriterium 2, „Grundriss", die höchste Gewichtung zukommt (21,4 %), während das Kriterium 8 („Solarnutzung Dach") am tiefsten gewichtet wird (3,6 %).

Das Gewicht der einzelnen Kriterien (gerundet und so angepasst, dass die Summe der Gewichte 100 ergibt) wird nun zur Nutzwertanalyse in die Bewertungstabelle übertragen.

Die acht gewählten Kriterien werden für jede der drei Alternativen mit Punkten bewertet: 6 Punkte = sehr gut; 1 Punkt = ungenügend. Diese Punkte trägt der Geschäftsführer ebenfalls in die Tabelle ein (siehe Abb. 1.6).

Jetzt ist Auswertung der Nutzwertanalyse eine reine Rechenaufgabe: Für jedes Kriterium wird das Gewicht mit den Punkten der jeweiligen Alternative multipliziert (gleich Nutzwert jedes einzelnen Kriteriums bezogen auf jede der drei Alternativen). Die Summe dieser Nutzwerte zeigt den Gesamtnutzen jeder Alternative.

Das Ergebnis in unserem Beispiel lautet: Die Alternative 3 mit 503 Punkten bietet den größten Gesamtnutzen (Rang 1), die Alternative 2 mit 475 Punkten den zweitgrößten Gesamtnutzen (Rang 2) und auf Rang 3 kommt die Alternative 3 mit 471 Punkten.

Guten Gewissens kann sich der Geschäftsführer nun für die Alternative 3 entscheiden.

1.2.2 Konflikte lösen

Eng verbunden mit der Funktion Entscheidungen zu treffen, ist das Lösen von Konflikten bzw. das Ausbrechen von Konflikten zu vermeiden.

Was grenzt die bislang gewonnen Erkenntnisse über Verhandlungen nun von Gerichtsverhandlungen oder Mediationsgesprächen ab, die ebenfalls denselben Zweck verfolgen?

Wie der Vergleich der vier grundlegenden Konfliktlösungsverfahren, Gerichtsverfahren, Schiedsgericht, Mediation, Verhandlung in Abb. 1.7 zeigt (Altmann et al. 2005), bietet das Verhandeln den Akteuren eine Reihe von Vorteilen:

- Der Prozess ist freiwillig.
- Es gibt kein formalisiertes und formal strukturiertes Verfahren.
- Die Verhandelnden müssen keine Vermittler hinzuziehen.

	Gerichts-Verfahren	Schiedsgericht	Mediation	Verhandlung
Grad der Freiwilligkeit	unfreiwillig (wenn Beschuldigter)	zumeist freiwillig	freiwillig	freiwillig
Auswahl eines Vermittlers	keine Wahlmöglichkeit	in den USA Wahlmöglichkeit	Parteien wählen Mediator aus	kein Vermittler
Experten-wissen der dritten Partei	Rechtsexperte	Rechtsexperte, häufig mit ganz speziellem Fachwissen	je nach Situation Fach-, Rechts- oder Vermittlungsexperte	keine Unterstützung durch eine dritte Partei
Grad der Formalität	formalisierter, strukturierter Prozess mit festen Regeln	Parteien können u.U. Einfluss auf Regeln nehmen	kein formales Verfahren, Mediator strukturiert Verhandlung, Parteien können Einfluss auf Verlauf nehmen	normalerweise nicht formal, wenig bis gar nicht strukturiert
Ergebnis	Entscheidung durch Prinzipien, die durch das Recht vorgegeben sind	manchmal Entscheidung entsprechend vorher festgelegter Prinzipien oder aber auch Kompromiss	ein für beide Seiten akzeptables Ergebnis wird angestrebt	akzeptables Ergebnis wird gesucht

Abb. 1.7 Die vier grundlegenden Konfliktlösungsverfahren (nach: Goldberg 2003)

- Die Absprachen müssen (zunächst) lediglich von den Verhandlungspartnern akzeptiert werden.

Aber auch die potenziellen Nachteile sollen nicht verschwiegen werden:

- Vermeintlich schwächere Verhandelnde müssen auf sich gestellt mit der vermeintlich stärkeren anderen Seite klarkommen.
- Die fehlende formale Struktur ermöglicht es gewieften Taktikern, durch häufiges Hin- und Herspringen von einem Verhandlungspunkt zum andern Verwirrung zu stiften.
- Es gibt keine dritte Partei, die auf das Einhalten von Regeln, Gesetzen, etc. achtet.

Wer sich also gegenüber einem bestimmten Verhandlungspartner nicht gewappnet fühlt, könnte in Erwägung ziehen, einen unabhängigen Dritten hinzuziehen. Gang und gäbe ist diese Praxis etwa bei Personalgesprächen mit disziplinarischen Themen in mittleren und großen Organisationen. Die Anwesenheit eines Betriebsrats neben dem Arbeitnehmer und dem Vertreter der Organisation ist hier obligatorisch.

Aber: Muss es immer erst zu einem Konflikt kommen, bevor verhandelt werden kann?

Ich glaube: Nein. Letztlich kommt es bei dieser Frage aber darauf an, was man unter einem Konflikt versteht.

Verhandelt wird im Geschäftsleben jeden Tag aufs Neue. Dabei gibt es zwar durchaus Interessengegensätze zwischen den Parteien: Der eine möchte möglichst viel bekommen, der andere möglichst wenig geben. Andererseits gibt es gemeinsame Interessen und Ziele, die nahelegen, auch nach der Verhandlung die Beziehungen zum Verhandlungspartner aufrechtzuhalten und/oder zumindest eine friedliche Einigung zu erreichen.

Deswegen schlage ich vor, erst bei einem Scheitern der Verhandlungsaktivitäten von einem Konflikt zu sprechen, eben dann, wenn ein gemeinsamer Nenner nicht mehr erreichbar scheint.

Einer der Pioniere der Systemtheorie in Deutschland, Niklas Luhmann, sagt, dass ein Konflikt dann vorliegt,

> wenn Erwartungen kommuniziert werden und das Nichtakzeptieren der Kommunikation rückkommuniziert wird. (…) Der Konfliktbegriff ist damit auf einen präzisen und empirisch fassbaren Kommunikationsvorgang bezogen: Auf ein kommuniziertes ‚Nein', das eine vorherige Kommunikation beantwortet. (Luhmann 1984)

Sobald wir also „Nein" zu einem Angebot oder einer Aussage unseres Gegenübers sagen, haben wir bereits einen Konflikt provoziert? Ich denke nicht. Erst ein doppelt kommuniziertes ‚Nein' löst den Konflikt aus:

Stellen Sie sich vor, Sie haben einen Geschäftsfreund zum Essen eingeladen und Sie fragen ihn: „Darf ich Ihnen ein Glas Wein einschenken?" Ihr Geschäftsfreund sagt: „Nein, danke!" Wo liegt da der Konflikt? Erst wenn Sie darauf bestehen und sagen „Doch, Sie trinken jetzt auf jeden Fall ein Glas Wein!" haben sie mit hoher Wahrscheinlichkeit einen handfesten Konflikt ins Leben gerufen.

Wenn sich der soziale Konflikt aber erst am doppelt kommunizierten „Nein" festmacht, gibt es viele Situationen, in denen verhandelt wird und in denen man noch nicht von einem zugrunde liegenden oder vorausgegangenen Konflikt reden. Andernfalls wären weite Teile des Geschäftslebens eine einzige Konfliktbewältigungsstrategie

1.2.3 Anschlussfähige Lösungen finden

► „Anschlussfähige Lösungen" – da sind wir schon mitten drin in der „systemischen" Sprache – sind Verabredungen und Vereinbarungen, die nicht nur von dem Verhandlungspartner getragen werden, sondern auch von all den Menschen und Organisationsteilen, die hinter ihm stehen.

Stellen wir uns dazu vor, dass ein Unternehmen sich entschließt, eine neue Software für die Buchhaltung anzuschaffen. Die Einkaufsabteilung tritt in die Kaufverhandlungen ein, einigt sich mit einem Anbieter – und nach der Installation läuft alles schlechter als vorher. Die Buchhalterinnen als User der Software kommen mit der Bedienung nicht klar. Auch sind in ihren Augen wichtige Aufgaben mit der neuen Technik nicht abbildbar. In den Schulungen stellen sie auf ‚stur' und sind erst zufrieden, als das Projekt für gescheitert erklärt wird. Das ist ein klassischer Fall dafür, dass die von der Einkaufsabteilung gewählte Lösung „nicht anschlussfähig" war. Die verhandelnden Parteien haben nicht geprüft, wer in der Organisation seinen Segen dazu geben muss, bzw. wer die Vereinbarung zum Scheitern bringen kann. Immer, wenn die Implementierung einer Verhandlungslösung scheitert, können wir davon ausgehen, dass sie nicht anschlussfähig war und im Vorfeld nicht auf die ihre Anschlussfähigkeit geprüft wurde.

Das Gezerre um die Zukunft von Opel 2009 ist ein gutes Beispiel dafür. Die Bundesregierung und auch die Opel-Betriebsräte verkünden sehr schnell, dass sie sich festgelegt haben. Das Publikum aber wartet auf die endgültige Entscheidung, und wartet und wartet … Deutlich wurde vor allem eines: Zahlreiche Akteure sind mit den verschiedensten Positionen und Interessen beteiligt – und lassen sich von frühen Festlegungen nicht beeindrucken. Jeder, der nicht gehört wird, verhindert eine Einigung. Eine anschlussfähige Lösung muss diesen Interessen gerecht werden oder entsprechende Ausgleiche schaffen. Und so ganz nebenbei auch berücksichtigen, wer die letztliche Entscheidungsmacht hat: der Verwaltungsrat des Autoriesen.

Wie Sie anschlussfähige Lösungen finden und entwickeln können, das schauen wir uns unter der Überschrift „systemisches Verhandeln" genauer an.

1.3 Verhandeln ist allgegenwärtig

Halten wir fest: Verhandelt wird überall. Öffentlich, geschäftlich und privat. In Wirtschaft, Politik und Gesellschaft. Verhandelt werden Firmenzusammenschlüsse, Gesetzesvorlagen und Urlaubsziele.

Wir verhandeln sogar mit uns selbst, etwa wenn wir vor Entscheidungen stehen und innerlich abwägen, ob wir z. B. den neuen Job annehmen sollten oder nicht.

Verhandelt wird auch vor Gericht. Gerichtsverhandlungen sind in aller Regel zumindest für einen der Beteiligten nicht freiwillig, Angeklagte werden unter Zwang vor den Kadi gestellt. Das Gericht versucht für sein Urteil sachliche Parameter und überprüfbare Indikatoren zu Grunde zu legen: Entspricht das Verhalten des Angeklagten dem Tatbestand eines Gesetzesparagrafen? Die Verhandlungspartner sind ihrer Entscheidungsmacht beraubt, sie liegt allein beim Richter – und ggf. bei den Schöffen. Solche Konstellationen sollen in diesem Buch jedoch außen vor bleiben.

Ich habe hier vor allem Verhandlungen innerhalb von Organisationen und Verhandlungen zwischen Organisationen im Auge.

Verhandeln innerhalb von Organisationen

Es gibt eine Vielzahl an Verhandlungssituationen in Organisationen. Ganz typische sind etwa:

- Vertreter verschiedener Abteilungen verhandeln über **Umfang und Budget** einer Leistung. So verhandelt etwa die Abteilung Marketing mit der IT-Abteilung über Umfang und Kosten für einen Internet-Auftritt.
- Ein Projektleiter verhandelt mit dem Vorstand über die Höhe von **persönlichen, zeitlichen und finanziellen Ressourcen**.
- Vertreter zweier Abteilungen müssen sich über **Aufgabenverteilung und Zeitfenster** einigen.
- Eine Führungskraft ist mit der **Leistung** eines Mitarbeiters nicht einverstanden und möchte eine neue Vereinbarung mit ihm treffen.
- Verschiedene Abteilungen sitzen zusammen und müssen ein **gemeinsames Konzept** für eine Messe aushandeln.
- Der Geschäftsführer handelt **Kompetenz- und Einflussnahme** mit dem Vorstand aus.
- **Gehaltsverhandlungen** sind für Führungskräfte aber auch Mitarbeiter ein immer wiederkehrendes aber auch brisantes Verhandlungsfeld.
- Oft spannungsgeladen sind auch **Auseinandersetzungen zwischen Mitarbeitern** der Qualitätssicherung, die den Standard heben wollen und Mitarbeitern in der Produktion, die schnell und günstig produzieren müssen.

Verhandeln zwischen unterschiedlichen Organisationen
Letztlich können wir hierunter alle Business-to-Business-Verhandlungen einordnen. Typische Situationen dafür sind:

- **Preisverhandlungen:** Sie gehören mit zum Schwierigsten, was das Verhandeln bietet, da es hier um die knappe Ressource Geld geht und damit oft um Erfolg oder Untergang für ein Unternehmen am Markt.
- **Einkaufsverhandlungen:** Firma A will Rohstoffe, vorgefertigte oder fertige Produkte oder Dienstleistungen von Firma B erwerben.
- Ein Großhandelsunternehmen führt **Nachverhandlungen** mit Produzenten – oder mit Abnehmern, weil sich das Umfeld (Rohstoffe, Energie- oder Logistik-Kosten) verändert haben.

1.3.1 Verhandlungsgegenstände und Ressourcenklassen

Objekt der Begierde oder um was alles verhandelt wird
Verhandelt wird (fast) alles. Je nach Blickwinkel besteht das ganze Leben aus einem Geben und Nehmen innerhalb vielfältiger Austauschverhältnisse. Es kann aber auch aus dem Vorenthalten und Wegnehmen von materiellen oder symbolischen Ressourcen bestehen. Dazu noch einmal der Systemtheoretiker und Professor für Führung und Organisation, Fritz B. Simon (2013):

> Wer handelt, der handelt. Menschliche Verhaltensweisen lassen sich als Waren betrachten, die bewertet und getauscht werden. (…) Wer lebt, hat sich und seine Verhaltensweisen auf vielen, sehr unterschiedlichen Märkten gegenüber einer Vielzahl von Mitbewerbern zu bewähren. Das Wirtschaftsleben ist nur einer davon.

Selbst wenn wir uns dieser Sichtweise anschließen, macht es Sinn, zwischen verschiedenen Verhandlungsgegenständen zu unterscheiden. Wir können auf diese Weise vermeiden, in der Gemengelage einer Verhandlungssituation alles in einen Topf zu werfen. Differenzieren wir hingegen genau, was der Gegenstand einer Verhandlung ist, können wir besser unsere Prioritäten setzen.

Für Verhandlungen in einem geschäftlichen Kontext schlage ich daher die Einteilung von Verhandlungsgegenständen in folgende Gruppen vor:

- **Knappe Güter**: Darunter lassen sich Gegenstände wie Geld, Zeit, Manpower (und damit Dienstleistungen), Positionen, Beförderungen, Auszeichnungen subsumieren – und auch Güter, die einen eher symbolischen Wert haben, wie die besten Parkplätze in der Tiefgarage, die Größe des Arbeitszimmers.
- **Rollen und Funktionen**: Hierunter fallen Positionen in Hierarchien und Beförderungschancen. Zu berücksichtigen sind aber auch eher inoffizielle Rollen und Funktionen,

etwa wer ist in einer Verhandlungssituation am wichtigsten, wer übernimmt die Alpha-Rolle.

- **Werte, Ziele und Einstellungen**: Dies umfasst Antworten auf Fragen wie: Was ist wichtiger, die Qualität in der Produktion oder die schnelle Produkteinführung und damit der Vorsprung gegenüber den Mitbewerbern?
- **Wege zu den Zielen**: Hier geht es um die verschiedenen Möglichkeiten, ein von allen getragenes Ziel zu erreichen.

Angemerkt sei, dass die Aufteilung von Verhandlungsgegenständen in verschiedene Gruppen in der Praxis nicht immer durchzuhalten sein wird, weil häufig hin- und hergesprungen oder auch alles gemeinsam verhandelt wird.

► Dabei unterscheiden sich Verhandlungen im Hinblick auf die eben aufgeführten Verhandlungsgegenstände gegenüber Argumentationen und Diskussionen darin, dass es nicht nur darum geht, in einer intellektuellen Übung darüber zu befinden, was z. B. richtig oder falsch, ethisch einwandfrei oder nicht ist, sondern dass die verhandelten Ergebnisse spürbare materielle und symbolische Konsequenzen für die Akteure haben.

Verhandelt wird letztlich über alle Tauschangelegenheiten in einer Organisation, also zum Beispiel Orientierung gegen Loyalität, Arbeitsleistung für Führungsleistung, Mitwirkungsbereitschaft und Kreativität für Gestaltungsraum, u. a. m. Im Unterschied zu den oben genannten vier Gruppen von Verhandlungsgegenständen wird über die zuletzt genannten Tauschangelegenheiten nur selten kommuniziert. Diese Verhandlungen verlaufen sozusagen implizit, zuweilen unbewusst und indirekt. Ferner gibt es dazu keine allgemeingültige Währung, wie es zum Beispiel das Geld in allen offiziellen Tauschangelegenheiten ist. Die Kontoführung hier ist individuell und die Währung ebenso und zudem nicht konvertibel.

Der Hamburger Organisations- und Coachingforscher Harald Geißler betont in diesem Zusammenhang die Bedeutung des „inneren Kaufmanns“, der bei allen Aktionen in der Organisation eine Geben/Nehmen-Bilanz erstellt. (Geißler 2003)

Ohne die Ausrichtung auf den geschäftlichen Kontext haben die beiden Kalifornier Foa und Foa (1993) die Verhandlungsgestände in 6 Ressourcenklassen eingeteilt:

- **Geld** (u. a. Anteile, Aktien)
- **Güter** (u. a. Produktivgüter, Konsumobjekte)
- **Dienste** (u. a. Arbeitskraft, Dienstleistungen)
- **Liebe** (u. a. Anteilnahme, Zuwendung, Wärme)
- **Status** (u. a. Prestige, Wertschätzung)
- **Information** (u. a. Rat, Erklärung, Aufklärung)

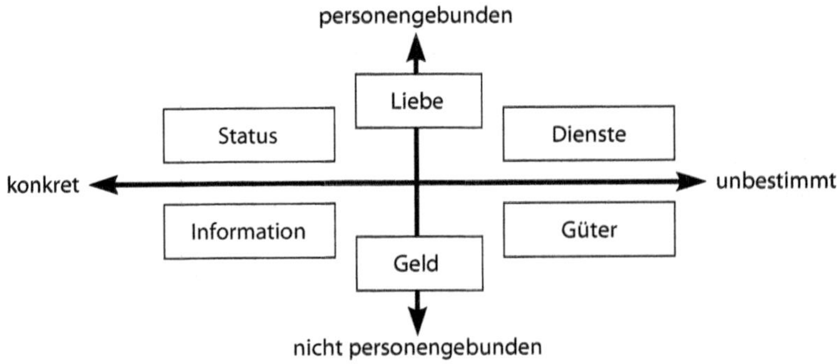

Abb. 1.8 Modell der Ressourcenklassen

In einem nächsten Schritt haben sie diese Ressourcen nach dem Grad ihrer Konkretheit (high versus low concreteness) und der Gebundenheit an bestimmte Personen (diese Gebundenheit wird hier als Partikularität bezeichnet) unterschieden, was sich in Abb. 1.8 ausdrückt.

Zu den Austauschbeziehungen zwischen diesen Ressourcenklassen haben die Autoren folgende Hypothesen entwickelt:

> Je näher zueinander zwei Ressourcen auf einer der beiden Dimensionen lokalisiert sind, desto ähnlicher werden sie wahrgenommen, desto stärker werden sie als Gegenleistung füreinander im Austausch bevorzugt und desto eher werden sie auch tatsächlich ausgetauscht.
>
> Je personenbezogener eine Ressource ist, desto eher wird sie gegen dieselbe Ressource getauscht (Liebe wird meist gegen Liebe getauscht, Geld nahezu nie gegen Geld) und desto enger ist der Variationsbereich anderer Ressourcen, mit denen sie ausgetauscht wird.
>
> Je näher eine Ressource zu Geld ist, desto eher entspricht der Betrag, den der Geber verliert, jenem, den der Empfänger bekommt, so dass der Verlust des einen dem Gewinn des anderen gleich wird.
>
> Wenn eine Ressource nicht verfügbar ist, wird sie eher durch eine weniger personengebundene als durch eine personengebundene ersetzt. (Foa und Foa 1993)

Der Charme des Modells besteht in seiner Übersichtlichkeit (6 Ressourcenklassen) und darin, dass es aufzeigt, welche Ressourcen gegeneinander leicht und welche schwieriger getauscht werden können.

Ein Hauptkritikpunkt ist die Gleichbehandlung der Ressource Geld mit den übrigen Ressourcen, die diesem generalisierten Tauschmedium vermutlich nicht gerecht wird.

Ferner ist anzumerken, dass die Theorie der beiden Amerikaner die Rolle des Kontextes nicht hinreichend berücksichtigt. So ist der Tausch etwa von Liebe gegen Geld ein nicht unerheblicher Bestandteil unseres (Schatten-)Wirtschaftslebens. Darüber hinaus ist die

Trennschärfe zwischen den Ressourcen Liebe und Status schwierig, wenn ein Begriff wie Wertschätzung der Ressource Status zugeordnet wird, und Begriffe wie Zuwendung und Wärme der Ressource Liebe.

Meiner Einschätzung nach werden Werte wie Anteilnahme, Prestige und Wertschätzung ohnehin in jeder Kommunikation und damit auch in jeder Verhandlung mitverhandelt und sind von den anderen Ressourcenklassen nicht zu trennen.

Dennoch sensibilisiert uns das Schaubild für die unterschiedlichen Bindungen, die zwischen den Ressourcenklassen und zwischen einzelnen Ressourcen und bestimmten Akteuren bestehen können.

Viele Verhandlungsgegenstände machen flexibel

Mit der steigenden Anzahl der Verhandlungsgegenstände erhöht sich die Verhandlungsmasse. Damit nehmen die Möglichkeiten zu, Konzessionen in einem Bereich durch Entgegenkommen in einem anderen Bereich auszugleichen. Verschiedene Forschungsergebnisse belegen, dass Menschen mit zunehmender Verhandlungserfahrung lernen, die Möglichkeiten besser zu nutzen, die sich durch Ausgleichszahlungen und das „Verrechnen" mit anderen Verhandlungsgegenständen ergeben.

Den besprochenen Verhandlungsgegenständen und Ressourcen werden Sie sicherlich auch in Ihren Verhandlungsaktivitäten begegnen. Wie Sie damit zu Ihrem Vorteil umgehen können, werden Sie in den folgenden Kapiteln erfahren. Wir werden uns dabei in erster Linie auf Verhandlungsaktivitäten und Verhandlungen im wirtschaftlichen Kontext konzentrieren.

1.4 Erfolgreich verhandeln!

Im ARD WM-Studio wurde der regierende Bürgermeister von Berlin, Klaus Wowereit, interviewt:

> **ARD:** „Herr Wowereit, ich biete Ihnen 10 € wenn Sie im Stadion das Trikot anziehen."
> **Wowereit:** „Können Sie noch ein bisschen drauflegen?"
> **ARD:** „15!"
> **Wowereit:** „50?"
> **ARD:** „15."
> **Wowereit:** „Habe ich da 50 gehört?"
> …

Am Ende erhält Klaus Wowereit 50 €. Vom Interview aus wird ins Studio zu Monica Lierhaus geschaltet, und die sagt als erstes: „Na, der kann ja gut verhandeln!"

Für sich selbst das Bestmögliche rausholen – das scheint im Alltag eine erfolgreiche Verhandlung zu kennzeichnen.

Bei genauerem Hinsehen und tieferem Nachfragen wird jedoch deutlich, dass es ganz so einfach nicht ist. Schon allein dann, wenn wir zwischen Verhandlung und den Verhandelnden unterscheiden.

Erfolgreich Verhandeln heißt, Entscheidungen zu treffen

Erinnern wir uns daran, welche Funktion Verhandlungen haben: nämlich zu strittigen Fragen Entscheidungen zu treffen und Klarheit zu gewinnen. Dann können wir sagen: Eine Verhandlung ist erfolgreich, wenn Antworten gefunden und Entscheidungen getroffen wurden. Damit kann eine Verhandlung auch dann erfolgreich sein, wenn die Verhandelnden erkennen, dass sie keine Einigung erzielen (können oder wollen) und sich nach anderen Verhandlungspartnern umschauen müssen. Wichtig ist allein: Es sind Entscheidungen getroffen worden.

Wie diese Entscheidungen und Ergebnisse beurteilt werden und wie die Folgen der getroffenen Abmachungen bewertet werden, das hängt von den Werten und Zielen der Akteure ab – also vor allem von den jeweiligen Verhandlungspartnern und den Parteien, die sie vertreten.

Aber erst einmal hat die Verhandlung dazu geführt, dass die Verhandelnden eine Option ausschließen können oder müssen – damit ist der Weg frei für neue Optionen (und auch das ist ein Erfolg)!

Was heißt Erfolg aus Sicht der Verhandelnden

Wie die beteiligten Verhandlungspartner eine Entscheidung und damit das Verhandlungsergebnis beurteilen, lässt sich nur von deren subjektivem Standpunkt aus und mit einer genauen Bestimmung der Bewertungskriterien beurteilen. Erfolgreich für wen? Vor welchem Hintergrund? Und mit welcher zeitlichen Perspektive? Das sind die ersten Fragen, die es da zu beantworten gilt. Und an jeder von ihnen hängt ein ganzer Rattenschwanz von mitunter weitreichenden Folgen. Betrachten wir das einmal am Beispiel der zeitlichen Perspektive:

Praxisbeispiel: Der vermeintliche Erfolg wird plötzlich zum Desaster.

In der Einkaufsabteilung eines Automobilproduzenten herrschte gute Stimmung: In der Verhandlung mit einem Lieferanten für Autolacke war es gelungen, die Konditionen um zwei Prozent zu verbessern. Ein quartalsmäßig betrachtet schöner betriebswirtschaftlicher Erfolg. Nachdem die Lacke verarbeitet wurden, stellte sich jedoch heraus, dass sie nach ein bis zwei Jahren bei bestimmten Temperaturbedingungen Blasen werfen. Der Lieferant hat sein Preiszugeständnis von zwei Prozent an der Qualität der Lacke eingespart, sonst wäre es für ihn kein gutes Geschäft gewesen.

Jetzt entstanden außergewöhnliche Kosten: Start einer Rückrufaktion des Autoherstellers, Entfernen des alten Lacks, Aufbringen des neuen und teureren Lacks, Kosten für Ersatzfahrzeuge und möglicherweise nachhaltige Imageprobleme – über Nacht war ein über Jahrzehnte aufgebautes Qualitätsimage dahin. ◄

Eine zunächst und durch eine kurzfristige Brille als erfolgreich bewertete Verhandlung muss somit im Nachhinein als Auslöser einer ganzen Kette von desaströsen und ruinösen Ereignissen und Entwicklungen bewertet werden. Von Erfolg keine Spur mehr. Die zweiprozentige Einsparung wäre den nachträglich entstandenen Kosten gegenüber aus der Portokasse zu bezahlen gewesen.

Aber auch eine umgekehrte Entwicklung ist denkbar. Ein gutes Beispiel dafür sind Grundstücksverhandlungen. Stellen wir uns vor, dass jemand bereit ist, für sein Traumgrundstück einen Preis zu zahlen, der erheblich über dem ortsüblichen Quadratmeterpreis liegt und zusätzliches Geld aufnehmen muss. Als fünf Jahre später das dort inzwischen gebaute Haus wieder verkauft wird, haben sich die Grundstückspreise vor dem Hintergrund einer verbesserten Infrastruktur fast verdoppelt. „Welch ein Glück" wird der zunächst erfolglose – und am Ende doch erfolgreiche – Verhandelnde im Nachhinein denken.

Die zu Grunde gelegte zeitliche Perspektive kann also eine entscheidende Rolle bei der Bewertung einer Verhandlung oder eines Verhandlungsergebnisses spielen. Da aber niemand weiß, wie die Welt in fünf Jahren aussieht und auch schwer der Anspruch zu erheben ist, jedes Verhandlungsergebnis sollte auch unter den noch nicht bekannten Bedingungen der Zukunft positiv, sprich erfolgreich zu bewerten sein, muss das Bewertungsrisiko meist ausgeblendet werden: der Zeitpunkt der Bewertung bleibt allein auf die Gegenwart fixiert.

Die Frage würde dann lauten:

► Ist die Verhandlung zum gegenwärtigen Zeitpunkt, unter Berücksichtigung der jetzt zur Verfügung stehenden Informationen gemessen an genau bestimmten Bewertungskriterien als Erfolg zu betrachten?

Bewertungskriterien für erfolgreiches Verhandeln könnten dann folgende sein. Zu jedem dieser Kriterien gibt es eine Reihe von Fragen, die zu beantworten sind:

- Zufriedenheit mit dem Verhandlungsergebnis
  Deckt sich das Ergebnis mit den vorher anvisierten oder festgelegten Zielen? Bringt das Verhandlungsergebnis die Verhandelnden in ihren persönlichen Zielen einen Schritt weiter? Unterstützt es die Organisation des Verhandelnden beim Erreichen der strategischen und operativen Ziele? Und wenn ja, wie weit? Drückt sich im Ergebnis der Bewertungs- und Verteilungsmaßstab aus, der für das jeweilige Verhandlungssystem Geltung hat?
- Zufriedenheit mit dem Verhandlungsverlauf
  Ist die Verhandlung in einer Art und Weise verlaufen, die zu den Werten der Verhandelnden und ihrer Organisationen passt? Sind die Verhandelnden mit ihrem Verhalten und der Art und Weise, wie sie agiert und interveniert haben, einverstanden, haben sie sich selbst im Hinblick auf ihr Selbstbild als kompetent und stimmig erlebt?
- Zufriedenheit mit den Auswirkungen auf die Beziehung zum Verhandlungspartner
- Hat die Verhandlung in ihrem Ergebnis und ihrem Verlauf die Beziehung der Verhandelnden und ihrer Organisationen eher verbessert oder eher verschlechtert? Ist mit

dieser Verhandlung ein guter Grundstein gelegt worden für weitere Verhandlungen und insbesondere für die künftigen (Geschäfts-)Beziehungen der Verhandelnden und ihrer Organisationen?

- Zufriedenheit mit der Beziehung zwischen Aufwand/Kosten und Nutzen der Verhandlung
  Stehen der Aufwand und alle Kosten, die für das Erreichen des Verhandlungsergebnisses nötig waren, in einem angemessenen Verhältnis zu dem Nutzen, der damit erreicht wurde?

Schon bei der Analyse dieser ersten Bewertungskriterien zeigt sich, wie schwierig der Erfolg einer Verhandlung zu bestimmen ist. Und schließlich gibt es auch Szenarien, in denen sehr kompetitiv eingestellte Verhandelnde den Verhandlungsabbruch der anderen Seite als positiv bewerten. Denn jetzt können sie ihre Ziele verfolgen, ohne mit der anderen Seite kooperieren zu müssen.

► Damit liegt es auf der Hand: Ohne genaue Daten über die Ziele und den Kontext, in dem eine Verhandlung stattfindet, können wir nicht sagen, ob eine Verhandlung aus Sicht der Verhandelnden erfolgreich ist oder nicht.

Es ist die Aufgabe des Verhandlungsmanagements, die Ziele und Bewertungskriterien im Vorfeld einer Verhandlung festzulegen, sie im Nachhinein mit Hilfe des Verhandlungsreports zu überprüfen und auf diesem Wege Aussagen über den Verhandlungserfolg zu machen. Mehr dazu in Abschn. 1.5.

Rackham-Studie weist Verhandelnden einen Weg

Der US-amerikanische Verhandlungsexperte Neil Rackham hat untersucht, welches Verhalten erfolgreich Verhandelnde an den Tag legen. Rackham hat dabei drei Kriterien definiert, die solche Verhandelnde kennzeichnen (Rackham 2003):

- Beide Seiten bezeichnen sie als effektiv.
- Sie können eine ganze Reihe von Verhandlungserfolgen nachweisen.
- Es gibt nur eine geringe Rate von Implementierungsschwierigkeiten der Verhandlungsergebnisse.

Anschließend hat er in einer Studie das Verhalten von ausgesuchten Verhandelnden detaillierter untersucht und unterschieden zwischen

- Dem Verhalten beim Vorbereiten von Verhandlungen.
- Dem Verhalten in oder während der Verhandlungen.

Schauen wir zunächst einmal darauf, wie sich erfolgreich Verhandelnde vorbereiten. Rackham konnte im Vergleich zu weniger Erfolgreichen auffallend häufiger beobachten, dass erfolgreich Verhandelnde

- bei Streitfragen deutlich mehr Optionen erwägen und darüber auch gründlicher nachdenken,
- mehr als dreimal so viel Zeit darauf verwenden, über Gemeinsamkeiten nachdenken,
- doppelt so viel Zeit dafür verwenden, sich über die langfristigen Auswirkungen der Streitfragen Gedanken zu machen,
- eine bestimmte Reihenfolge der Verhandlungspunkte demgegenüber als eher unwichtig empfinden.

Die von Rackham beobachteten erfolgreich Verhandelnden vermeiden in den Verhandlungen Irritationen und Gegenvorschläge. Sie geraten nicht in Verteidigungsspiralen und gehen Strategien zum Abschwächen der Argumente aus dem Weg. Stattdessen kommunizieren sie folgendermaßen:

- Benennen dessen, was sie tun (Ausnahme: nicht übereinstimmen).
- Das Verstehen überprüfen und den Stand der Dinge immer wieder zusammenfassen.
- Häufiges Fragestellen.
- Benennen dessen, was in einem vorgeht (Gefühle und Gedanken).
- Gezielter Einsatz von wenigen Argumenten.

Ich möchte späterer noch einmal auf Rackhams Ergebnisse zu sprechen kommen. Hier sei schon einmal angemerkt, dass die genannten Kriterien und auch die Verhaltensweisen allesamt einen Bezug zum kooperativen Verhandeln haben. Ob dieses Verhalten auch in kompetitiven Verhandlungen zum Erfolg führt? Darüber werden wir im entsprechenden Kapitel sprechen. So viel vorab: Zweifel dazu scheinen angebracht.

Überhaupt ist ein valides Beurteilen der Studie schwierig, da in der Quelle keine Angaben über die Effizienzgesichtspunkte zu finden sind. Insbesondere wissen wir nicht, auf welcher Basis ein Verhandlungsergebnis als Erfolg bewertet wurde. Ebenso lassen geringe Implementierungsschwierigkeiten nicht zwingend auf die Güte von Verhandlungsergebnissen schließen.

Der Fokus richtete sich bei Reckham auf die Vorbereitung einer konkreten Verhandlung, und hier sehr stark auf inhaltliche Aspekte. Zudem richtet er seine Aufmerksamkeit auf das Verhalten in Verhandlungen, etwa auf das kommunikative Handeln oder die Gesprächstaktik.

Wissenschaftler wie Lax und Sebenius (2004) bewerten Verhandlungen anhand einer weiteren viel versprechenden Bewertungskategorie: Die Fähigkeit, die Rahmenbedingungen einer Verhandlung zu den eigenen Gunsten zu verändern. Was ist damit gemeint? Lax und Sebenius verstehen darunter, den Kontext so zu verändern, dass aus einer vermeintlich schwachen eine zumindest gleichwertige Verhandlungsposition wird. Dazu führen sie das folgende Beispiel an:

Der Onlinedienst AOL (America Online) suchte 1996 einen topaktuellen Internet-Browser. Zur Alternative standen ein technisch überlegenes Produkt von Netscape und ein fehlerhaftes von Microsoft. Bei einer Fokussierung allein auf die Güte des Produkts hätte

Microsoft keine Chance gehabt, auch bei gesprächstaktischer Brillanz der Verhandelnden. Microsoft schaffte es aber, die Fokussierung zu verschieben in Richtung Vertriebsmöglichkeiten – einem Feld, in dem Netscape deutlich unterlegen war. Einer der Beteiligten sagte dazu später:

> Statt mit den Technologie-Experten zu verhandeln, wandten sich Microsofts Manager an die Geschäftsleute von AOL. Wie der Verhandlungsführer und Chef der Akquise-Abteilung (…) sagte, „war Microsofts Bereitschaft, die AOL-Software in irgendeiner Form mit dem Windows Betriebssystem zu koppeln, ein entscheidender Faktor im Wettbewerb, den Netscape nicht bieten konnte." (Lax und Sebenius 2004)

Statt also mit der Gruppe X über die Punkte 1 und 2 zwar virtuos, aber mit schlechten Argumenten zu verhandeln, wandte sich Microsoft lieber dem angenehmeren Gesprächspartner Y zu und betonte die Themen 3, 4 und 5, bei denen das Softwareunternehmen sich in einer vorteilhafteren Position sah. Der Erfolg dieser Verhandlung basierte also stark auf der Fähigkeit, den Aufbau der Verhandlung selbst zu ändern – die Fähigkeit, gut mit Menschen umzugehen oder gesprächstaktisch zu brillieren kam demgegenüber erst später zum Tragen.

Wir halten fest

Wenn wir Verhandlungen als erfolgreich oder erfolglos bewerten wollen, ist eine Reihe von Differenzierungen nötig:

- Zunächst einmal ist die Beurteilung darüber, ob eine Verhandlung ihre o. a. Funktion erfüllt hat und zu einer Entscheidung führte, von der Beurteilung einer Verhandlung durch die Verhandelnden zu trennen.
- Die Bewertung der an der Verhandlung beteiligten Parteien ist abhängig von den Zielen, Werten, Motivationen und Aufteilungsmaßstäben der Verhandelnden und der Verhandlungssysteme.
- Die Bewertung kann sich ferner durch den Zeitpunkt der Bewertung noch einmal verändern.
- In Bezug auf erfolgreiches kooperatives Verhandlungsverhalten sind aus der Rackham'schen Studie erste Schlüsse zu ziehen: Zum erfolgreichen Verhandeln scheinen auf Seiten der Verhandelnden neben der Fähigkeit zum Durchdringen des Verhandlungsgegenstands, eine bestimmte Vorbereitung und kommunikative Kompetenzen in der Verhandlung zu gehören.
- Das Microsoft-Beispiel zeigt, dass es in Verhandlungen entscheidend sein kann, den Fokus der Aufmerksamkeit zu verändern. Hier: Weg von der Technik, hin zum Vertrieb (mit dem Ziel aus einer vermeintlich schwachen eine zumindest gleichwertige Verhandlungsposition zu generieren).

Zudem können wir vor dem Hintergrund der ständig zunehmenden Komplexität in der Arbeitswelt und des Siegeszugs der Projektarbeit in vielen Unternehmen davon ausgehen, dass zum erfolgreichen Verhandeln mehr und mehr auch die Fähigkeit gehören wird, Verhandlungsteams zu führen. Deswegen sind alle Führungskräfte gefordert, die internen Prozesse einer Organisation so zu organisieren, dass sie die Verhandelnden unterstützen (Kreggenfeld 2009).

Auf eigene Rechnung oder als Stellvertreter verhandeln?

Im Geschäftsleben verhandeln im Regelfall die jeweiligen Führungskräfte oder Mitarbeiter, in mittelständischen Unternehmen je nach Thema auch die Inhaber selbst. In größeren Organisationen wird alles, was mit Beschaffung zu tun hat, vom Einkauf verhandelt. Klar ist, dass wir mindestens zwei Akteure/Parteien brauchen, um von einer Verhandlung zu sprechen. Diese verhandeln entweder „auf eigene Rechnung" – also als direkt von den Ergebnissen Betroffene. Oder sie verhandeln als Stellvertreter – sind also nicht direkt von den Verhandlungsergebnissen betroffen. Dazu hat die Verhandlungsforschung (u. a. Kreggenfeld 2009) einige interessante Punkte herausgefunden, die sich möglicherweise auch mit Ihren Erfahrungen decken:

Vertreten Verhandelnde (nur) eigene Interessen und Standpunkte, verhandeln sie weniger hart – geben also eher einmal nach und versuchen, Beziehungsstörungen zu vermeiden und zu kooperativen Abschlüssen zu kommen – als Verhandelnde, die die Interessen von einzelnen anderen oder auch von Gruppen vertreten. Diese nämlich treten häufig sehr willensstark auf, vertreten Extrempositionen und geben sich grimmig. Warum ist das so – zumindest in vielen Fällen?

Wer – nur – für sich selbst verhandelt, hat keinen Ansporn, seine Bezugsgruppe zufrieden zu stellen. Es stellt sich auch kein Leistungsbedürfnis ein, eine Rolle so gut wie möglich auszufüllen und generell fehlt die Aussicht auf Anerkennung und/oder materielle Belohnung.

Verhandeln Akteure aber für andere Menschen oder auch ganze Gruppen, verändert sich das Verhalten in vielen Fällen kolossal – und zwar in Richtung mehr Verhandlungshärte, es wird zäher und ausdauernder verhandelt. Das zeigt sich im stärkeren Einsatz für die eigenen Ziele, in der geringeren Bereitschaft, einmal vertretene Standpunkte aufzugeben und in der hartnäckigen Ausschau nach besseren Verhandlungsergebnissen für die eigene Seite. Für dieses veränderte Verhalten bei Verhandelnden, die als Vertreter einer Gruppe auftreten, können wir folgende Gründe vermuten:

1. Bei einem guten Ergebnis winkt die soziale Anerkennung der Gruppe.
2. Wird die Rolle gut – also erfolgreich – gespielt, bringt das ein gehöriges Maß an Selbstbestätigung.
3. Befürchtete Negativ-Konsequenzen, wie der Verlust des Vertreter-Status, können durch positive Verhandlungsergebnisse vermieden werden.

Das Team stärkt den Rücken
Es lässt sich beobachten, dass Verhandelnde deutlich anspruchsvollere Zielvorstellungen entwickeln, wenn sie sich in Gruppendiskussionen zuvor auf die Verhandlung vorbereitet haben. Sozialpsychologen vermuten, dass Teilnehmer, die normalerweise eher defensiver vorgehen würden, durch die Diskussionsbeiträge von ihren moralischen Hemmungen befreit werden. Die Folge: Sie sind eher zur Anwendung harter Verhandlungstaktiken bereit – was sie sonst niemals wären.

Bereiten sich die Verhandelnden hingegen mit einer neutralen dritten Partei vor, führte dies häufig zu einer höheren Nachgiebigkeit.

Anders verhält es sich meiner Erfahrung nach bei juristischer Beratung. Fördert der Besuch beim Rechtsanwalt zutage, dass die eigene Position aufgrund geltender Rechtsprechung erheblich besser ist als gedacht, stärkt auch dies den eigenen Rücken ganz erheblich und erleichtert es enorm, eigene Forderungen aufrecht zu halten und durchzusetzen.

1.5 Verhandlungsmanagement

Verhandlungsmanagement bezeichnet die betriebswirtschaftliche Planung, Steuerung und Analyse von Verhandlungen (Herbst und Voeth 2015). Dabei wird der Frage nachgegangen, wie die Verhandlungsaktivitäten in Betrieben vom Management so gesteuert werden können, dass für das Unternehmen die bestmöglichen Ziele erreicht werden.

Dahinter steckt die Einsicht: Verhandlungen sind zu wichtig, um sie im managementfreien Raum stattfinden zu lassen. Ansonsten besteht die Gefahr in hohem Maße von einzelnen Akteuren und deren psychologischem Geschick abhängig zu sein.

Die Vorteile des Verhandlungsmanagements liegen darin, dass eine Reihe der weiter oben beschriebenen Unsicherheitsfaktoren beherrschbarer werden. Der Prozess selbst gliedert sich in einzelne Teilaufgaben:

- **Verhandlungsanalyse**
  Die Bedeutung der Verhandlung für das Unternehmen wird vom Management analysiert. Zunächst erfolgt eine detaillierte Betrachtung der Ausgangssituation, anschließend werden verhandlungsrelevante Informationen zusammengetragen.
- **Verhandlungsorganisation**
  Es wird geklärt, ob bi- oder multilateral verhandelt wird, wie sich das Verhandlungsteam zusammensetzt und wer welche Aufgaben übernimmt.
- **Verhandlungsvorbereitung**
  Dabei benennt und analysiert das Management Verhandlungsgegenstände. Dazu zählen die mögliche Verhandlungsmasse, die eigenen Verhandlungsziele, die potenziellen Verhandlungsziele der Gegenseite und darauf aufbauend die Entwicklung der eigenen Verhandlungsstrategie.
- **Verhandlungsführung**

Der Fokus liegt auf den verschiedenen Phasen in einer Verhandlung, einer phasenspezifischen Argumentationsführung und den Chancen und Risiken, die sich aus der Verhandlungskultur ergeben.

- **Verhandlungscontrolling**
  Am Verhandlungsende werden mittels einer kennzahlenbasierten Ermittlung die Verhandlungsperformance überprüft, Abweichungen analysiert und Implikationen für zukünftige Verhandlungen gezogen.

Ein zentrales Instrument ist der Verhandlungsreport. Er kann in der Vorbereitung als eine Art Checkliste dienen, in der die Verhandlungsziele, -motive bzw. -interessen und -strategien ebenso festgehalten werden wie die Verhandlungsgegenstände und mögliche Ausgleichs- und Kompensationsmaßnahmen (Side-Deals) – und zwar sowohl für die eigene Seite als auch für die Seite des Verhandlungspartners. Letzteres dann freilich im Sinne von Erwartungen und Hypothesen.

In der Verhandlungsnachbereitung kann dann im Sinne eines Soll-Ist-Vergleichs überprüft werden, inwieweit die eigenen Ziele erreicht wurden, welche Strategien sich bewährt haben, u. a. m.

Ein solcher Report zielt nicht alleine darauf ab, die Performance der Akteure in einer einzelnen Verhandlung zu überprüfen. Vielmehr ermöglicht es dem Management aus einer Vielzahl abgeschlossener Verhandlungen Rückschlüsse für die gesamte Organisation zu ziehen. Beispielsweise lässt sich vergleichen, ob bestimmte Verhandlungsstrategien eher zum Erfolg oder Misserfolg führen und ob das für alle Unternehmensbereiche gleichermaßen gilt. Daraus lassen sich für zukünftige Verhandlungen Schlussfolgerungen ableiten und Lernfelder aufzeigen.

Um eigene Verhandlungsreports zu erstellen, nutzen Sie die Checklisten in Abschn. 5.2 dieses Buches. Dort finden Sie auch einen Vorschlag für eine lernorientierte Verhandlungsnachbereitung.

Beispiel: Verhandlungsreport (Vorbereitung)

Verhandlungsthema und -anlass:	
Verhandlungspartner:	
Verhandlungsziele	
Partei A (eigene)	Partei B* (Verhandlungspartner)
Verhandlungsmotive/-interessen	
Partei A	Partei B
Verhandlungsgegenstände	
Partei A	Partei B
Limits (Ein- und Ausstiegspunkte)	
Partei A	Partei B
Verhandlungsstrategien	
Partei A	Partei B
Mögliche Ausgleichs- und Kompensationsmaßnahmen (Side-Deals)	
Partei A	Partei B

* Alle Angaben zu Partei B sind naturgemäß Vermutungen (die dann allerdings in der Verhandlung überprüft werden können) ◄

1.6 Zusammenfassung

- Verhandeln heißt, Gespräche darüber zu führen ob, und wenn ja, in welcher Form, Ressourcen (oder der potenzielle Zugriff darauf) zwischen den Gesprächspartnern aufgeteilt bzw. getauscht werden.
- Verhandeln heißt insofern auch, verbindliche Einigungen anzustreben, die für die beteiligten Akteure spürbare materielle (Geld und Güter) und symbolische Auswirkungen (Status und Ehre) haben.
- Verhandelt werden knappe Güter (Geld, Zeit, Manpower, Dienstleistungen), Rollen und Funktionen (Positionen in Hierarchien, Beförderungen, wer ist der Größte, Beste, Wichtigste?), Werte, Ziele und Einstellungen (Qualität in der Produktion versus schnelle Produkteinführung) sowie Wege zu den Zielen (Wie erreichen wir, was wir uns vorgenommen haben?)
- Wir unterscheiden komplexe Verhandlungsprozesse (Strategieverhandlungen) von kürzeren Verhandlungen und Verhandlungsaktivitäten (Wie wird das Budget aufgeteilt?) und schnelle Einigungsprozesse und verbale Schlagabtausche (Preisverhandlung mit C-Lieferanten). Die Vorbereitungszeit korreliert mit der Wichtigkeit.

- Verhandeln erfüllt in unserem Geschäftsalltag vor allem drei Funktionen: Entscheidungen treffen, Konflikte lösen, anschlussfähige Lösungen finden.
- Für komplexe Verhandlungen sind die Szenariotechnik und die Nutzwertanalyse brillante Entscheidungs- und Vorbereitungshelfer.
- Verhandlungen sind für Unternehmen zu wichtig, um sie im managementfreien Raum stattfinden zu lassen. Das zentrale Instrument für erfolgreiches Verhandlungsmanagement ist der Verhandlungsreport.

Erste Empfehlungen für das Vorbereiten von Verhandlungen:

Erwägen Sie bei kritischen Punkten viele Optionen und denken Sie gründlich darüber nach, suchen Sie länger nach Gemeinsamkeiten als nach Unterschieden, bedenken Sie die langfristigen Auswirkungen der Streitfragen.

Erste Empfehlungen für das Verhalten in Verhandlungen:

Folgen Sie Ihren Zielen – doch legen Sie die Scheuklappen ab, vermeiden Sie Irritationen und Gegenvorschlags-Automatiken, überprüfen Sie laufend das gegenseitige Verständnis und fassen Sie den Stand der Dinge immer wieder zusammen, stellen Sie viele und gute Fragen.

Probieren Sie sich aus: Die meisten Akteure verhandeln konsequenter, wenn sie im Auftrag einer Gruppe handeln oder ihre Organisation vertreten, als wenn sie „nur" auf eigene Rechnung handeln.

Literatur

Altmann, G., Fiebiger, H., & Müller, R. (2005). *Mediation: Konfliktmanagement für moderne Unternehmen* (3. Aufl.). Weinheim.

Crott, H., Krutschker, M., & Lamm, H. (1977). *Verhandlungen. Individuen und Gruppen als Konfliktparteien. Ergebnisse aus sozialpsychologischer Verhandlungsforschung*. Stuttgart.

Esser, H. (2004). Die Logik der Verständigung. Zur Debatte um Arguing und Bargaining in internationalen Verhandlungen. In F. U. Pappi, et al. (Hrsg.).

Foa, U.G., & Foa, E. B. (1993). *Resource theory. Explorations and applications*. San Diego.

Frank, E., & Frey, D. (2008). Theoretische Modelle zu Kooperation, Kompetition und Verhandeln bei interpersonalen Konflikten. In D. Frey, M. Irle (Hrsg.), *Theorien der Sozialpsychologie* (Bd. 2, 2. Aufl.) Bern.

Geißler, H. (2003). *Balanced organisation*. Köln.

Goldberg, S. B. (2003). *Negotiation, Mediation and other Processes*. Boston.

Graf, H. G., & Klein, G. (2003). *In die Zukunft führen. Strategieentwicklung mit Szenarien.*

Hargie, O., & Dickson, D. (2016). *Skilled interpersonal communication* (S. 369 ff.). New York (Chapter 13: Negotiation).

Herbst, U., & Voeth, M. (2015). *Verhandlungsmanagement*. 2. Aufl.,Stuttgart.

Kreggenfeld, U. (2009). *Verhandlungen in und zwischen Organisationen*. Frankfurt a. M.

Kreggenfeld, U. (2012/2020). Future-Beaming. Problemlösungen mit dem Blick aus der Zukunft entwickeln. In P. Knapp (Hrsg.), *Konflikte lösen in Teams und großen Gruppen: Klärende und*

deeskalierende Methoden für die Mediations- und Konfliktklärungspraxis im Business. managerSeminare. Bonn. 3. Auflage 2020
Lax, D. A., & Sebenius, J. K. (2004). Der perfekte Deal. *Harvard Business Manager, 26,* 21–35.
Lewicki, R., & Sanders, D., et al. (2003/2014). 7ed. *Negotiations: Readings, exercises, cases.* Boston.
Lewicki, R., Saunders, D. M., Barry, B., & Minton, J. W. (2004/2020). 7ed. *Essentials of negotiation.* New York.
Lietz, K.-J. (2009). *Die Entscheider Bibel.* München.
Luhmann, N. (1984). *Soziale Systeme, Grundriß einer allgemeinen Theorie.* Frankfurt a. M.
Pfeiffer, T. (2004). *Das Aushandeln im Transportrecht.* Berlin.
von Prittwitz, V. (1996). *Verhandeln und Argumentieren.* Dialog, Interessen und Macht in der Umweltpolitik. Opladen.
Popp, M. (1988). *Machtprozesse in sozialen Interaktionen.* Frankfurt a. M.
Pruitt, D. G., & Carnevale, P. J. (1993). *Negotiation in social conflict.* Buckingham.
Rackham, N. (2003). The behaviour of successfull negotiators. In Lewicki et al.
Saretzki, T. (1996). Wie unterscheiden sich Argumentieren und Verhandeln. In von Prittwitz, V. (Hrsg.), *Verhandeln und Argumentieren, Dialog, Interessen und Macht in der Umweltpolitik* (S. 19–41). Opladen.
Simon, F. B. (2004). *Tödliche Konflikte. Zur Selbstorganisation privater und öffentlicher Kriege.* Heidelberg. 2. Aufl.
Simon, F. B. (2013). *Radikale Marktwirtschaft. Grundlagen des systemischen Managements.* Heidelberg. 6. Aufl.
Steiger, T., & Lippmann, E. (2013/2018). *Handbuch angewandte Psychologie für Führungskräfte* (5. Aufl.). Berlin.

Weiterführende Literatur

Pappi, F. U., Riedel, E., Thurner, P. W., & Vaubel, R. (Hrsg.). (2004). *Die Institutionalisierung internationaler Verhandlungen.* Frankfurt a. M.

2 Verhandlungstechniken

Zusammenfassung

Das erwartet Sie in diesem Kapitel:

In dieser Buchpassage lernen Sie das ganze und ‚klassische' Handwerkszeug des professionellen Verhandelns kennen. Es geht um ‚hartes' kompetitives und (nur scheinbar) ‚weiches' kooperatives Verhandeln, um diabolisches Verhandeln und auch um die Erfolgsfaktoren bei Preisverhandlungen. Sie werden vertraut mit den aktuell verfügbaren Verhandlungstechniken der verschiedenen Verhandlungsschulen und erhalten Impulse, die vorgestellten Methoden und Techniken in ihren Verhandlungen fruchtbar werden zu lassen. Ebenso finden Sie Möglichkeiten, sich gegenüber überzogenen Forderungen und unfair oder brachial auftretenden Verhandelnden zu schützen und zu behaupten.

Mit dem Entwicklungsmodell zur Verhandlungskompetenz bekommen Sie ein Tool an die Hand, um je nach Situation den stimmigen Mix aus kooperativem und kompetitivem Verhandlungs-Know-how zu finden und für sich zu nutzen.

Für viele professionell Verhandelnde sind Preisverhandlungen das Salz in der Suppe. Worauf es dabei an kommt und wie Sie auch für sich beste Abschlüsse erzielen, das erfahren Sie unter der Überschrift ‚Sonderfall Preisverhandlungen'.

Und weil besonders seit der Corona-Pandemie 2020/2021 Verhandlungsaktivitäten zunehmend online stattfinden, finden Sie am Ende dieses Kapitels umfangreiche Hinweise, wie Sie die Vorteile nutzen, die sich für Verhandelnde aus der virtuellen Kommunikationssituation ergeben – und wie Sie die daraus resultierenden Nachteile minimieren.

U. Kreggenfeld, *Erfolgreich systemisch verhandeln*,
https://doi.org/10.1007/978-3-658-33906-7_2

2.1 Kooperatives Verhandeln

Das erwartet Sie in diesem Kapitel:
Sie lernen jetzt die bewährtesten kooperativen Strategien kennen, um Verhandlungen aller Art zielgerichtet und im beiderseitigen Interesse erfolgreich zu führen. Um auch in schwierigen Verhandlungen festgefahrene Positionen in Bewegung zu bringen, wird Ihr Methodenwerkzeugkoffer prall gefüllt – sowohl mit analytischen wie auch mit kreativen Methoden.

Das bewahrt Sie davor, sich in Detaildiskussionen zu verlaufen und hilft Ihnen, festgefahrene Denkweisen zu verlassen und Lösungsräume zu öffnen.

Last but not least bekommen Sie einen roten Faden in die Hand, um Verhandlungsgespräche zu strukturieren und zu ordnen, falls Sie in der Hitze des Gefechts einmal den Überblick verlieren.

2.1.1 Mit kooperativem Verhandeln zur Win-Win-Lösung

Kooperieren heißt zusammenarbeiten. Wer sich kooperativ verhält, dem liegt etwas am anderen, der hat ein Interesse an einer Beziehung „auf Augenhöhe". Unter Kooperation verstehe ich ausdrücklich nicht, einen weichen Schmusekurs zu fahren und eigene Forderungen eilig fallen zu lassen. Kooperation bedeutet nach meinem Verständnis, sich mit aller Kraft und Energie dafür einzusetzen, die eigenen, auch hochgesteckten Ziele zu erreichen – und diese Attitüde auch dem Verhandlungspartner zuzugestehen. Frei nach dem Motto: Ich muss das Licht des anderen nicht ausblasen, um das eigene scheinen zu lassen. Mit dieser Grundhaltung erzielen alle Beteiligten die besten Ergebnisse – das ist in der Verhandlungsforschung übrigens sehr fundiert nachgewiesen (Frank und Frey 2002; Pruitt und Rubin 2004; Kreggenfeld 2009).

Wie geht das nun – kooperativ verhandeln?
Ganz einfach gesagt: Ich lege die Karten auf den Tisch und schaue gemeinsam mit meinem Verhandlungspartner, wie eine gute Lösung aussehen kann (Kreggenfeld 2016). Damit haben wir es mit dem klassischen Problemlösen zu tun. Beim kooperativen Verhandeln kommt allen Strategien des Problemlösens und somit auch der Problemlösekompetenz der Verhandelnden eine besondere Bedeutung zu. Dazu werden seit den 80er-Jahren sowohl in den USA als auch in Deutschland unter den Überschriften „sachbezogenes Verhandeln", „Mediation" und „Konfliktklärung" eine Reihe von Konzepten und Methoden entwickelt und in der Praxis getestet. Ein gemeinsamer Nenner beim Problemlösen ist es, keine „Verlierer" zu produzieren.

Gelingt es also nicht, eine für beide Seiten gewinnende Lösung zu finden (win/win) und ist auch kein Kompromiss in Sicht, der für beide akzeptabel scheint – bedeutet das in letzter Konsequenz, die Verhandlungsgespräche mit diesem Partner nicht fortzusetzen.

Sondern stattdessen Kontakt zu anderen Akteuren aufzunehmen und mit diesen Win-win- oder Kompromisslösungen zu erreichen.

Durchsetzungsstrategien kommen – wenn überhaupt – nur unter Ankündigung und mit viel Fairness (sprich: Gesichtswahrung für den anderen) ins Spiel.

Die effektivsten und populärsten Lösungskonzepte schauen wir uns in den folgenden Abschnitten genauer an.

2.1.2 Die populärsten Konzepte

2.1.2.1 Die niederlagelose Konfliktbewältigungsstrategie

Konflikte sind unvermeidlich, da Menschen unterschiedliche Interessen haben. Menschen, die Konflikte systematisch meiden, erleiden ebenso Schiffbruch wie solche, die regelmäßig auf Konfrontationskurs gehen. Aber es gibt noch einen dritten Weg: **Die niederlagelose Konfliktbewältigungsstrategie.** Sie hat ihren Ursprung im Non-Profit-Bereich. Als geistiger Vater gilt der amerikanische Psychologe Thomas Gordon. Unter der Überschrift „Managerkonferenz“ wird die niederlagelose Konfliktbewältigungsstrategie auch in Wirtschaftsunternehmen und -organisationen genutzt (Gordon 2009). Für ein kooperatives und konstruktives Austragen von Konflikten und Aufteilungsproblemen geht es im Kern zunächst darum, eine schnelle Lösung aufzuschieben – und dann in sechs Schritten folgendermaßen fortzufahren:

1. Identifikation und definieren des Problems
2. Alternative Lösungen entwickeln
3. Die alternativen Lösungen bewerten
4. Entscheiden für die beste annehmbare Lösung
5. Die Entscheidung ausführen
6. Anschließende Bewertung der Lösung

Nehmen wir als Beispiel den Fall, dass sich die Verhandlungsakteure zweier Organisationen nicht über die Zahlungsmodalitäten bei dem ins Auge gefassten Auftrag einigen können. Damit wäre das Problem definiert. Spätestens jetzt müssten sie sich darauf einigen, nicht in operative Hektik zu verfallen, sondern in aller Ruhe zu schauen, welche Möglichkeiten es gibt.

In einem Brainstorming, einem freien „Gedankensturm“, könnten dabei folgende Lösungen herauskommen:

- Zahlungsziele verändern
- Ratenzahlungen prüfen
- Leasingmöglichkeiten erkunden
- Fremdfinanzierungen in Betracht ziehen
- Naturalgeschäfte prüfen

Denkbar ist es auch, über folgende Fragen einen Lösungskorridor zu öffnen:

- Ist eine Erhöhung der Bestellmenge möglich?
- Wie verändert eine An- bzw. Vorauszahlung die Bedingungen?
- Welchen Einfluss hätte der zusätzliche Abschluss eines Wartungsvertrags?
- Ist ein Folgeauftrag für ein anderes Produkt möglich?
- Können Sie Jahresboni in Aussicht stellen?
- Sind unterstützende verkaufsfördernde Maßnahmen denkbar?
- Wie wirkt sich eine Verlängerung von Garantiezeiten auf die Investition aus?
- Welche weiteren Ausgleichgeschäfte sind möglich?

Wird über solche Fragen der eigentliche Verhandlungsgegenstand oder der Verhandlungsraum erweitert, sprechen wir von einem sogenannten **Side-Deal**. Beispielsweise garantiert Verhandlungspartner A eine Zusammenarbeit über die aktuell verhandelte Vertragslaufzeit hinaus. Im Gegenzug erwartet er von Verhandlungspartner B Zugeständnisse, die dieser ohne die eingeräumte Sicherheit nicht hätte gegeben können.

Nebenbei bemerkt haben wir mit den obenstehenden Fragen eine Vielfalt an Möglichkeiten gefunden, um Bewegung in festgefahrene Preisverhandlungen zu bekommen. Im Abschn. 2.4 Sonderfall: Preisverhandlungen erfahren Sie mehr zu diesem spannenden Verhandlungs-Typus.

In einem nächsten Schritt (Phase 3), werden die möglichen Lösungen kritisch bewertet. Dann steht die Entscheidung für die beste Lösung an (Phase 4) und schließlich folgen die praktische Umsetzung und die Bewertung (Phasen 5 und 6) der Aktivitäten.

Alle kooperativen Verhandlungsstrategien gehen so oder so ähnlich vor. Auch Empfehlungen, wie ein Verhandlungsgespräch ganz konkret verlaufen sollte, orientieren sich daran.

2.1.2.2 Verlaufsmodell für kooperatives Verhandeln

Die niederlagelose Konfliktbewältigungsstrategie findet sich im Wesentlichen in den Schritten 2–4 in der Abb. 2.1 wieder. Gerahmt wird sie vom rituellen Begrüßen und Verabschieden.

Doch Vorsicht! Modelle, die einen Verlauf idealisieren, sind immer eine heikle Sache: Denn Gespräche und besonders Verhandlungsgespräche lassen sich nun einmal nicht in

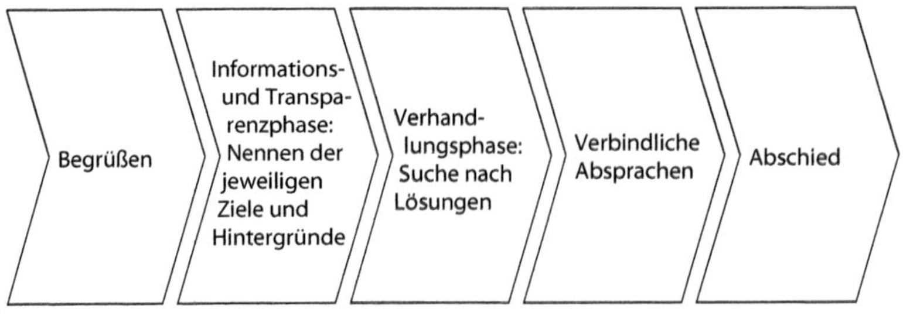

Abb. 2.1 Verlaufsmodell für kooperatives Verhandeln

Schemata pressen. Es entstehen ganz natürliche Dynamiken, die von idealtypischen Verläufen abweichen. Hat jemand etwa eine gute Idee für eine Einigung, sollte er diese auch anbringen können – unabhängig davon, in welcher Phase sich das Gespräch befindet.

Verlaufsmodelle helfen bei der Vorbereitung und bei der Strukturierung von Verhandlungen; sie können hilfreich sein, wenn sich die Verhandlungspartner verzetteln und nach dem roten Faden suchen. Als künstlich aufgezwängtes Korsett sollten sie nicht missverstanden werden.

Verhandlungsgespräche, die auf der niederlagelosen Konfliktbewältigungsstrategie basieren, verlaufen nicht immer glatt – was aber können wir machen, wenn der Prozess an der einen oder anderen Stelle ins Stocken gerät?

Antworten hierzu kann uns das Konzept des sachgerechten Verhandelns liefern, bekannt als Harvard Konzept.

2.1.2.3 Sachgerecht verhandeln: Das Harvard Konzept

Das sogenannte Harvard-Konzept, das seinen Namen der Harvard Universität im amerikanischen Cambridge verdankt, hat ein großes Echo auf der ganzen Welt gefunden und trägt den Untertitel: „Sachgerecht verhandeln – erfolgreich verhandeln" (Fisher et al. 1984/2013). Mit Hilfe dieses Modells – so sagen seine Väter Roger Fisher, William Ury und Bruce Patton – lassen sich Geschäfte schließen, Streiks beilegen und wenn es sein muss, Geiselnahmen lösen. Sie erheben den Anspruch, damit langfristige Zufriedenheit aller Verhandlungsparteien zu ermöglichen. Daher ist das Konzept auch als „Win-Win" Ansatz bekannt. Ein Gelingen machten die Forscher an folgenden fünf Prinzipien fest:

1. Trennen Sie Sachprobleme von Beziehungsproblemen

Stellen wir uns einmal vor, jemand ist in einer Verhandlung ausfallend laut geworden und hat seinen Verhandlungspartner von oben herab abgekanzelt. In vielen Fällen würde das Verhandlungsgespräch in dieser Situation eskalieren: „Was erlauben Sie sich! Was glauben Sie, wen Sie vor sich haben!?" Dabei ist eines sicher: Im Kampf der Hormone und Emotionen gibt es einen Verlierer: Das gute Argument.

Ganz praktisch könnten Sie die Trennung von Sach- und Beziehungsproblemen in diesem Fall in etwa so formulieren

„Lieber Kollege, Sie sind gerade sehr laut geworden. Den Grund dafür habe ich nicht verstanden. Wenn ich Ihnen irgendwo auf den Schlips getreten bin, tut mir das leid. Denn mir geht es im Kern darum, dass wir uns auf die Sache konzentrieren und versuchen unsere persönlichen Befindlichkeiten – vor allem die Tatsache, dass sie Schalke-Fan sind und mein Herz für den BVB schlägt – außen vor zu lassen. Kriegen wir das hin?" ◄

2. Konzentrieren Sie sich auf Ihre Interessen und nicht auf Positionen

In vielen Gehaltsverhandlungen geht es meiner Beobachtung nach weniger um die Cent-genaue Euroforderung, als vielmehr um die Wertschätzung der eigenen Arbeit und des Engagements. Die Cent-genaue Euroforderung wäre in diesem Beispiel die Position, die Wertschätzung der Arbeit, das Interesse. Wenn es gelingt, dies durch Fragen nach den Hintergründen der Forderung zu erkennen, eröffnet sich für die entscheidungsbefugte Führungskraft ein weiter Lösungskorridor, in dem sich die Verhandlungsmasse signifikant erweitern lässt. Statt sich lediglich auf die Erhöhung des Salärs zu fokussieren, kommen jetzt weitere Möglichkeiten in Betracht wie z. B.:

- ein zusätzlicher Mitarbeiter, der für Verstärkung sorgt
- ein größeres Büro für den Mitarbeiter
- ein (neuer oder anderer oder erstmalig ein) Firmenwagen
- eine bestimmte Auszeichnung
- mehrere und gemeinsame Projekte mit der Geschäftsführung
- letztlich alle Ressourcenklassen und die sich daraus ergebenden Kombinationsmöglichkeiten, die wir in Kap. 1 vorgestellt haben; also: Geld (u. a. Anteile, Aktien), Güter (u. a. Produktivgüter, Konsumobjekte), Dienste (u. a. Arbeitskraft, Dienstleistungen), Liebe (u. a. Anteilnahme, Zuwendung, Wärme), Status (u. a. Prestige, Wertschätzung), Information (u. a. Rat, Erklärung, Aufklärung).

3. Optionen entwickeln zum beiderseitigen Vorteil

In der Hitze der Verhandlungsgespräche entwickelt sich schnell eine Haltung wie: Was interessiert mich der andere? – Hauptsache, ich habe meine Schäfchen im Trockenen! Solche Strategien hinterlassen „verbrannte Erde" – das 3. Prinzip „Optionen zu entwickeln", versucht, solche Hindernisse von vornherein auszuhebeln. Konkret etwa mit einer Frage wie dieser:

> Wie kriegen wir es hin, dass wir hier heute keine Verlierer produzieren, sondern beide von der Absprache profitieren?

Und das ist genau die richtige Stelle für ein Brainstorming, wie wir es weiter oben im Zusammenhang mit der Lösungssuche bei den Zahlungsmodalitäten kennengelernt haben.

4. Interessenkonflikte lösen durch Hinzuziehen von objektiven Kriterien

Wie kann das praktisch aussehen? Nehmen wir einmal an, Sie streiten sich in einem Erbfall um den Wert einer Immobilie. Sie schätzen ihn sehr viel höher ein als die andere Seite. Hier kann es helfen, ein unabhängiges Gutachten einzuholen. Und zwar dann, wenn beide Parteien an die Unabhängigkeit des Gutachters glauben und sich darüber einig werden, wer das Gutachten bezahlt oder nach welchem Schlüssel die Kosten aufgeteilt werden. Unparteiische Dritte sind eine wirkungsvolle Alternative in Situationen, die argumentativ und emotional festgefahren sind.

5. Eine beste Alternative bereithalten für den Fall, dass keine Einigung erzielt wird

Die beste Alternative **(Best Alternative To Negotiated Agreement – BATNA)** haben wir schon an verschiedenen anderen Stellen angesprochen, unter anderem beim „Verhandlungs-Entscheidungs-Baum". Später im Kapitel über Einfluss und Macht wird sie uns ein weiteres Mal begegnen.

Die Grundidee dahinter ist so einfach wie überzeugend: Eine Verhandlung wird für mich leichter, wenn ich mich mit einem Verhandlungspartner einigen kann – mich aber nicht mit ihm einigen muss, weil ich noch eine Alternative in petto habe.

Die niederlagelose Konfliktbewältigungsstrategie und auch das Harvard-Konzept haben sich als sehr praktikabel erwiesen – und das in den unterschiedlichsten Verhandlungszusammenhängen. Allerdings geraten die Konzepte dort an ihre Grenzen, wo die andere Seite nicht kooperativ agiert. Hier stellen sich nun entscheidende Fragen:

Was bringt Akteure dazu, den kooperativen Pfad zu verlassen?

Und wie schaffe ich es, sie wieder zu einer Zusammenarbeit zu bewegen?

Um diese Fragen zu beantworten, brauchen wir ein tieferes Verständnis sowohl von Verhandlungen als auch von den Akteuren, die sie führen. Wir werden sehen, dass ausgeprägte kommunikative Kompetenzen ein Hebel für festgefahrene Situationen sind, aber nicht ausreichen.

6. Wer nicht kooperativ agiert, glaubt, sich das leisten zu können

Ob das so ist, welche Glaubenssätze dem zugrunde liegen, und welche Handlungsoptionen sich daraus für die andere Seite ergeben – diese Fragen werden wir später im Kapitel über den systemischen Ansatz und unter der Überschrift „Einfluss, Macht und Manipulation in Verhandlungen" beantworten.

Lassen Sie uns zunächst den Blick auf die kooperativen Methoden und Techniken vertiefen.

2.1.2.4 Klarheit schaffen mit dem „Rollenverhandeln"

Viele Konflikte im Geschäftsleben resultieren aus unklaren Rollenbeschreibungen, -auffassungen und -erwartungen. Der Chef wünscht sich beispielsweise engagiertere Mitarbeiter, macht das Engagement an ganz bestimmten Verhaltensweisen fest – sagt das aber niemandem. Die Mitarbeiter sind der Meinung, von ihrem Chef ganz bestimmte Hintergrundinformationen zu brauchen und wünschen sich ein starkes Auftreten von ihm in den übergeordneten Gremien – bringen ihm das gegenüber aber ebenso nicht zum Ausdruck.

Für solche Situationen schlägt der kalifornische Sozialpsychologe Roger Harrison mit dem **Rollenverhandeln (Role negotiation)** ein bewährtes Verfahren vor (Harrison 1977). Es hilft uns, in einem stufenweisen Aushandlungs- und Verhandlungsprozess unterschiedliche Verhaltenserwartungen an die jeweiligen Rollen zu klären, die wir in Verhandlungen und generell im Geschäftsleben haben. Harrisons Konzept kann Verhandlungen zwischen einem Teamleiter und seinen Leuten genauso erleichtern wie Verhandlungen in einer Gesellschafterrunde, die sich etwa über eine neu zu schaffende Geschäftsführungsposition einigen muss. An genau solch einem Entscheidungsprozess war ich als Moderator beteiligt:

Praxisbeispiel

Nach kurzer Analyse stellte ich fest, dass die Gesellschafter völlig unterschiedliche Vorstellungen darüber hatten, was alles zu den Aufgaben des neuen Geschäftsführers gehören sollte. Und dem anwesenden künftigen Geschäftsführer war das ebenfalls nicht klar. Wie konnten wir nun zu einer Übereinkunft gelangen? Es galt zunächst, die unterschiedlichen Rollenerwartungen zu klären. So ließ ich den Geschäftsführer schriftlich skizzieren, wie er seine Aufgabe versteht und wie er sie ausfüllen wollte – das Gleiche sollten die Gesellschafter tun. Wir gingen dann in einen Aushandlungsprozess, in dem der Geschäftsführer werten sollte,

- was von dem Vorgeschlagenen er übernehmen könne,
- was nicht,
- was er nur unter bestimmten Bedingungen erledigen könne und
- an welchen Stellen er Unterstützung und weitere Ressourcen bräuchte.

Diese Phase verlief nicht spannungsfrei – am Ende aber stand eine Einigung, die immer noch als Basis zwischen den Parteien gilt. ◀

Rollenverständnisse und Erwartungen lassen sich auf diese Weise auch innerhalb von Teams klären. Dazu sollte sowohl der Chef jedem Teammitglied als auch jedes Teammitglied dem Chef seine Erwartungen anhand der folgenden Leitsätze transparent machen:

- Jobs, Handlungen und Verhaltensweisen, denen Sie mehr Aufmerksamkeit schenken sollten
- Jobs, Handlungen und Verhaltensweisen, denen Sie weniger Aufmerksamkeit schenken sollten
- Jobs, Handlungen und Verhaltensweisen, die Sie weiter so machen sollten

Diese Erwartungen kommuniziert sowohl der Chef seinen Mitarbeitern, die Mitarbeiter zu ihrem Chef und die Mitarbeiter jeweils untereinander. Sie erreichen damit maximale Transparenz über die jeweiligen Vorstellungen, die sie voneinander haben und können sich in einem Verhandlungsprozess darüber verständigen, was davon sie – unter welchen Bedingungen – annehmen wollen, und was nicht.

2.1.2.5 Mit dem „Ein-Text-Verfahren" Konflikte entschärfen

In vielen Firmen gibt es zwischen den Akteuren Erwartungen und Ziele bis hin zu Tabuthemen, die ungeklärt sind. Irgendwann wird das ein oder andere an die Oberfläche gespült. Zur hohen Belastung durch das Tagesgeschäft gesellt sich dann plötzlich eine enorme emotionale Belastung. In einer solchen Situation ist eine Klärung schwierig. Die Angst, das Vertrauensverhältnis durch eine Thematisierung zu zerstören, kommt hinzu. Ein mögliches Vorgehen in dieser Situation ist das **Ein-Text-Verfahren** (Fisher et al. 2013). Es hat sich besonders bewährt bei Verhandlungen, in denen mehr als zwei Akteure/Parteien beteiligt sind. Es soll verhindern, dass die Verhandelnden jeweils ihre eigenen – untereinander aber unvereinbaren – Lösungen ausarbeiten. Das funktioniert folgendermaßen:

- Eine Partei arbeitet ein Papier aus, dass sie der anderen zur Kritik vorlegt.
- Diese formuliert die Kritik und reicht das Papier zurück.
- Jetzt schaut die Ursprungs-Partei, inwieweit sie diese Punkte berücksichtigen kann …

… und so geht das Papier möglicherweise mehrmals hin und her – bis die verhandelnden Akteure sich entscheiden, ob sie das ausgehandelte Ergebnis jetzt annehmen oder nicht. Das Procedere kann heute selbstverständlich auch über E-Mail abgewickelt werden.

Damit das Ein-Text-Verfahren gelingt, brauchen wir auf Seiten der Akteure die Gabe, nicht jedes Wort auf die Goldwaage zu legen. Denn das geschriebene Wort, die schriftliche Kommunikation, kann zwar Klarheit schaffen – steht aber erst einmal da „wie in Stein gemeißelt". Anspruchsvolle oder auch zweideutige Formulierungen können nicht durch ein Lächeln oder Augenzwinkern entschärft werden. Sie kann ausgedruckt und herumgereicht werden und je nach Kontext eine andere Wirkung erzeugen.

Deswegen sollten sich die Parteien eine gewisse Fehlerfreundlichkeit zumuten und keine Formulierungen suchen, die auch in dritter Instanz vor dem Bundesverfassungsgericht in Karlsruhe noch Bestand hätten.

2.1.3 Noch mehr kooperative Lösungswege

Eine Verhandlung muss noch nicht zum Scheitern verurteilt sein, wenn die handelnden Akteure feststellen, dass sie mit ihren Vorstellungen und Forderungen nicht zusammenkommen. Das freie Brainstorming ist eine Möglichkeit, an einer solchen Stelle rettende Ideen zu entwickeln – aber nicht die einzige. Die folgenden fünf kreativen Methoden sowie weitere anschließende haben sich in der Praxis als effiziente Werkzeuge auf dem Weg zu Ergebnissen erwiesen, die beide Seiten akzeptieren können (Redlich 2004; Besemer 1999, 2001; de Bono 1987).

1. **Den Kuchen vergrößern** (Expanding the pie)

Den Kuchen vergrößern, diese Methode steht für den Versuch, die aufzuteilenden Ressourcen nicht als limitiert und gegeben hinzunehmen, sondern zunächst nach Möglichkeiten Ausschau zu halten, sie zu vergrößern. Das klassische Beispiel ist das eines Paares, das sich nicht einigen kann, wo es seinen zweiwöchigen Urlaub verbringen will. Er will an die See. Sie in die Berge. Der Kompromiss, beide Ziele für jeweils eine Woche anzusteuern, ist ihnen zu hektisch. Eine Lösung scheint auf den ersten Blick unmöglich. Schließlich verlängern sie die knappe Ressource Zeit, verbringen einen vierwöchigen Urlaub, jeweils zwei Wochen an der See und zwei in den Bergen.

Um knappe Ressourcen geht es auch in vielen deutschen Vereinen. Sie leiden meist unter chronischem Finanzmangel. Deutlich wird das vor allem dann, wenn die Etats verabschiedet werden, im Sportverein etwa für die Junioren, die Altherren und wenn dann obenauf noch eine Gebäudesanierung ansteht, ist der Kampf der Generationen vorprogrammiert. Um ihm auszuweichen, kann es ein probates Mittel sein, wenn sich die Alten, noch besser die Vorstandsmitglieder, an einer Sammlung von Sponsorengeldern beteiligen, und der Ertrag dann zur Aufbesserung des Jugendetats genutzt wird. Auch hier wurde der „Kuchen vergrößert“.

2. **Unterschiedliche Prioritäten miteinander verknüpfen** (Logrolling)

Logrolling (amerikanisch: gegenseitige Unterstützung) ist ein Verfahren, das ursprünglich vor allem in politischen Aushandlungsprozessen eingesetzt wurde. Haben zwei Parteien unterschiedliche Ziele, einigt man sich, indem Partei A für ein Ziel der Partei B stimmt, das ihr selbst nicht wichtig, für Partei B aber sehr wichtig ist. Zum Ausgleich dafür stimmt Partei B für ein Ziel, das für Partei A sehr wichtig, für B aber unwichtig ist.

Hintergrundinformation
Der Erfolg dieser Methode hat sich in den geheimen Friedensverhandlungen zwischen Israel und der Palästinensischen Befreiungsorganisation (PLO) im Jahr 1993 in Norwegen gezeigt. So berichtet die britische Journalistin Jane Corbin: Als die Verhandlungen bereits zu scheitern drohten, sollten die Parteien aus den 16 noch strittigen Knackpunkten diejenigen acht Punkte auswählen, die ihnen am wichtigsten waren. Jetzt konnten die unterschiedlichen Prioritäten miteinander verknüpft werden: Für die Israelis war etwa die PLO-Erklärung zum Existenzrecht für Israel auf palästinensischem Boden wichtiger als ihre eigene Ablehnung der völkerrechtlichen Anerkennung der PLO aufrechtzuhalten. Genau andersherum war es bei den PLO-Vertretern. Einige der dicksten Kühe konnten so vom Eis geholt werden – und die Anzahl der Knackpunkte nahm erheblich ab. (Jane Corbin in Redlich 2004))

3. **Spezifische und unspezifische Konzessionen** (specific and nonspecific compensation)

Bei dieser Methode geht es darum, auf verschiedene Weise Ausgleich für ein Entgegenkommen der Verhandlungspartner zu finden. Spezifisch sind solche Konzessionen dann, wenn sie in direkter Beziehung zum Verhandlungsgegenstand stehen, unspezifisch, wenn sie Punkte berücksichtigen, die bisher noch nicht genannt, aber zur Verhandlungsmasse dazu gerechnet werden können.

Hintergrundinformation
An machen Universitäten müssen alle Fachbereiche einer neuen Professur zustimmen. Immer wieder kommt es hier vor, dass die Zustimmung erst gegeben wird, wenn eine mit der neuen Professur verbundene Mitarbeiterstelle für einen anderen Bereich als Dozentenstelle abgezweigt wird. Auch in Schulen lässt sich ähnliches beobachten. So geben Lehrkräfte ihre Zustimmung für die von ihnen zu erbringenden Randstunden in einem neuen Stundenplan oft erst dann, wenn ihnen ein in ihren Augen angemessener Ausgleich, wie etwa eine seit langem beantragte Computeranlage, bewilligt wird.

4. **Cost-cutting: Kosten senken und Nachteile ausgleichen**

Eine weitere Strategie, um auf kooperativem Wege Lösungen in Verhandlungen zu finden, ist das „Cost-cutting" . Wie der Name sagt, wird hier versucht, objektive oder subjektive Kosten, die für eine Verhandlungsseite bei einer möglichen Lösung anfallen, entsprechend abzufangen oder auszugleichen (Lewicki et al. 1998).

Praxisbeispiel

So habe ich in einer festgefahrenen Verhandlung zwischen der Geschäftsleitung und den Reinigungskräften eines großen Industriekonzerns vermitteln können. Nach dem Neubau einer weiteren Produktionshalle wollten die ‚Chefs' das Reinigungspersonal nur unproportional aufstocken, sprich: Kosten senken. Folgerichtig gingen die betroffenen ‚alten Hasen' auf die Barrikaden, schalteten den Betriebsrat ein und machten sowohl Politik wie Stimmung. Die Lösung lag dann in der Neuanschaffung von Reinigungsgeräten, die ein effizienteres Arbeiten (Nachteile ausgleichen) der relativ kleineren Truppe ermöglichte. ◄

5. **Bridging: Machen Sie es Ihrem Partner einfach, „Ja" zu sagen**

Selbst wenn einer Lösung objektiv nichts mehr im Weg steht, kann die Einigung noch misslingen. Ein Partner kann sich überrumpelt fühlen, etwa, weil die Verhandlung von Ihnen dominiert wurde und er die einzelnen Schritte lediglich abnicken konnte.

In so einem Fall schlägt Harvard Professor William Ury die „Golden Bridge" vor.

Sie soll dem Partner eine Einwilligung so einfach wie möglich machen. Anstatt den Partner zu einem raschen Abschluss der Verhandlung/Diskussion zu drängen, sollte man sich zurücknehmen und dem Partner den letzten Schritt über die „goldene Brücke" machen lassen. Selbst wenn die Einigung von einer Seite ausgearbeitet wurde, sollte die abschließende Lösung immer eine Wir-Entscheidung sein. Wichtig ist: Der letzte Schritt über die Brücke muss es beiden Partnern möglich machen, die Einigung als Sieg zu präsentieren.

Das Bridging hat eine zweite Facette. Denn Lösungen zeichnen sich häufig erst dann ab, wenn die Motive, die Beweggründe verstanden werden, die sich hinter einer Forderung verbergen.

Praxisbeispiel

Ein Freund von mir erzählte mir kürzlich von seinem elfjährigen Sohn, der sich unbedingt ein Rennrad wünschte, das der Vater jedoch wegen der schmalen Reifen auf dem Kopfsteinpflaster in seiner Stadt für viel zu gefährlich hielt. Nach langem Hin und Her bekam er schließlich heraus, dass es seinem Sohn hauptsächlich um eine hochwertige Gangschaltung mit vielen Gängen ging. Sie kamen überein, dass ein Mountainbike (Kennzeichen: sehr breite Reifen) mit einer Gangschaltung wie ein Rennrad genauso gut sei. Die Brücke für den Vater war die Sicherheit durch die breiten Reifen – die Brücke für den Sohn waren die 28 Schaltgänge. ◀

2.1.4 Lösungsräume öffnen mit kreativen Methoden

Ein mittlerweile weit verbreitetes Instrument, kreativ Probleme zu lösen, ist das Brainstorming, der freie Gedankensturm. Beim Brainstorming stehen Logik und Vernunft nicht an erster Stelle, Blödeln ist ausdrücklich erlaubt und erwünscht – das Bewerten einzelner Ideen erfolgt später. Wer es ausprobiert hat, weiß, dass das Denken und Ideenfinden ohne Beschränkungen am besten funktioniert und die effektivsten Ergebnisse zutage fördert. Das Brainstorming ist eine mündliche Methode, der wir hier die schriftliche Variante zur Seite stellen möchten:

Das Brainwriting
Beim Brainwriting liegen in der Mitte des Tisches – im Pool – Blätter oder Zettel, die bereits mehrere Lösungsansätze enthalten, und von den Akteuren im Vorhinein als anregende Beispiele entworfen wurden. Alle Anwesenden tragen nun auf je einem weiteren Blatt ihre Ideen zu einer der Lösungen ein. Dabei steht es jedem offen, wie viele Ideen er in welcher Zeit niederlegt. Bemerkt ein Akteur, dass sein Ideenfluss stark nachlässt – d. h. ihm fällt nichts mehr ein -, tauscht er sein Blatt mit einem Blatt im Pool aus. Nun kann er sich durch die für ihn neuen Vorschläge anregen lassen, kann diese erweitern oder ergänzen. In gleicher Weise kann jeder andere Teilnehmer zu jeder Zeit sein gerade bearbeitetes Papier mit einem Blatt aus dem Brainwriting-Pool auswechseln.

Damit jeder Teilnehmer erkennen kann, ob das augenblicklich im Pool befindliche Blatt schon von ihm bearbeitet wurde, sind verschieden eingefärbte oder mit großen Zahlen gekennzeichnete Formulare von Vorteil.

PMI-Methode (Plus-Minus-Interessant)
Bei dieser Methode der kreativen Problemlösung sind die Akteure aufgefordert, in Bezug zu einer strittigen Frage zunächst alle positiven Aspekte, dann alle negativen Aspekte und

schließlich alle interessanten Gesichtspunkte, die einer Beachtung wert sind, die aber unter Umständen weder gut noch schlecht sind, zu sammeln – und erst dann zu entscheiden. Dieses Vorgehen lässt sich modifizieren mit der **RUI-Methode**, bei der die Aspekte **R**elevant-**U**nrelevant-**I**nteressant, bewertet werden.

Praxisbeispiel

In den Verhandlungen über die strategische Ausrichtung einer Bank habe ich diese Methode leicht abgewandelt eingesetzt. Nachdem alle Parteien ihre Vorschläge über die Ausrichtung und die damit verbundenen Produkte der Bank geäußert hatten, konnten wir mit der Unterteilung ‚relevant', ‚unrelevant', ‚interessant' – schnell Ordnung in die Vorschlagsvielfalt bringen und den Verhandlungsprozess damit entscheidend verkürzen. ◀

ADI-Methode (Agreement-Disagreement-Irrelevance)
Mit der ADI-Methode werden die Vorschläge erneut nach Kriterien geordnet:

- Worin stimmen wir überein?
- Worin nicht?
- Und was ist – bei Lichte betrachtet – nicht wirklich wichtig?

Häufig sind die Parteien von der Menge der Übereinstimmungen überrascht und erkennen zudem, dass manche strittigen Punkte nicht wirklich relevant sind.

In den Verhandlungen darüber, wie eng ein Logistikverband seinen Mitgliedern Vorschriften des Gebiets- und Kundenschutzes macht, konnte ich mit dieser Methode Übereinstimmungen aufdecken, die so absolut nicht zu erwarten waren.

EBS-Methode (examine both sides – beide Seite erkunden)
Hier handelt es sich um den klassischen Rollentausch, bei dem jede Partei die Sichtweise der jeweils anderen vollständig darlegen muss.

Mit folgender Formulierung könnten Sie diese Methode für sich nutzbar machen:

Ich bin mir nicht sicher, ob ich mit meinem Anliegen und meiner Argumentation bei ihnen durchdringen konnte. Darf ich Sie bitten, einmal zu versuchen, meine Sichtweise möglichst vollständig darzulegen?

OPV-Methode (other people's views – ein Blick von außen)
Ziel dieser Methode ist es, sich aus den bisherigen Denkmustern und Sichtweisen zu befreien und mit den Augen anderer Parteien oder außen stehender Personen auf den Disput zu schauen:

Was glauben Sie, was würde jemand, der uns in den letzten 30 min beobachtet hat, zu unserer Bereitschaft sagen, aufeinander zu zugehen?

Wenn Herr X jetzt hier wäre, was würde er zu unserem Verhandlungsstil sagen?

An dieser Stelle ist es auch möglich, „objektive" Bewertungen einzuführen.

Praxisbeispiel

So war ich als Vermittler in einer Erbauseinandersetzung eingesetzt, in der sich die Parteien nicht über den Wert von Haus und Grundstück einigen konnten. Ein zumindest temporär hilfreicher Schritt war dann das Einholen eines Gutachtens – zumindest so lange, bis die eine Partei die Unabhängigkeit des Gutachters in Frage stellte … ◀

Bei einigen der Methoden wird deutlich, dass es je nach Verhandlungsthema und Verhandlungsgegenstand sehr angebracht ist, einen externen Moderator hinzuzuziehen.

2.1.5 Zusammenfassung

Kooperativ Verhandeln heißt: auf Augenhöhe verhandeln.

Kooperativ verhandeln heißt auch, sich mit aller Kraft und Energie dafür einzusetzen, die eigenen, auch hochgesteckten Ziele zu erreichen – und diese Attitüde auch dem Verhandlungspartner zuzugestehen.

Prominenteste Konzepte:

Die **niederlagelose Konfliktbewältigungsstrategie** in sechs Schritten:

1. Identifikation und definieren des Problems,
2. Lösungsmöglichkeiten entwickeln,
3. Lösung kritisch bewerten,
4. Entscheiden für die beste annehmbare Lösung,
5. die Entscheidung ausführen,
6. Bewerten der Lösung.

Das **Harvard Konzept** – Sachgerecht Verhandeln mit fünf Prinzipien:

1. Trennen Sie Sachprobleme von Beziehungsproblemen,
2. Konzentrieren Sie sich auf Ihre Interessen und nicht auf Positionen,
3. Optionen entwickeln zum beiderseitigen Vorteil,
4. Interessenkonflikte lösen durch Hinzuziehen von objektiven Kriterien,
5. Eine beste Alternative – Best Alternative To Negotiated Agreement (BATNA) bereithalten für den Fall, dass keine Einigung erzielt wird.

Der rote Faden in kooperativen Verhandlungsgesprächen:

1. Begrüßen,
2. Informations- und Transparenz-Phase: Benennen der jeweiligen Ziele und Hintergründe,
3. Verhandlungsphase: Suche nach Lösungen,
4. Verbindliche Absprache,
5. Abschied

Bei Unklarheiten hinsichtlich Rolle und Funktion das **Rollenverhandeln** nutzen: Was können Sie übernehmen, was nicht, was nur unter Bedingungen, wo brauchen Sie Unterstützung?

Bei Tabu-Themen: Das **Ein-Text-Verfahren** nutzen: Eine Partei arbeitet ein Papier aus, dass sie der anderen zur Kritik vorlegt. Diese formuliert die Kritik und reicht das Papier zurück. Jetzt schaut die Ursprungs-Partei, inwieweit sie diese Punkte berücksichtigen kann …

Mit bewährten kooperativen Methoden Verzetteln und Detaildiskussionen verhindern:

- Expanding the pie – den Kuchen vergrößern
- Logrolling – Unterschiedliche Prioritäten miteinander verknüpfen
- Spezifische und unspezifische Konzessionen
- Cost-cutting: Kosten senken und Nachteile ausgleichen
- Bridging – Hintergründe aufdecken und es dem Partner leichter machen, „Ja" zu sagen

Mit ausgewählten Methoden der kreativen Problemlösung festgefahrene und totgelaufene Denkmuster und Sichtweisen verlassen:

- Brainwriting
- ADI-Methode (Agreement-Disagreement-Irrelevance – Übereinstimmung-keine Übereinstimmung-Irrelevant)
- EBS-Methode (examine both sides – beide Seite erkunden)
- OPV-Methode (other people's views – ein Blick von außen)

2.2 Kompetitives Verhandeln

Das erwartet Sie in diesem Kapitel:
In diesem Kapitel erfahren Sie das Wichtigste über ‚hartes' Verhandeln und darüber, wie Sie in Wettbewerbssituationen das Beste für sich herausholen. Sie lernen die Schlüsselpunkte kompetitiven Verhandelns ebenso kennen wie die erfolgreichsten Methoden, um kompetitive Strategien praktisch umzusetzen.

Sie erfahren aber auch, wann Sie oder Ihr Verhandlungspartner die Grenze zum kriegerischen und diabolischen Verhandeln überschreiten – und wie Sie sich dagegen wehren können. Im Wettbewerbsverhandeln liegt eine Menge Spannung und Konfliktpotenzial – dennoch brauchen Sie auch hier eine Struktur, einen roten Faden. Den lernen Sie am Ende des Kapitels kennen.

2.2.1 Kompetitiv verhandeln – was ist das?

Kompetitiv verhandeln heißt, in den Wettbewerb (die Kompetition) eintreten, den Wettkampf annehmen: um den Auftrag, um die Stelle, um den besten Preis, um ein knappes Gut.

Dabei werden die Akteure von der Vorstellung geleitet, dass unter dem Strich nur einer gewinnen kann – oder: zumindest einer mehr Vorteile erzielen wird als der andere. Sie wähnen sich im klassischen Nullsummenspiel: Was der eine gewinnt, muss der andere verlieren.

In einer kompetitiven Verhandlungssituation sehen sich die Verhandelnden als Konkurrenten, als Rivalen – nicht als Partner (auch wenn sie es nicht so sagen würden). (Geißler 2003) Beide wollen ihren Anteil an einer begrenzten Ressource und ihren eigenen Nutzen maximieren. Viel bekommen und möglichst wenig dafür bezahlen – das ist das Credo in kompetitiven Situationen.

Jede Partei versucht, dass für sie beste Ergebnis zu erreichen oder besser: durchzusetzen – auch gegen den Widerstand des Verhandlungspartners. Deswegen sind die Parteien bemüht, ihre Position und ihr Angebot zu verbessern und einen Vorteil gegenüber dem Verhandlungspartner bzw. Mitbewerber zu finden, der ihr Angebot attraktiver erscheinen lässt.

Kompetitives Verhandeln ist „hartes Verhandeln". Die Akteure nehmen also starke und extreme Positionen ein, versuchen diese auch bei großer Gegenwehr willensstark durchzusetzen und mit großer Überzeugung – und grimmiger Miene – zu vertreten. Das damit Chancen und Risiken verbunden sind, liegt auf der Hand. Die Chancen bestehen darin, dass Sie sich als ‚harter Hund' darstellen, als ein zäher Verhandler, von dem keine oder allerhöchstens kleine Zugeständnisse zu erwarten sind. Wenn Sie extrem einsteigen, also als Verkäufer z. B. mit einem sehr hohen ersten Preis, haben Sie gleichzeitig viel Spielraum nach unten – und das kann ihnen Luft verschaffen.

Auf der anderen Seite wirkt eine extreme Position auf die Atmosphäre ein. Haben Sie ein Interesse an einer dauerhaften Beziehung zum Gegenüber, ist Vorsicht geboten – denn Beziehungsporzellan ist schnell zerbrochen. Wer mit einer extremen Position einsteigt, darf in letzter Konsequenz auch keine wirklich hohen Konzessionen machen: das würde unglaubwürdig wirken. Der Verhandlungsspielraum ist damit zunächst einmal eingeschränkt.

Es kann auch sein, dass eine extreme Position zum sofortigen Abbruch führt. Von daher macht das nur Sinn, wenn Sie eine gute Alternative parat haben.

2.2.2 Kompetitives Verhandeln versus kriegerisches Verhalten

Trotz allem bisher Gesagten: Kompetitives Verhandeln ist – zumindest in der Theorie – noch ein faires Verhandeln; man befindet sich in einer Konkurrenz-, nicht in einer Kriegssituation. Der Unterschied liegt nach den Worten des israelischen Militärtheoretikers Martin van Crefeld darin, dass

> (…) die Regeln der Konkurrenz es beiden Seiten nicht erlauben, zur Verwirklichung ihrer Ziele einander direkt anzugehen, sich gegenseitig zu behindern oder wechselseitig zu zerstören. Im Gegenteil, der Gedanke des fairen Wettbewerbs beruht auf dem Verzicht solcher Mittel. (van Creveld 1998)

Konkurrenz können wir als „passive Negation" definieren: Handlungen unterlassen, die dem Gegner nutzen könnten. Krieg definieren wir als „aktive Negation": Handlungen ausüben, die dem Gegner aktiv schaden. (Simon 2004)

► In der Marktwirtschaft ist alles erlaubt, was dazu dient, die eigene Position zu stärken. Verboten ist es, dem Mitbewerber direkt zu schaden.

Wer den Nutzengewinn seines Gegners beschneiden will, hält wichtige Informationen besser zurück. Damit ist auch klar, dass all die beim kooperativen Verhandeln aufgezeigten Mechanismen und Techniken nicht mehr greifen können. Genau genommen besteht eine Möglichkeit kompetitiven Verhandelns darin, die Anwendung sämtlicher kooperativer Methoden zu verhindern – oder sich allerhöchstens strategisch darauf einzulassen.

Die Grenze zwischen kompetitiven und „kriegerischem" Verhandeln ist schwer zu ziehen. So einleuchtend die obige Definition erscheint, so groß ist die Grauzone, die bei genauerer Betrachtung deutlich wird: Bedeutet Täuschen schon schaden? Ist eine geschickte Argumentation, die Vorteile betont und sie ggf. einseitig herausstellt schon Täuschung, ein dezenter Hinweis auf die vermutete Zahlungsunfähigkeit eines Mitbewerbers schon Krieg? Diese Fragen lassen sich meiner Einschätzung nach nur klären, wenn der Verhandlungskontext genau ausgeleuchtet wird:

▶ Wer verhandelt wo, mit wem, worüber, aufgrund welcher Wahrnehmung von und welchen Annahmen über die Situation sowie auf der Basis welcher Erfahrungen und welcher Erwartungen?

Man kann aber durchaus sagen, dass eine Manipulation des Verhandlungsgegenstands, die dem anderen schadet, nicht mehr faires Wettbewerbsverhalten ist. Deswegen ist das Zurückdrehen des Tachos durch den Verkäufer von Gebrauchtwagen strafbar.

Die Verleumdung eines Verhandlungspartners bei anderen Kunden ebenso.

Werden Termine und Zeitpläne manipuliert oder Verzögerungen herbeigeführt oder das Zeitbudget für die Verhandlung oder andere relevante Fristen für den Verhandlungspartner nachteilig frisiert, deutet auch das nicht auf ein Spiel nach klaren Regeln hin.

Rein juristisch könnte man sagen, dass kompetitives Verhandeln eben dort aufhört, wo die Grenzen des lauteren Wettbewerbs und der sogenannten guten Sitten überschritten werden. Lassen Sie uns dazu einen Blick in das Gesetz gegen den unlauteren Wettbewerb (UWG) werfen:

Hintergrundinformation

„§ 1. Wer im geschäftlichen Verkehre zu Zwecken des Wettbewerbes Handlungen vornimmt“, die gegen die guten Sitten verstoßen, kann auf Unterlassung und Schadensersatz in Anspruch genommen werden. (…)

§ 3. Wer im geschäftlichen Verkehr zu Zwecken des Wettbewerbs über geschäftliche Verhältnisse, insbesondere über die Beschaffenheit, den Ursprung, die Herstellungsart oder die Preisbemessung einzelner Waren oder gewerblicher Leistungen oder des gesamten Angebots, über Preislisten, über die Art des Bezugs oder die Bezugsquelle von Waren, über den Besitz von Auszeichnungen, über den Anlass oder den Zweck des Verkaufs oder über die Menge der Vorräte irreführende Angaben macht, kann auf Unterlassung der Angaben in Anspruch genommen werden. (…)

▶ Wettbewerb ist charakterisiert durch die Rivalität zwischen Wirtschaftssubjekten um knappe Ressourcen. Unlauterer Wettbewerb, beginnt mit dem „Streben nach geschäftlichen Vorteilen mit rechtlich unzulässigen Mitteln“ und ist strafbar.

Im Bürgerlichen Gesetzbuch und im Strafgesetzbuch werden rechtlich unzulässige Mittel wie Beleidigung, Nötigung, Drohung, arglistige Täuschung, Erpressung und Betrug definiert und unter Strafe gestellt.

Besonders beim Punkt „Beleidigung“ und „arglistige Täuschung“ werden die Grenzüberschreitungen deutlich:

Hintergrundinformation

Beleidigung: jede vorsätzliche Kränkung der Ehre eines anderen. Sie kann sich gegen einzelne Personen richten und, soweit diese einen einheitlichen Willen bilden können, gegen Personengemeinschaften (z. B. Vereine); sie kann durch Worte oder durch Tätlichkeit erfolgen. Das StGB (§§ 185 folgende) unterscheidet:

1. einfache Beleidigung (Kundgebung herabsetzender Werturteile),
2. üble Nachrede (Behaupten oder Verbreiten ehrenrühriger, nicht erweislich wahrer Tatsachen),

3. Verleumdung (Behaupten oder Verbreiten unwahrer, ehrenrühriger oder kreditgefährdender Tatsachen wider besseres Wissen),
4. üble Nachrede und Verleumdung gegen Personen des politischen Lebens (…). „Als Strafen sind Geld- oder Freiheitsstrafe vorgesehen. (…)"

Arglistige Täuschung: vorsätzliche Erregung oder Erhaltung eines Irrtums in einem anderen durch bewusste Angabe falscher oder Unterdrückung wahrer Tatsachen. Wer zur Abgabe einer Willenserklärung durch arglistige Täuschung bestimmt worden ist, kann die Erklärung binnen Jahresfrist nach Entdeckung der Täuschung anfechten (§§ 123, 124 BGB). Durch die Anfechtung wird das Rechtsgeschäft nichtig (§ 142 BGB).

Die Grenzen des kompetitiven Verhandelns werden also dort verlassen, wo sich die Verhandelnden juristisch angreifbar bzw. strafbar machen. Inwieweit Verhandelnde diese Grenzen kennen, sie bewusst oder unbewusst, fahrlässig oder vorsätzlich überschreiten, in der aktiven Ausübung ihr Gegenüber so einschätzen, dass sich der Verhandlungspartner ruhig verhält, ist damit freilich noch nicht gesagt. Ebenso wenig, ob sich die jeweiligen geschädigten Verhandlungspartner darüber im Klaren sind und das Einhalten der Grenzen auch einfordern würden.

Verhandelnde, die mit illegalem Verhandlungsverhalten konfrontiert werden, können zur rechtlichen Gegenwehr schreiten. Zum Beispiel, indem sie arglistige Täuschungen, Nötigungen oder Ehrverletzungen zur Anzeige bringen. Aufgrund der hohen „Beziehungskosten", des unsicheren Ausgangs (war die Täuschung nur fahrlässig oder gar vorsätzlich?) und den Abhängigkeitsverhältnissen in Organisationen sowie zwischen Kunden und Auftraggebern dürfte dies jedoch nur selten passieren.

Dennoch ist es meiner Einschätzung nach von Vorteil und wichtig, sich dieser juristischen Grenzziehung bewusst zu sein, und sei es „nur" um die entsprechenden Handlungen zu benennen und die Grenzen in Verhandlungen transparent zu machen. Denn:

► Dem anderen zu signalisieren, dass Sie seine Taktiken und Techniken durchschauen, ist eines der besten und sichersten Mittel gegen unfaire und unlautere Methoden.

Es ist zudem gut zu wissen, dass dem völlig freien Spiel der Marktkräfte Einhalt durch unser Rechtssystem geboten wird. Es tritt gewissermaßen in die Rolle des Schiedsrichters, der entscheidet, was rechtlich in Ordnung ist und was nicht. Das scheint allerdings auch dringend nötig zu sein. Immer wieder gehen Schlagworte wie „Wirtschaftskrieg" und „Preiskrieg" durch die Presse. Und manche Menschen, Organisationen und auch Kulturen sehen den Marktplatz regelrecht als Kriegsschauplatz.

In China zum Beispiel ist es laut Harro von Senger, einem ausgewiesenen und anerkannten Chinaexperten, durchaus üblich, zu glauben, dass eine Weisheit, die einem General in einer Schlacht zur Seite steht, einem Kaufmann in seinem Geschäftsleben nicht schaden kann. (von Senger 2006)

Dieses Gleichsetzen von Krieg und Wirtschaft ist auch im Westen attraktiv und so ist das Buch „Die Kunst des Krieges" von dem antiken General und Militärstrategen Sun Tzu, verfasst rund 500 v. Chr. und die älteste militärische Abhandlung der Welt, auch seit Jahren auf den westlichen Business-Best- und Longseller-Listen. Vor etwa 500 Jahren ist in China eine Schrift aufgetaucht, in der das Wissen SunTzus und das anderer Strategen in 36 Handlungsanweisungen, den sogenannten Strategemen, zusammengefasst wird. (Sun 2007) Wir werden uns diese Strategeme weiter unten etwas genauer anschauen. Auch darin schlägt wieder der Vergleich zwischen einem Markt- und einem Kriegsschauplatz durch – so stark, dass in der chinesischen Zeitung „Neues Volk" im Mai 2002 vor Übertreibungen gewarnt wird:

> Die 36 Strategeme sind eine Militärphilosophie, die uns die Vorfahren als kulturelles Erbe hinterlassen haben. Sie dienen vor allem dazu, mit dem militärischen Feind fertig zu werden. Aber womit es heutzutage das Gewerbe zu tun hat, sind Genossen, denen Respekt und Fürsorge gebührt. Deswegen sollte man das Handelsgewerbe nicht als Geschäftskrieg bezeichnen. Im Rahmen der wirtschaftlichen Konkurrenz sollen beide Seiten gewinnen. Der Grundsatz in unseren zwischenmenschlichen Beziehungen sollte lauten ‚sich helfen, statt bekämpfen', und die Richtschnur im Handel sollte die kaufmännische Tugend sein.

Allerdings brauchen wir gar nicht mit dem Finger auf andere Kulturen zu weisen, mit Niccolo Machiavellis „Der Fürst" oder Carl von Clausewitzs „Vom Kriege" liegen aus dem europäischem Kulturraum Werke vor, die ebenso auch jenseits von Kriegsschauplätzen Anleitungen geben, wie der persönliche Erfolg und Machterhalt mit allen (und auch unlauteren) Mitteln zu erreichen ist.

2.2.3 Schlüsselpunkte kompetitiven Verhandelns

In vielen kompetitiven Verhandlungen zählt allein der genau benennbare materielle Gewinn. Folgerichtig werden sie rein auf die Zahlen bezogen von drei Größen bestimmt (Lewicki et al. 1998):

1. **Ausgangspunkten**
2. **Zielpunkten**
3. **Abbruchspunkten**

Ausgangspunkte sind das erste Gebot, der erste Preis, den Sie nennen. Gewissermaßen die erste Duftmarke. Stellen wir uns vor, jemand will ein Haus verkaufen und weiß, dass der Marktwert bei ca. 500.000 € liegt. In der Hoffnung, ein wenig mehr „rauszuholen", wird er mit 530.000 € einsteigen. Damit signalisiert er eine hohe Eigenbewertung seiner Immobilie und verschafft sich gleichzeitig Spielraum nach unten.

Zielpunkte bezeichnen das, was letztlich bei der Verhandlung herauskommen soll, den ins Auge gefassten Abschluss.

Sagen wir in unserem Beispiel läge der Zielpreis bei 515.000 €.

Abbruchspunkte markieren die untere Schmerzgrenze in Verhandlungen. Es tut gewissermaßen schon weh, zu diesem Punkt zu verkaufen. Darunter allerdings gehen Sie nicht.

In unserem Immobilienbeispiel könnte es also sein, dass es nicht sehr viele Kaufinteressenten gibt, unser Verkäufer aber nicht auf bessere Zeiten warten kann oder will und aus diesem Grunde bereit wäre, sich für mindestens 485.000 € von seinem Haus zu trennen – das ist sein Abbruchspunkt. Darunter wird er keine Vereinbarung akzeptieren.

Haben beide Parteien diese Punkte für sich definiert, zeichnet sich ein Verhandlungsraum oder auch eine Verhandlungszone ab, die sogenannte **ZOPA** (Zone Of Possible Agreements – Lewicki et al. 2004). Denn verhandelt werden kann nur bei einer Schnittmenge zwischen den Abbruchspunkten – im gegenteiligen Falle nicht. Dabei setzen wir in diesem Beispiel voraus, dass die Verhandlungsmasse genau definiert ist und von den Verhandelnden nicht erweitert wird. Würde sie erweitert werden, ergeben sich neue Schlüsselpunkte.

In Abb. 2.2 sind die Schlüsselpunkte der beiden Verhandlungsparteien A und B eingezeichnet. Die ZOPA ist die gemeinsame, grau hinterlegte Schnittmenge.

Den vierten Schlüsselpunkt bezeichnen wir mit BATNA (**B**est **A**lternative to **N**egotiated **A**greement), die beste Alternative (oder Alternativen) zur aktuellen Verhandlung (Fisher et al. 1984/2013). Das Verhandeln wird leichter, wenn eine Einigung mit dem aktuellen Partner erzielt werden kann – aber nicht erzielt werden muss. Der amerikanische Industrielle Steve Holtzman hat die Vorteile für sich sehr treffend formuliert:

> Wann immer wir glauben, mit jemanden ins Geschäft zu kommen, rufen wir sofort andere Interessenten an. Der Versuch mit allen zu jonglieren, macht Dich zwar verrückt. Aber erstens verändert die Zahl der Konkurrenten die Wahrnehmung auf der anderen Seite des Tisches. Und zweitens verändert es Deine Selbstwahrnehmung. Wenn Du glaubst, andere Leute interessieren sich auch für Deine Produkte, dann ist dein Bluff kein Bluff mehr, er ist real. Das kommt mit einer ganz anderen Überzeugungskraft rüber.

Auch wenn der materielle Gewinn oft kompetitive Verhandlungen dominiert, können anderen Forderungen, die nicht in Euro und Cent als Ausgangs- bzw. Zielpunkt definiert sind, ebenso wichtig sein. Auch für diese Forderungen gehört es zu einer guten Vor-

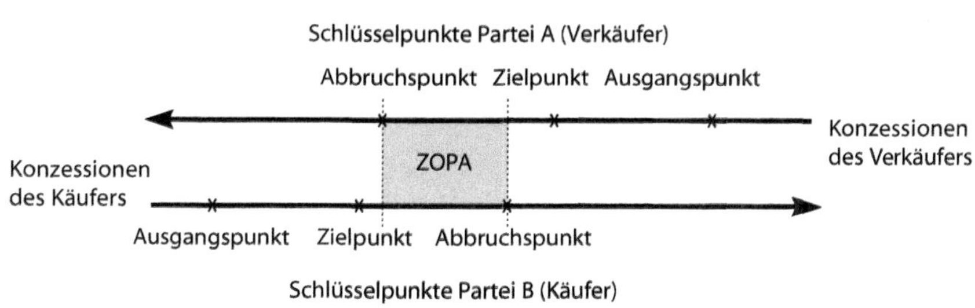

Abb. 2.2 Schlüsselpunkte einer Verhandlung

bereitung, dass Sie Ihre Maximal- und Minimalziele festlegen und Prioritäten setzen. Sehr plakativ gelingt das mit den Ampelfarben (Schranner 2011):

▶

- Rot steht für die Forderungen, die Sie unbedingt durchsetzen wollen,
- Gelb sind Forderungen, die Sie erreichen sollten,
- Grün symbolisiert „Dummies". Damit sind Forderungen gemeint, die Ihre wahre Zielsetzung verschleiern, auf die Sie gut und gerne verzichten könnten (ohne das der Gegenseite zu kommunizieren) und mit der Sie die ZOPA, also den Verhandlungsraum, vergrößern.

Praxisbeispiel

Ein IT-Unternehmer (A) verhandelt im Rahmen eines Projektauftrags zur Einführung einer neuen Software bei Unternehmen (B) die Governance-Strukturen. Das Projekt ist auf 12 Monate angesetzt. Zwischen dem Firmensitz von A und B liegen 400 km. Seine Forderungen hat A nach den Ampelfarben priorisiert.

- **Rote Forderungen:**
  B übernimmt die Reisekosten, wenn A zu ihm fährt;
  B stellt die Projektinfrastruktur für A bei dessen Vor-Ort-Einsätzen zur Verfügung. Dazu gehören beispielsweise ein Büroarbeitsplatz und die erforderliche IT.
- **Gelbe Forderung:**
  Die Meetings vor Ort beim Auftraggeber werden für A auf 3 Tage pro Monat beschränkt. Alle anderen Absprachen erfolgen über virtuelle Telefonkonferenzen.
- **Grüne Forderung:**
  Die Protokolle der persönlichen sowie der virtuellen Meetings übernimmt ein Mitarbeiter von B und legt sie vor der Weiterleitung an alle Projektbeteiligten A zur Freigabe vor. ◀

2.2.4 Ausgewählte Methoden kompetitiven Verhandelns

Kompetitive Methoden und Verhaltensweisen zeichnen sich durch folgende Charakteristika aus (Lewicki et al. 1998):

- Tendenziell viel fordern und wenig Zugeständnisse machen – und unbedingt an geplanten Ziel- und Abbruchspunkten festhalten.
- Viele Informationen erfragen (insbesondere bezüglich des Interesses am Ergebnis und der Kosten im Falle des Verhandlungsabbruchs), wenige Informationen rausgeben – also Transparenz über die eigenen Hintergründe vermeiden und die andere Seite über die eigenen Ziel- und Abbruchspunkte im Dunkeln lassen.

- Zugeständnisse und Konzessionen nur sehr sparsam machen und wenn, dann unbedingt an Zugeständnisse der anderen Seite knüpfen (kein Geschäft ohne Gegengeschäft).
- Das eigene Interesse an einer Einigung herunterspielen und lohnenswertere Alternativen beschreiben.
- Jenseits des Akzeptablen einsteigen, um zu sehen, wie der andere damit umgeht: als Verkäufer mit der Hochball-Taktik (Preis über dem redlichen Niveau) und als Käufer mit der Tiefball-Taktik (Angebot weit unter dem redlichen Niveau).
- Die Wichtigkeit einzelner Aspekte vortäuschen, und sich dann später das Nachgeben bei diesen Aspekten „teuer" bezahlen lassen. Diese Vorgehensweise wird auch als Bogey-Taktik bezeichnet.
- Auch die „Guter Bulle/böser Bulle" – Taktik gehört zu den kompetitiven Verhandlungsmethoden. Dabei operiert eine Verhandlungsseite mit zwei Akteuren. Der eine – der gute Bulle – scheint zu kooperieren. Der andere – der böse Bulle – torpediert alle Vereinbarungen, stellt ausschließlich Extremforderungen auf und zeigt nur ein äußerst geringes Interesse am Verhandlungsgut der Gegenseite.
- Kooperative Methoden verhindern oder sich nur strategisch darauf einlassen.

Es wird geblufft und provoziert, geschwafelt und gefeilscht, Akteure agieren hinterlistig und treten ultimativ auf. Kein Wunder, dass allein das Wort Verhandeln bei vielen Menschen ein ungutes Gefühl in der Magengegend auslöst …

Bei diesen Methoden gibt es eine Reihe Parallelen zu den oben angesprochenen und auf das Unternehmensmanagement übertragenen 36 Strategemen der Chinesen. Diese lassen sich in sechs Kategorien unterteilen und etwas vereinfacht ausgedrückt geht es darum,

- die wahren Absichten zu verschleiern (Verschleierungs-Strategeme),
- dem anderen manipulierte Tatsachen vorzuspiegeln (Vorspiegelungs- Strategeme),
- Aktionen zu unternehmen, die die (wahren) Absichten der anderen Seite enthüllen (Enthüllungs- Strategeme),
- eine Schwachstelle der anderen Seite auszunutzen (Ausmünzungs- Strategeme),
- sich aus dem Staub zu machen, sich zurückzuziehen, wenn die Situation zu brenzlig bzw. ungemütlich wird (Fluchtstrategeme).

Unter dem Strich sieht es so aus, dass westlichen und östlichen Verhandelnden das gleiche Repertoire zur Verfügung steht, es im Osten aber besser systematisiert und überliefert wird.

Zu den kompetitiven Verhandlungsmethoden zählt auch das sogenannte FBI-Konzept. Es ist ursprünglich nicht für den Wirtschaftskontext, sondern für Verhandlungen zwischen Polizei und Geiselnehmern entwickelt worden. Mittlerweile wird dieses Konzept aber auch in Businessverhandlungen genutzt.

Das FBI-Konzept

Die Polizei setzt dabei Verhandlungsteams ein. Diese bestehen aus einem „Negotiator", einem „Commander" und einem „Decision-Maker" mit jeweils genau beschriebenen Aufgabenprofilen.

Für die Gegenseite sichtbar sind ausschl. der Negotiator und der Commander. Der Decison-Maker bleibt unsichtbar im Hintergrund, trifft aber als einziger die finale Entscheidung für oder gegen ein bestimmtes Verhandlungsergebnis und verantwortet dieses auch nach außen.

Der Negotiator verhandelt aktiv mit der Gegenseite und macht gleich zu Beginn deutlich, das letztendliche die Verhandlung betreffende Entscheidungen von übergeordneten Instanzen getroffen werden.

Der Commander sitzt während der Verhandlung weitestgehend schweigend neben dem Negotiator, verweist bei direkter Ansprache auch auf diesen. Seine Aufgabe ist es, die Gegenseite genau zu beobachten und den Verlauf der Verhandlung zu notieren und neue Ideen sowie Strategien zu entwickeln, die er dem Negotiator in den Verhandlungspausen vorstellt. Zudem kann er den Negotiator emotional unterstützen.

Letztlich soll mit diesem Konzept damit die Rationalität des Verhandlungsprozesses gesteigert werden und das maximal beste Ergebnis erzielt werden, weil der final Entscheidende (Decision-Maker) – nicht in die Dynamiken am Verhandlungstisch beteiligt – ‚nüchterner' bleiben kann.

Herbst und Voeth (2015) weisen gleichwohl auf die Gefahr hin, dass „der Decision-Maker ein bereits greifbares Ergebnis ablehnt, weil er die konkreten Verhandlungsschwierigkeiten nicht unmittelbar miterlebt hat und daher ein (noch) besseres Verhandlungsergebnis für möglich erachtet (Abb. 2.3)."

2.2.5 Der Blick in den Giftschrank: Diabolisches Verhandeln

Was passiert, wenn die Grenze zum aggressiven und kriegerischen Verhandeln überschritten wird? Manche Ratgeber-Bücher sprechen dann ganz unverblümt vom diabolischen Verhandeln (Rüde-Wissman 2004).

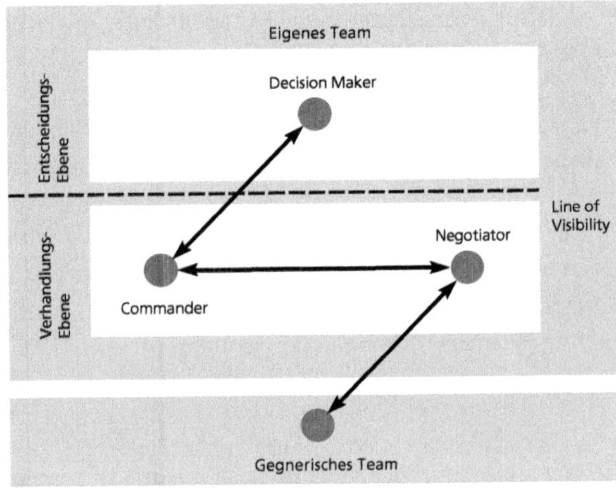

Abb. 2.3 Das FBI-Konzept nach Herbst/Voeth 2009/2015

> Wer diabolisch verhandelt, wird von dem unbeugsamen Willen beherrscht, den Verhandlungspartner zu besiegen. Und manchen reicht nicht einmal der Erfolg aus, sie müssen die andere Seite scheitern sehen.

Klar, dass man sich nicht auf gute Argumente sowie auf lösungs- und partnerschaftsorientierte Grundsätze beschränkt. Beim diabolischen Verhandeln geht es allein darum, die eigenen Ziele auf Teufel komm raus zu erreichen. Beziehungskosten spielen dabei keine Rolle – oder werden bewusst in Kauf genommen.

Diabolisch Verhandelnde gehen davon aus, dass Menschen dann Fehler machen, wenn sie sich in großer Sicherheit wiegen oder wenn sie in negativen Emotionen stecken. Bewusst nutzen sie diese Annahme, um ihre Verhandlungspartner gezielt in diese unguten psychischen Räume zu leiten, indem sie

- den anderen ständig unterbrechen,
- den Verhandlungspartner über die eigenen Ziele im Unklaren lassen,
- alles, was irgendwann einmal schief gelaufen ist, ständig wiederholen,
- das Argument des anderen ins Absurde überzeichnen,
- die Verhandlungsgespräche eskalieren lassen in der Hoffnung, dass der andere kalte Füße bekommt und nachgibt,
- den Verhandlungspartner durch aggressives Verhalten einschüchtern,
- Termine und Zeitpläne manipulieren, Verzögerungen herbeiführen.

Selbst die Fragetechnik als das Königsinstrument der Dialektik kann diabolisch eingesetzt werden. Dazu müssen Sie mit

- offenen Fragen so lange fragen, bis Sie eine „Schwachstelle" entdecken,
- mit geschlossenen Fragen den Verhandlungspartner festnageln,
- mit provokativen Fragen den Adrenalin-Pegel nach oben treiben,
- mit sogenannten Fangfragen Informationen erfragen, von denen Sie sich einen Vorteil versprechen Z. B.: „Wie war es denn auf der Konferenz in Mailand?" – ohne zu wissen, ob der Gefragte tatsächlich in Mailand war.

2.2.6 Wie man kompetitivem und kämpferischem Verhalten begegnet

Wann immer Sie mit kompetitivem Verhalten oder entsprechenden Methoden konfrontiert werden, steht es Ihnen frei, mit gleicher Münze zurückzuzahlen. Erhalten Sie keine relevanten Informationen, geben Sie auch keine aus. Schweigt der andere, schweigen auch Sie, berichtet Ihr Verhandlungspartnern von anderen Interessenten, erzählen Sie von anderen Angeboten.

Wie sich die Verhandlung dann entwickelt ist schwerlich vorauszusehen. Entweder es eskaliert – oder beide erkennen, dass sie einander brauchen.

Manchmal ist es zielführend, mit gleicher Münze zurückzuzahlen. Gegebenenfalls hat die andere Seite nur einmal einen Testballon steigen lassen, um zu sehen, wie Sie reagieren. Signalisieren Sie Ihrerseits Standfestigkeit, mag das die andere Seite zum Einlenken bewegen.

In vielen Verhandlungen lassen sich zwei Phasen feststellen:

Es geht los mit einer Kombination aus Zugeständnissen und Zwang und erst darauf treten die Akteure in eine Phase der Problemlösung. Weil sie an ihren Grenzen angelangt sind und erkennen, dass Nachgeben und Zwingen keine gangbaren Strategien mehr sind.

Wenn ihr Verhandlungspartner zu hoch einsteigt, halten Sie es mit dem arabischen Sprichwort:

> Sagt er 12, meint er 10, will er haben 8, wird es wert sein 6, will ich geben 4, werd ich sagen 2.

Sie können das Gebaren Ihres Verhandlungspartners auch schlicht und einfach ignorieren, ihm keine Beachtung schenken. Auch schlagfertige Antworten im Sinne von

> „Donnerwetter, Sie scheinen ja alle Bücher gelesen zu haben, die es zum unfairen Verhandeln gibt!"

mögen den anderen zur Einsicht bewegen.

Die hier wirkungsvolle Masterstrategie, den ‚Verhandlungsloop', lernen Sie ausführlich bei der systemischen Analyse in Abschn. 3.3 kennen. Sie besteht im Wechsel in die Außenperspektive, im Hinaustreten aus dem Gesprächsfluss.

Im ersten Schritt machen Sie Ihrem Verhandlungspartner deutlich, dass Sie sein Vorgehen durchschauen. Am eindrucksvollsten gelingt das, indem Sie die Methode konkret benennen. Zeigen Sie dann die Konsequenzen auf, die Sie mit einer Fortsetzung des Verhaltens verbinden – und führen Sie Ihr Gegenüber zu einem angemessenen Umgang zurück. Wie das praktisch aussehen könnte, zeigt das folgende Beispiel.

Praxisbeispiel

„Sehen Sie, was gerade passiert, ist Folgendes: Sie versuchen mich einzuschüchtern, indem Sie wiederholt von vielen anderen Interessenten sprechen. Damit mag bei Ihnen die Hoffnung verbunden sein, mich zu einer schnellen Entscheidung zu bewegen. Diese Methode funktioniert bei mir nicht. Denn es würde bedeuten, dass ich wesentliche Aspekte nicht hinreichend prüfen kann – was letztlich für uns beide nicht gut wäre.

Deswegen lautet mein Vorschlag wie folgt: Lassen Sie uns auf die offenen Punkte konzentrieren und uns sachlich mit diesen auseinandersetzen. Anschließend prüfe ich die für mich relevanten Punkte und gebe Ihnen Bescheid. Falls dann einer der vielen anderen schon zugesagt hat, ist das eben so." ◀

Die Kenntnis der kompetitiven Verhandlungsmethoden (siehe Abschn. 2.2.4 und 2.5) hilft enorm, aus dem Verhandlungsverlauf auszusteigen, indem Sie auf die jeweiligen Methoden hinweisen, sie konkret benennen. Durch das Aufdecken verlieren sie ihre Wirkung.

Dazu ist es freilich nötig, dass Sie Antennen entwickeln. Antennen dafür, ob hier alles in Ordnung ist oder ob etwas schief läuft. Viele der kompetitiven Methoden haben mit Wertschätzung und Respekt der anderen Seite nicht mehr viel zu tun. Seien Sie aber sicher: Wer Sie nicht beachtet, wird auch Ihre Forderungen nicht beachten. Deswegen macht es immer Sinn, besonders die diabolischen Methoden anzusprechen und zu benennen, davor zu warnen, sie weiterhin anzuwenden – und die Verhandlung abzubrechen, falls dies nicht geschieht.

Das **Abbrechen** und auch das **Unterbrechen einer Verhandlung** ist ohnehin eine Option, die Sie immer haben.

► Mein Tipp: Beenden Sie die Verhandlung nicht abrupt, sondern kündigen Sie es an. Damit signalisieren Sie, dass für Sie das Ende der Fahnenstange erreicht und die Grenze des Erträglichen überschritten wurde. Jetzt hat Ihr Gegenüber noch die Möglichkeit, sein Verhalten und seine Angebote zu verändern. Machen Sie weiterhin klar, unter welchen Vorzeichen Sie weiterverhandeln bzw. die Verhandlung wieder aufnehmen würden.

Die Kunst beim Abbrechen einer Verhandlung besteht darin, es so zu tun, dass beide Seiten ohne Gesichtsverlust wieder einsteigen können. Dazu eignen sich Formulierungen wie:

> Aus meiner Sicht ist unter diesen Umständen zum jetzigen Zeitpunkt keine Einigung möglich. Lassen Sie uns gerne wieder zusammenkommen, wenn sich auf einer Seite Änderungen ergeben.

Vorteil: Sie lassen drei Türen offen, um die Verhandlungen wieder aufzunehmen:

1. Ein Kollege könnte Sie zu einer neuen Sichtweise gecoacht haben.
2. Die Umstände haben sich geändert (z. B. günstigere Rohstoffpreise).
3. Nach nochmaligem „Drüber-Schlafen" ist Ihnen zu einem anderen Zeitpunkt eine Lösungsidee gekommen.

2.2.7 Verlaufsmodelle für kompetitives Verhandeln

Kompetitive Verhandlungen sind geprägt von der ständigen Spannung zwischen Wettbewerb und Zusammenarbeit: Die Akteure brauchen einander, und doch wäre alles leichter, wenn man auf den anderen keine Rücksicht nehmen müsste.

Diese Spannung drückt sich bereits in der Suche nach Ort und Zeit der Verhandlung aus, ebenso in der Frage, welche Punkte jetzt in die Verhandlung aufgenommen werden sollen – und welche nicht.

Die Informationsphase verläuft tendenziell schleppend, weil keiner sich in die Karten schauen lassen will.

Aufgrund des vermeintlichen Zwangs zur Kooperation treten die Parteien schließlich doch in eine Aushandlungsphase ein, die in eine verbindliche Absprache mündet – wenn es gut läuft.

Häufiger als in kooperativen Verhandlungen müssen wir hier damit rechnen, dass die Agenda über Bord geworfen wird, Verhandlungsphasen übersprungen werden, zu früheren Phasen zurückgekehrt wird oder einzelne Punkte beispielsweise bis zur letzten Phase aktuell bleiben.

Wie beim kooperativen Verhandeln in Abschn. 2.1 schon ausgeführt, lassen sich Verhandlungen und Gespräche allgemein in der Realität nicht in Schemata und Verlaufspläne reinpressen. Alle diesbezüglichen Versuche erweisen sich in der Praxis als künstlich und rigide. Es wäre auch nicht wünschenswert, da ein gutes Maß an Flexibilität besonders in kritischen Verhandlungen eine starke Ressource sein kann. Beobachtungen des amerikanischen Ethnologen Philip Hugh Gulliver zeigen jedoch, dass die in Abb. 2.4 dargestellten Phasen immer wieder auftauchen (Gulliver 1979).

Die Schritte bzw. Phasen im Einzelnen:

1. **Die Suche nach der Arena:** Ort und Zeitrahmen müssen festgelegt werden.
2. **Ausarbeitung der Agenda** und Definition der Kernpunke: Welche Punkte sollen in die Verhandlung mit aufgenommen werden?

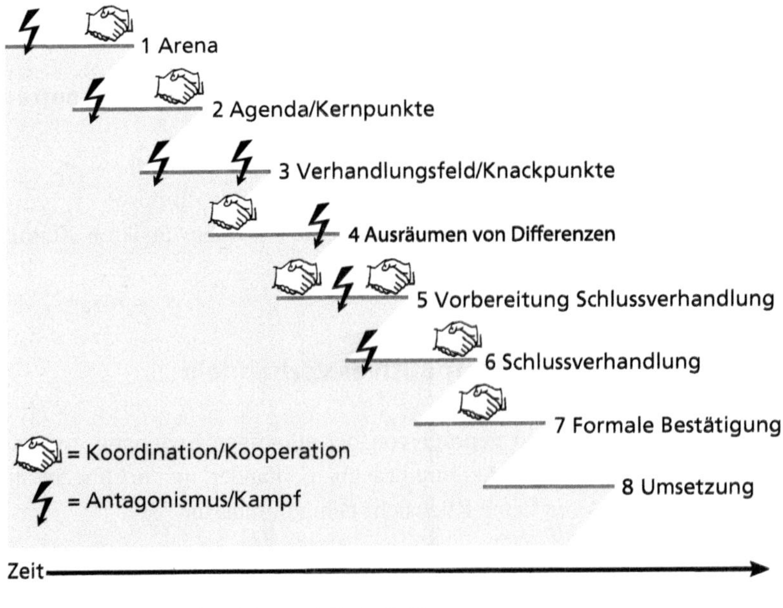

Abb. 2.4 Prozessmodell Verhandeln nach P.H. Gulliver

3. **Sondieren des Verhandlungsfelds** und Ermitteln der Knackpunkte: Keine Partei will sich frühzeitig festlegen, eher wird durch maximale Forderungen eruiert, wie weit gegangen werden kann.
4. **Ausräumen von Differenzen:** Die Parteien erkennen, das Einigungen nur durch maßgerechte Forderungen und Angebote erreicht werden können und entwickeln kooperative Lösungsstrategien.
5. **Vorbereiten der Schlussverhandlung:** Hier werden die Lösungsräume abgegrenzt und die Kriterien beschrieben, innerhalb derer eine Einigung fixiert werden kann.
6. **Schlussverhandlung**
7. **Formale Bestätigung:** Meint das rituelle Besiegeln der Absprache in einem Vertrag, per Handschlag, wie auch immer.
8. **Umsetzung:** Geschieht in der Regel nach der Verhandlung und meint die Ausführung des Verhandlungsergebnisses.

Das Modell verdeutlicht die ständige Spannung zwischen Koordination und Kooperation sowie Antagonismus und Kampf.

2.2.8 Zusammenfassung

Kompetitiv verhandeln heißt, in den Wettbewerb (die Kompetition) eintreten, den Wettkampf annehmen: um den Auftrag, um die Stelle, um den besten Preis, um ein knappes Gut. Ziel: Viel bekommen und möglichst wenig dafür bezahlen.

Kompetitives Verhandeln ist „hartes Verhandeln“. Also: Starke und extreme Positionen einnehmen, diese auch bei großer Gegenwehr willensstark aufrechterhalten und mit grimmiger Miene vertreten.

Kompetitives Verhandeln ist – zumindest in der Theorie – noch ein faires Verhandeln; man befindet sich in einer Konkurrenz-, nicht in einer Kriegssituation. In der Marktwirtschaft ist alles erlaubt, was hilft, die eigene Position zu stärken. Verboten ist es, dem Mitbewerber direkt zu schaden. Die Grenzen des kompetitiven Verhandelns werden also dort verlassen, wo sich die Verhandelnden juristisch angreifbar bzw. strafbar machen.

Dem freien Spiel der Kräfte wird Einhalt geboten durch das Rechtssystem.

Schlüsselpunkte kompetitiven Verhandelns sind die Ausgangs-, Ziel- und Abbruchspunkte, die ZOPA sowie BATNA, (**B**est **A**lternative to **N**egotiated **A**greement), die Alternative (oder Alternativen) zur aktuellen Verhandlung.Typische kompetitive Verhandlungsmethoden zeichnen sich dadurch aus, tendenziell viel zu fordern und wenig Zugeständnisse zu machen – und unbedingt an geplanten Ziel-

und Abbruchspunkten festzuhalten sowie viele Informationen zu erfragen (insbesondere bezüglich des Interesses am Ergebnis und der Kosten im Falle des Verhandlungsabbruchs) und zugleich möglichst wenige Informationen rauszugeben.

Jenseits des kompetitiven Verhandelns liegt das diabolische Verhandeln. Dabei geht es allein darum, die eigenen Ziele auf ‚Teufel komm raus' zu erreichen. Beziehungskosten spielen dabei keine Rolle – oder werden bewusst in Kauf genommen.

Ausgewählte Möglichkeiten mit kompetitivem und kämpferischem Verhandlungsverhalten umzugehen:

- Mit gleicher Münze zurückzahlen.
- Verhalten ignorieren.
- Wechsel in die Außenperspektive, Hinaustreten aus dem Gesprächsfluss: In einem ersten Schritt deutlich machen, dass Sie das Vorgehen der Gegenseite durchschauen. Das klappt am besten, indem Sie die Methode konkret benennen. Zeigen Sie dann die Konsequenzen auf, die Sie mit einer Fortsetzung des Verhaltens verbinden – und führen Sie Ihr Gegenüber zu einem angemessenen Umgang zurück.
- Verhandlung unterbrechen oder – mit Ankündigung – abbrechen. Dabei die drei Türen offen halten: Akteure, Umstände, Zeitpunkt.

2.3 Kooperieren oder Kämpfen?

Das erwartet Sie in diesem Kapitel:
Mit den kooperativen und den kompetitiven Verhandlungsmethoden haben Sie zwei sehr gegensätzliche Verhaltensmuster kennengelernt.

Kann man jetzt sagen, welches Verhalten, welche Methode die Bessere ist?

Beide Vorgehensweisen bergen Chancen und Risiken und aus systemischer Sicht – das werden wir noch sehen – macht eine Festlegung auf das eine oder andere ohnehin keinen Sinn. Vielmehr geht es darum zu schauen, welches Vorgehen in welchem Kontext, in welchen Zusammenhängen die eigene Überlebens- und Wettbewerbsfähigkeit wahrscheinlicher macht.

Lernen Sie jetzt Analysen und Untersuchungen kennen, bei denen beide Vorgehensweisen in Verhandlungen auf Herz und Nieren geprüft wurden.

Mit dem Entwicklungsquadrat Verhandlungskompetenz möchte ich Ihnen einen Vorschlag machen, kooperatives und kompetitives Know-how konstruktiv zu nutzen. Zugleich werde ich mit dem „Schmuse"- und dem „Kriegskurs" die kooperative und die kompetitive Verhandlungsmethode in übertriebener Form darstellen, um Sie vor den Risiken der beiden Verfahren zu warnen.

2.3.1 Kooperation und Wettbewerb – wie wirken sie sich aus?

In der Praxis werden Ihnen kooperative als auch kompetitive Kompetenzen abverlangt. (Geißler 2003) Vor allem, wenn es darum geht, Verhandlungsteams zu führen. In aller Regel ist im Innenverhältnis – also unter Kollegen im Team und in der gleichen Organisation – kooperatives Know-how gefragt, um das Team zusammenzuhalten und gemeinsame Ziele zu erreichen. Im Außenverhältnis – also zwischen konkurrierenden Teams oder Organisationen –, wo es angesagt ist, sich im Wettbewerb durchzusetzen, brauchen wir kompetitive Kompetenzen. Beides gehört zusammen: Das eine scheint ohne das andere nicht vollständig zu sein.

Im Innenverhältnis Kooperation – im Außenverhältnis Wettbewerb
Und dennoch gibt es eine ganze Reihe von Untersuchungen, die allesamt zu dem Schluss kommen, dass auf Dauer gesehen alle beteiligten Akteure von kooperativen Strategien am meisten profitieren. Deutlich zum Ausdruck kommt dies in einer Gegenüberstellung der amerikanischen Konflikt- und Verhandlungsforscher Morton Deutsch und Dean Tjosvold (Deutsch 1973/2009; Tjosvold 1993). Schauen Sie in Abb. 2.5, wie sich kooperative Ein-

	Kooperative Zielstruktur	Kompetitive Zielstruktur
Dynamik der Interaktion bezüglich		
Kommunikation	Konstruktive Kontroversen wechselseitiger Austausch Offenheit i.d. Kommunikation Persuasive Methoden	Vermeidung von Diskussion „Closed-Mindedness" Versuch der Zwangausübung (Intrigen u.a.)
Wahrnehmung	Betonung von Gemeinsamkeiten Konvergenz von Ansichten	Betonung von Unterschieden Schwarz-Weiß-Wertungen (ich bin gut, du bist schlecht); Unterstellung schlechter Absichten
Einstellung	freundlich, vertrauensvoll, hilfsbereit	feindselig, misstrauisch, ausbeutend
Aufgaben-bearbeitung	Effiziente Arbeitsteilung	doppelte Ausführung von Aufgaben
Ergebnisse/Effekte bezüglich		
Aufgabe	Qualitativ hochwertige Entscheidungen, hohe Aufgabenproduktivität	qualitativ minderwertige Entscheidungen, geringe Produktivität
Beziehung	Bestätigung Zufriedenheit wechselseitiger Erfolg Vertrauen/Zuversicht	Frustration Feindseligkeit Rache Misstrauen

Abb. 2.5 Vergleich der Auswirkungen kooperativer und kompetitiver Verhandlungseinstellungen. Nach Deutsch/Tjosvold in Frank/Frey 2002

stellungen im Vergleich zu kompetitiven Einstellungen auf die Kommunikation, Wahrnehmung, Aufgabenbearbeitung und die Beziehungen auswirken:

Der Trend in der Skizze ist deutlich: Kooperation wirkt konstruktiv, Kompetition destruktiv. Es scheint so zu sein, dass kooperative Prozesse in der Regel zu produktiveren Arbeitshaltungen, besseren persönlichen Beziehungen und einer gesünderen psychischen Verfassung führen. Schlussendlich scheint aus Ihnen auch eine höhere Leistung zu resultieren.

2.3.2 „Tit for Tat" – Die beste Strategie

Weitere Untersuchungen kommen zu differenzierteren Ergebnissen. Die populärste Arbeit zum Thema stammt wohl von dem amerikanischen Politikwissenschaftler Robert Axelrod (Axelrod 2000). Er veranstaltete unter Spieltheoretikern ein Computer-Turnier zum sogenannten Gefangenen-Dilemma, bei dem zwei Gefangene sich unabhängig voneinander entscheiden müssen, zu gestehen und den jeweils anderen zu belasten oder aber weiter zu schweigen. Gesteht nur einer und belastet den anderen, kommt er frei. Schweigen beide, bekommen sie aufgrund lediglich von Indizienbeweisen zwei Jahre Haft. Gestehen beide, sind sie überführt und bekommen vier Jahre. Ziel dieses Turniers war es, die erfolgreichste Strategie – also die mit der höchsten Auszahlung – zu finden. Alles war möglich. Raffinierte Spielstrategien, offene oder verdeckte Strategien. Der Mathematiker und Systemtheoretiker Anatol Rappaport schrieb das kürzeste und simpelste Programm und nannte es „Tit for Tat" (Wie Du mir, so ich Dir). Es folgte lediglich vier Regeln:

1. Ich spiele offen. Ich habe keine geheimen Regeln in der Hinterhand.
2. Ich spiele immer auf Kooperation, suche Zusammenarbeit und die gemeinsame Optimierung des Nutzens.
3. Wenn mich einer, weil ich „so nett" spiele, ausnutzen, schlage ich unverzüglich zurück.
4. Aber ich bin nicht nachtragend. Schon in der nächsten Runde spiele ich wieder auf Kooperation.

Am Ende des Turniers hatte Rappaport die größte Auszahlung. Axelrod veröffentlichte die Analyse dieses Spiels und lud zu einem zweiten Turnier ein. Die Zahl der Teilnehmer wuchs ebenso wie die Breite ihrer Kompetenz: Wirtschaftswissenschaftler, Mathematiker, Ingenieure, Biologen und Computerexperten. Es traten 26 Programme gegeneinander an. Rappaport blieb bei seiner simplen Strategie und gewann auch das zweite Turnier. Daraufhin entwarf Axelrod eine neue Turniervariante. Er unterwarf die einzelnen Programme einem evolutionären Selektionsprozess. Er simulierte die Wirkung einer natürlichen Auslese in seinem Computer. Die erfolgreicheren Programmvarianten konnten sich stärker „vermehren". Die erfolgloseren „starben aus". Jetzt setzte sich Rappaports „Tit for Tat"-Strategie sofort an die Spitze und baute ihren Vorsprung aus. Besonders interessant:

Strategien, die auf die rücksichtslose Ausbeutung der Schwächeren setzten, vermehrten sich anfangs vielversprechend, gingen dann aber unter.

Wohlgemerkt handelte es sich hier um ein Computerturnier. Damit ist eine Reihe von Unterschieden zu realen Verhandlungssituationen verbunden. So durften die Verhandlungspartner nicht miteinander sprechen, weder sie noch ihre Organisationen hatten eine gemeinsame Geschichte – eine gemeinsame Zukunft war auch nicht zu erwarten – und der Markt mit seinen vielen Wechselwirkungen spielte ebenso wenig eine Rolle wie Gefühle und verletzte Eitelkeiten. Deswegen möchte ich das Ergebnis nicht als Idealstrategie aufbauschen. Klein machen muss man es in meinen Augen aber auch nicht. Zumal Axelrods Strategie die der wehrhaften Kooperation ist: Sobald die kooperative Haltung ausgenutzt wird, schaltet er in einen Wettbewerbs-Modus um.

2.3.3 Kooperation kommt dort an ihre Grenze, wo die Umwelt kompetitiv agiert

Ist Kooperation also immer gut? Das wäre wohl übertrieben und würde den jeweiligen Kontexten und Interaktionsgeschichten nicht gerecht. Das Idealisieren der Kooperation ist in meinen Augen nicht angemessen. Jede Information und jegliches Wissen über die andere Seite ist in Verhandlungszusammenhängen potenziell ein Trumpf. Von daher scheint es angebracht, vorsichtig und angemessen damit umzugehen.

In Situationen in denen Wettbewerb gefordert ist, kann Kooperation mit dem Mitbewerber zur Niederlage führen. Wenn Sie Ihrem Mitbewerber in einer öffentlichen Ausschreibung sagen, wie hoch das Gebot ist, dass Sie bei der Ausschreibung abgegeben haben, wird der sich bedanken und sein Angebot so modifizieren, dass er Ihres unterbieten kann.

Kooperation kommt dort an ihre Grenze, wo die Umwelt dauerhaft kompetitiv agiert. Hier scheint ein Wechsel zumindest in eine nicht kooperative Haltung oder in eine gut bedachte Kommunikation vonnöten – andernfalls droht die Ausnutzung durch die Verhandlungspartner.

Verhandelnde sind gut beraten, neben kooperativen Methoden und Strategien auch kompetitive Methoden und Strategien in ihrem Handlungsrepertoire zu haben. Die Gründe dafür sind vielfältig, der Kölner Wirtschafts- und Sozialpsychologe Günter Wiswede (Wiswede 2012) führt vor allem Folgende an:

- Kompetitive Akteure können unter bestimmten Umständen sehr beweglich, einfallsreich und selbst kooperativ agieren.
- Win-/Win-Ergebnisse sind kein Garant für dauerhaften Erfolg und Zufriedenheit.
- Unfaires Verhalten muss nicht zu schlechten Ergebnissen führen.
- Wettbewerb kann sehr motivierend sein, neue Kräfte freisetzen und sowohl im Innen- wie im Außenverhältnis Neuerungen anregen.

2.3.4 Entwicklungsquadrat Verhandlungskompetenz

Entwicklungspsychologisch und auch philosophisch ist es vorteilhaft, über kooperatives und kompetitives Know-how zu verfügen (siehe Abb. 2.6). Diese Ansicht wird auch von führenden Kommunikationspsychologen wie Prof. Friedemann Schulz von Thun vertreten:

> Um den dialektisch strukturierten Daseinsanforderungen zu entsprechen, kann jeder Wert (…) nur dann zu seiner konstruktiven Wirkung gelangen, wenn er sich in ausgehaltener Spannung zu einem positiven Gegenwert, einer ‚Schwestertugend' befindet. Ohne diese ausgehaltene Spannung verkommt ein Wert zu seiner entwertenden Übertreibung. (Schulz von Thun 2010/1989)

Eine entwertende Übertreibung kann man sich für die kooperative und die kompetitive Verhandlungsmethode in folgenden Extremen vorstellen, wie Abb. 2.6 verdeutlicht.

Im Falle von kooperativem Verhalten, mit dem ein Akteur versucht, unterschiedliche Interessen zu integrieren, könnte sich die Übertreibung in einem konfliktscheuen „Schmusekurs" äußern, bei dem die eigenen Interessen notfalls völlig fallen gelassen werden.

Die Übertreibung des kompetitiven Verhaltens, in dem ein Akteur den Wettkampf annimmt, wäre aggressives und den Verhandlungspartner einschüchterndes, Angst auslösendes Verhalten, das die Grenzen zum kriegerischen und diabolischen Verhalten immer wieder überschreitet (Simon 2004; Kreggenfeld 2009).

▶ Kooperatives und kompetitives Verhalten sind diesem Sinne ein Wertepaar, das es zu entwickeln gilt. Damit heben wir die Trennung und Polarisierung der Begriffe und Verhaltensweisen auf. Beide zusammen decken ein Spektrum der zu entwickelnden Verhandlungsfähigkeiten ab und versetzen Verhandelnde so in die Lage, je nach Kontext angemessen zu agieren. Es geht dabei nicht um eine Verschmelzung der beiden Begriffe, sondern vielmehr um eine Würdigung beider Qualitäten und die Abgrenzung von den jeweiligen Übertreibungen.

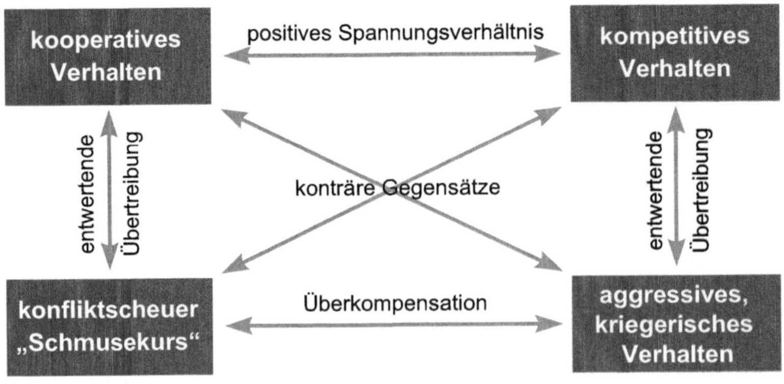

Abb. 2.6 Das Entwicklungsquadrat der Verhandlungskompetenz

Wir sollten auch unterscheiden zwischen einem positiv kämpferischen, den Wettkampf annehmenden Verhalten und einem kriegerischen, den anderen aktiv schädigenden Verhalten. Wettkampf sollte auch bedeuten, sich an Spielregeln zu halten. Die Engländer sprechen in diesem Fall von Fair Play.

In diesem Zusammenhang erweist sich die vorgenommene begriffliche Abgrenzung zwischen kompetitivem und kriegerischem Verhalten als hilfreich. Es ist nicht das Gleiche, ob Verhandelnde einander aktiv schädigen oder ob sie Handlungen unterlassen, wodurch der andere profitiert. Und auch, wenn die Grenze zwischen beidem nicht immer leicht zu ziehen sein wird und natürlich auch von der Interpretation der Verhandelnden abhängt, ist damit doch ein potenziell wirksames Unterscheidungskriterium eingeführt. Denn die Kenntnis und das Bewusstsein von Übertreibungen ermöglicht das Setzen von „inneren Stopps". Damit können Sie sich selbst vor überzogenen Zugeständnissen schützen und haben gleichzeitig einen Kompass, um Ihren Verhandlungspartnern Grenzen aufzuzeigen.

2.3.5 Zusammenfassung

In der Praxis brauchen wir kooperative und kompetitive Kompetenzen. Im Innenverhältnis eher kooperative, im Außenverhältnis eher kompetitive.

Die meisten Untersuchungen bescheinigen dem kooperativen Verhalten konstruktivere und produktivere Folgen sowohl für die beteiligten Akteure als auch für die Verhandlungsergebnisse.

Auch der Wettbewerb hat seine Qualitäten: Er kann die Motivation beflügeln, neue Kräfte freisetzen und sowohl im Innen- wie im Außenverhältnis zu Innovationen anregen.

Übertriebene Kooperation führt zum konfliktscheuen Schmusekurs. Überzogener Wettbewerb führt zu kriegerischem und diabolischem Verhalten.

Die Kenntnis und das Bewusstsein der Übertreibungen versetzen Sie in die Lage, sich selbst vor übertriebenen Zugeständnissen zu schützen und dem Verhandlungspartner Grenzen aufzuzeigen.

2.4 Sonderfall: Preisverhandlungen

Das erwartet Sie in diesem Kapitel:
Preisverhandlungen sind zugespitzte Verhandlungen: Es steht Spitz auf Knopf, auf des Messers Schneide. Hintergründe sind geklärt, Motive benannt oder erahnt, jetzt geht es ans Eingemachte. Erfahren Sie jetzt, warum Preisverhandlungen bereits mit dem ersten Kontakt zum Kunden beginnen und wie Sie mit Testabschlussfragen

Angst vor dem Nein des Kunden in den Griff bekommen und sicherstellen, dass Sie auf einem guten Weg sind.

Lassen Sie sich verblüffen, wie schnell mit Rabatten Profit verschenkt wird und wie effektiv Sie sich dagegen wehren können.

Lernen Sie sich selbst, die Beziehung zu Ihren Kunden, Ihrem Produkt oder Ihrer Dienstleistung als die wichtigsten Mehrwertfelder für eine erfolgreiche Preisverhandlung kennen, ebenso wie eine Fülle von Möglichkeiten, Bewegung in festgefahrene Preisverhandlungen zu bekommen.

Machen Sie sich schließlich damit vertraut, was Sie aus der Käufer-Sicht in Preisverhandlungen beachten sollten.

Lassen Sie uns zuerst schauen, wie sich Preisverhandlungen aus Sicht der Verkäufer-Seite darstellen.

2.4.1 Preisverhandlungen beginnen beim ersten Kontakt

Viele Verhandelnde machen den Fehler, erst ganz am Ende von Verhandlungen den Preis ins Spiel zu bringen und sind der Meinung, dass die Preisverhandlungen auch erst am Ende der Verhandlungsgespräche beginnen.

Ich bin da ganz anderer Ansicht: Preisverhandlungen beginnen mit dem ersten Kontakt zu Ihrem Geschäftspartner. Welchen Eindruck erweckt Ihr Internet-Auftritt, welche Wertigkeit geht von Ihren Produkten und Dienstleistungen aus, wie wird Ihr Kunde angesprochen und behandelt, wenn er das erste Mal Kontakt zu Ihrem Unternehmen hat? Die ersten Informationen sind immer die prägendsten. Häufig entscheidet sich schon hier, ob der Kunde am Ende der Verhandlungen Ihren Preis als stimmig erachtet – oder nicht. Auch die anderen Phasen in Preisverhandlungsgesprächen haben einen Einfluss: das persönliche Kennenlernen ebenso wie die Analyse des Kundenbedarfs, die Präsentation Ihrer Produkte oder Dienstleistungen genauso wie die Art und Weise, wie Sie mit Fragen, Einwänden und Wettbewerbsvergleichen umgehen. Sie haben immer die Chance, Ihren Gesprächspartner gut, wertschätzend und respektvoll zu behandeln – oder durch Nachlässigkeiten und Versäumnisse Beziehungspunkte zu verschenken. Die allerwenigsten Kunden und Gesprächspartner machen Sie jedoch darauf aufmerksam. Vergessen tut es allerdings auch niemand. Abgerechnet wird, wenn es um den Preis geht – ganz am Ende. Dort bekommen Sie die Quittung für alles, was vorher gelaufen ist. Deswegen beginnen Preisverhandlungen in dem Moment, in dem Ihr Gegenüber auf Sie aufmerksam wird (Detroy 2004)

Anstatt das Thema Preis zu vermeiden und wie ein Kater um den heißen Brei herum zu schleichen, empfehle ich Ihnen, sich möglichst früh nach dem Budget Ihres Gesprächspartners zu erkunden – und gegebenenfalls eine Frage nachzuschieben wie:

Sagen Sie, wenn ich jetzt etwas habe, das Ihren Vorstellungen genau entspricht, aber über Ihrem Budget liegt, soll ich Ihnen das dann zeigen oder nicht?

Sicherheit durch Testabschluss-Fragen
Im weiteren Verlauf des Gesprächs sind Sie gut beraten, immer wieder nachzufragen, ob Sie mit Ihrem Angebot und Ihren Ideen auf dem richtigen Weg sind, ob es das ist, was Ihr Kunde braucht (Kreggenfeld 2016; Pickens 2013). Man spricht bei solchen Fragen von Test-Abschlussfragen. Sie lauten beispielsweise:

- Sind wir damit auf dem richtigen Weg?
- Ist es das, was Sie sich vorstellen?
- Passt das so?

Testabschlussfragen sollen verhindern, dass Sie sich stundenlang Mühe geben, ein Geschäft zum Abschluss zu bringen, der Kunde dann aber ganz am Ende sagt: „Nein, das ist doch nicht das, was ich mir vorgestellt habe.“ Oder mit einem kurzen: „Vielen Dank, aber das ist mir zu teuer“ seine schnelle Verabschiedung einleitet.

Probieren Sie solche Testabschlussfragen doch einmal aus. Auch wenn Sie anspruchsvollen Einwänden begegnen, können Sie vor der Argumentationsarbeit durchaus einmal nachfragen:

Sagen Sie, wenn wir diesen Einwand ausräumen, sind Ihre Zweifel dann beseitigt?

Rabatte – schnell verschenkter Profit
Erstaunlicherweise ist es vielen Verkäufern nicht klar, wie stark sich Preisnachlässe auf den Gewinn ihres Unternehmens auswirken. Wenn ich als Kunde im Fachhandel einen Fernseher für tausend Euro im Visier habe und dazu einen zehnprozentigen Nachlass fordere, denke ich: Zehn Prozent, das sind gerade mal hundert Euro, da bleiben für die andere Seite immer noch 900 übrig, das ist doch auch eine hübsche Summe, zumal ja alles in großen Stückzahlen industriell gefertigt wird.

Für den Fachhändler hingegen sieht die Situation vollkommen anders aus: Weil seine Anschaffungs-, Raum-, Personal- und alle weiteren Kosten unverändert bleiben, gehen diese hundert Euro direkt von seinem Gewinn ab. Nehmen wir einmal an, er würde an dem Fernseher, den er für 1000 € verkauft, 150 € verdienen. Dann würden die 100 € Preisnachlass seinen Bruttogewinn um zwei Drittel reduzieren und einen erheblichen Mehrumsatz erfordern, um das wieder reinzuholen. Diese einfachen Zusammenhänge sollten sich Verkäufer immer wieder vor Augen halten. (Korda 2006)

Wenn Unternehmen hingegen dauerhaft hohe Rabatte geben, sollte klar sein, dass die in der Preiskalkulation berücksichtigt sein müssen. Der Preis ist also von vornherein so berechnet, dass auch nach der Rabattierung noch ein ausreichender Deckungsbeitrag übrig bleibt. Bei vielen Geiz-ist-geil-Aktionen wird den Kunden da kiloweise Sand in die Augen gestreut.

Das ist zu teuer!
„Das ist zu teuer!“ – ist ein beliebter Einstiegssatz in Preisverhandlungen. Aus Käufersicht ist so ein Statement ja auch absolut okay. Warum also sollte man nicht versuchen, den Spielraum der anderen Seite auszuloten? Einkäufer würden ihrer Funktion nicht gerecht, wenn sie das nicht zumindest versuchen würden. Überraschend für mich ist, dass bei Befragungen „off the records“ auch viele Verkäufer der Meinung sind, dass ihre Produkte oder Dienstleistungen zu teuer sind. Wie aber bitte will jemand einen Preis verteidigen, hinter dem er nicht wirklich steht.

2.4.2 Schlüsselqualifikation: Innere Preissolidarität

Ihre Preise können Sie nur durch eine hohe innere Preissolidarität durchsetzen.

Das bedeutet, dass Sie selbst voll und ganz von der Angemessenheit des Preises überzeugt sein müssen. Es gibt keinen Zweifel in Ihnen: Ihr Preis ist gerechtfertigt! (Greff 2002; Thieme 2010)

Wenn Sie selbst jedoch Zweifel haben, spürt Ihr Kunde das. Bemerkt er ihre Unsicherheit, wecken Sie seinen Jagdinstinkt. Und besonders bei Einkäufern ist dieser siebte Sinn sehr ausgeprägt. Jetzt wollen sie „etwas aus Ihnen rausholen“.

Spürbar ist auch das Gegenteil: Ihre Überzeugung, dass Ihre Leistung und Sie den Preis wert sind, den Sie verlangen. Im Preis drückt sich die Anerkennung des Kunden für Sie und für Ihre Leistung aus. Diese Überzeugung kann man als innere Preissolidarität bezeichnen.

Mehrwertfelder in Preisgesprächen
Statt im Preis nachzugeben, sollten Sie darüber nachdenken, wo Sie Ihren Kunden mehr Wert bieten können. Und eben auch: Wo und wie bieten Sie ihm mehr Wert als andere? Auf drei Mehrwertfelder möchte ich genauer eingehen: Sie selbst, Ihr Produkt und Ihre Beziehung zum Kunden.

► **Mehrwert: Sie!**

Sie sind derjenige, bei dem der Kunde kauft. Deswegen sollten Sie derjenige sein,

- der sein Gegenüber versteht,
- der weiß, wie es in der Firma, dem Markt und dem ganzen Umfeld aussieht
- der die persönliche Situation des Kunden kennt
- der ihn dabei unterstützt, seine Ziele zu erreichen und erfolgreich zu sein.

Was wissen Sie von Ihren Kunden?

- **Mehrwert: Ihr Produkt – Ihre Dienstleistung**

Wo schafft Ihr Produkt Werte für den Kunden? Wo schafft Ihr Produkt mehr Werte für den Kunden, als die Produkte Ihrer Mitbewerber?

Welche Facetten Ihres Produkts sind für den Kunden am wichtigsten – und wie bringen Sie den Kunden dahin, diese Vorteile möglichst schnell zu nutzen?

So macht es wenig Sinn, einem Einkäufer zu berichten, dass Sie den Umfang Ihrer neuen Hydraulikpumpen um 19 % reduzieren konnten. Anschaulicher wird das, wenn Sie einen Nutzen damit verbinden. Zum Beispiel, dass sie leichter einzubauen sind und deswegen stärker nachgefragt sein werden. Oder das dadurch unter der Motorhaube mehr Platz für die größeren Batterien geschaffen wird, die der Gesetzgeber verordnet, oder das Ihr Kunde sich damit beim Thema Innovation zum Marktführer macht.

- **Mehrwert: Die Beziehung zum Kunden**

Wir können keine Sachinhalte vermitteln, ohne gleichzeitig unser Gegenüber in irgendeiner Weise zu behandeln. Sie können noch so kompetent sein, wenn Ihr Gesprächspartner Sie nicht mag, haben Sie kaum eine Chance. Wenn aber der Kontakt zwischen Ihnen stimmig ist, verläuft das Preisgespräch fairer und sicherlich nicht so hart.

2.4.3 Entscheidungen haben immer emotionale Gründe

An dieser persönlichen Betroffenheit mag es liegen, dass wir alle ein sehr ausgeprägtes Ohr für diesen Aspekt entwickeln. Am Beispiel der Gesprächseröffnung, die häufig eine weichenstellende Wirkung hat, wird besonders deutlich, wie der eine mit dem anderen umgehen möchte.

Für das Verkaufsgespräch ist der Beziehungsaspekt von weitreichender Bedeutung.

- **Ein Abschluss ist meist erst möglich, wenn die Beziehungsebene geklärt ist.**

Viele Gespräche enden ohne Verkaufsabschluss. Die tieferen Gründe hierfür sind in der Beziehungsdefinition zwischen Käufer und Verkäufer zu finden. Dieses Phänomen wird auch als „geheime Tagesordnung“ bezeichnet: Das Sachthema, das auf der offiziellen Tagesordnung steht, ist nur Vorwand oder Kulisse für die eigentlichen Probleme. Häufig scheint es in erster Linie darum zu gehen: Wer gewinnt, wer kann sich als Experte bestätigen, wer kann es dem anderen zeigen, wer präsentiert sich als erfahrener, informierter, cleverer, wer kann dem anderen die entsprechende Gegen-Rolle aufzwingen, …?

So sind viele Preisgespräche in erster Linie Machtkämpfe, Schauspiele, Rituale, Feindaufklärung oder Beziehungspflege. Es liegt im Wesen der „geheimen Tagesordnung“, dass die Zumutungen und Absichten nicht offen formuliert werden, sondern aus „metakommunikativen“ Signalen erspürt und gefolgert werden müssen.

Zu diesen gehören: Tonfall, Lautstärke, Mimik, Haltung, Sitzordnung, Unterbrechungen, spitze Bemerkungen, Blickkontakt, usw.

Hingegen zählen zu den kommunikationsfördernden Verhaltensweisen: Fragen stellen, aktives Zuhören, die geheime Tagesordnung offen legen. Systematisch Feed-back geben, Gesprächsabschnitte zusammenfassen, Killerphrasen vermeiden (Kreggenfeld 2016).

Treibstoff für gute Beziehungen

- Als Verkäufer sollten Sie echtes Interesse an der Person des Kunden zeigen.
- Behandeln Sie jeden Kunden als Persönlichkeit und unterlassen Sie beispielsweise Sätze wie … Unsere Kunden sind davon überzeugt, dass …. Damit rauben Sie Ihrem Gesprächspartner sein individuelles Auftreten und machen ihn zu einem beliebigen Kunden unter vielen.
- Tolerieren Sie die Ecken und Kanten in den Verhaltensweisen Ihres Kunden, lassen Sie den Kunden, wie er ist, er wird es Ihnen danken.
- Suchen Sie nach Gemeinsamkeiten; dies ist nicht nur inhaltlich gemeint. Denn wenn Sie Ihre Körpersprache (Händedruck, Sitzhaltung etc.) oder Sprechgeschwindigkeit ein wenig nach dem Gesprächspartner ausrichten, so erhöhen sich in der Regel – meist unbewusst – die Sympathiewerte (Levine 2003).
- Ihr Auftreten und Ihre Sprache sollten von Wertschätzung geprägt sein. Jeder von uns braucht Anerkennung. Bleibt die gefühlte Anerkennung beim Kunden aus, so wird er sich auf der Beziehungsebene von Ihnen tendenziell zurückziehen, was unmittelbare Auswirkungen auf die Preisverhandlung haben wird. Stimmt die Beziehungsebene, können Sie auch schwierige Preisverhandlungen kooperativ angehen. Wie das aussehen kann, haben wir uns im Rahmen des kooperativen Verhandelns in Abschn. 2.1.2.1 unter der Überschrift „Die niederlagenlosen Konfliktbewältigungsstrategie“ ja bereits angeschaut.

Praxisbeispiel

Nehmen wir den Fall, dass sich die Verhandlungsakteure zweier Organisationen nicht über die Zahlungsmodalitäten bei dem ins Auge gefassten Auftrag einigen können. Damit wäre das Problem definiert. Spätestens jetzt müssten sie sich darauf einigen, nicht in operative Hektik zu verfallen, sondern in aller Ruhe zu schauen, welche Möglichkeiten es gibt.

In einem Brainstorming, einem freien „Gedankensturm“, könnten dabei folgende Lösungen herauskommen:

- Zahlungsziele verändern
- Ratenzahlungen prüfen

- Leasingmöglichkeiten erkunden
- Fremdfinanzierungen in Betracht ziehen
- Naturalgeschäfte prüfen ◄

Denkbar ist es auch, über folgende Fragen einen Lösungskorridor zu öffnen:

- Ist eine Erhöhung der Bestellmenge möglich?
- Wie verändert eine An- bzw. Vorauszahlung die Bedingungen?
- Welchen Einfluss hätte der zusätzliche Abschluss eines Wartungsvertrags?
- Ist ein Folgeauftrag für ein anderes Produkt möglich?
- Können Sie Jahresboni in Aussicht stellen?
- Sind unterstützende verkaufsfördernde Maßnahmen denkbar?
- Wie wirkt sich eine Verlängerung von Garantiezeiten auf die Investition aus?
- Welche weiteren Ausgleichgeschäfte sind möglich? ◄

Wir haben also ein großes Spektrum an Möglichkeiten, um Bewegung in festgefahrene Preisverhandlungen zu bekommen.

2.4.4 Das ist zu teuer! – Warum?

Eine der effizientesten Entgegnungen auf den klassischen Einwand „Das ist zu teurer!“ ist in meinen Augen die Frage: „Warum?“

Wieso? Aus vielen Gründen:

Zunächst wissen Sie nicht, was hinter dem Einwand steckt. Was genau ist dem Kunden zu teuer? Das ganze Paket, einzelne Teile daraus, die Garantie oder der Service? Verglichen womit, ist es ihm zu teuer? Ist es ihm zu teuer – oder seiner Organisation, seinem Vorgesetzten? Ist es ihm absolut zu teuer oder relativ? Liegt es am Preis oder an seinen aktuellen pekuniären Mitteln? All das wissen Sie nicht. Deswegen ist die Frage nach dem Warum (oder rhetorisch etwas anspruchsvoller: Aus welchen Gründen?) der erste richtige Schritt.

Zudem gewinnen Sie damit Zeit. Viele Kunden sind überrascht, wenn Sie um die Begründung ihres Einwands gebeten werden.

Vor allem vermeiden Sie das Risiko, sich in einem Lamento über Qualität und Ausstattungen zu verlieren. Die Frage nach den Gründen des Preisempfindens hingegen zeigt, dass Sie sehr interessiert sind, was genau der Kunde im Hinterkopf hat.

► **Preisnachlässe immer begründen**

Wenn Sie schon um Preisnachlässe nicht drum herum kommen, sollten Sie immer in der Lage sein, diese auch zu argumentieren. Denn:

Denn: Rabatte machen süchtig! Wer einmal Rabatte bekommen hat, verlangt dies auch ein zweites und drittes Mal.

Zudem erzählt er es bei Geschäftsfreunden, die dann ihrerseits zu Ihnen kommen – selbstverständlich mit den gleichen oder noch höheren Rabattierungsforderungen.

Wenn wir nicht klar begründen können, wieso wir einmal Rabatt gewährt haben, das aber nicht zum Gewohnheitsrecht werden lassen können, dann stimmt unser Preis nicht. Und der Einkäufer uns gegenüber sollte sich besser einen anderen Job suchen, wenn er das nicht merken und ausnutzen würde.

Hintergrundinformation
Zur Begründung stehen Ihnen eine Menge Möglichkeiten zur Verfügung:

- Frühorderrabatte: Der gibt Ihnen Sicherheit für Ihren Einkauf, Ihre Disposition, Ihre Auslieferung, Ihre Jahresplanung.
- Skonto: Bei schneller Zahlung einer Rechnung kann der Käufer den Zahlbetrag um eine bestimmte Summe, oft zwei oder drei Prozent, kürzen. Der Preisnachlass wird auf den Nettobetrag angerechnet. Vorteil für Sie: schnelle Liquidität, keine Kreditkosten, weniger Unsicherheit.
- Akquisitions- und Einführungsrabatte: Mit einer gezielten Rabattaktion sollen neue Kunden gewonnen werden (Werbungsfunktion). Dabei gibt es unterschiedliche Formen. Beim Aktionsrabatt werden zu bestimmten Aktionen, z. B. Mailings, Rabatte gewährt. Der Einführungsrabatt macht Sinn bei Produkten, die neu sind, aber nicht nur einmalig oder selten gekauft werden. Beide Rabattierungsformen sind eng verwandt mit den
- Funktionsrabatten: Sie werden eingesetzt, um die Mitbewerber um jeden Preis auszustechen. Dies gehört zum Repertoire des Marketings etwa bei Erstausrüstungen.
- Barzahlungsrabatt: Ein Rabatt, den Käufer erhalten, die bar zahlen. Vorteile: siehe Skonto.
- Lagerräumungs-, Produktumstellungsrabatte: Verbliebene Ware muss verkauft werden, um Nachfrage und Platz für neue Produkte zu schaffen.
- Abholerrabatt: Je nach Branche sparen Sie hier Verpackungs- und Transportkosten.
- Naturalrabatt: Anstatt das Entgelt zu reduzieren, erhält der Käufer kostenlose Exemplare. Formen sind die Draufgabe (der Käufer erhält zusätzliche Güter, die er nicht bezahlt) und die Dreingabe (der Käufter bezahlt nur einen Teil der erworbenen Güter).
- Punkterabatt: Über bisherige Umsätze anteilig akkumulierte „Bonuspunkte" (meist ein bis fünf Prozent der Kaufsumme) werden in Preisnachlässe für kommende Käufe umgewandelt. Letztlich eine Art verzögerter Mengenrabatt.
- Sonderrabatt: bei bestimmten Anlässen (z. B. Jubiläum). Tipp: Gewähren Sie Jubiläumsrabatte – wenn überhaupt – nur nach folgendem Schema: Seit fünf Jahren sind Sie unser Kunde, bestellen Sie heute deswegen noch einmal zum Preis von vor fünf Jahren.
- Treuerabatt: Wenn ein Kunde zum wiederholten Mal Waren bestellt.
- Warenwertrabatt: Der Preis reduziert sich ab einem gewissen Warenwert.

Mit dieser Übersicht will ich Sie jetzt nicht etwa zum Rabattieren ermutigen. Im Gegenteil. Denn letztlich ist der wirklich sinnhafte Rabatt einzig eine größere Menge, die der Kunde abnimmt. Aber: All diese Rabatte können Sie dem Kunden gegenüber verargumentieren. Vor allem erlangen auch Sie dadurch einen Vorteil, der die Rabattierung rechtfertigt.

Alle anderen Formen von Preisnachlässen hinterlassen beim Kunden den Eindruck, dass er ja beschränkt und inkompetent sein müsste, wenn er den Listenpreis bezahlt.

2.4.5 Ihre persönliche Konzessionsliste

Machen Sie es sich zur Bedingung, niemals einen Preisnachlass ohne Gegenleistung zu geben. 'Denkbar hierfür sind:

- Kunde holt die Ware selbst ab
- Kunde akzeptiert kürzere Zahlungsziele
- Kunde verzichtet auf Garantien
- Kunde stellt eigene Techniker für die Installation zur Verfügung
- Kunde lässt nur einen Mitarbeiter einarbeiten – statt eines ganzen Teams.

Legen Sie für sich persönlich eine Konzessionsliste (wie in Abb. 2.7) an – und zwar vor der Preisverhandlung. In dieser Liste steht, welche Gegenleistungen Sie für welche Zugeständnisse verlangen.

Vergessen Sie nicht, sich mit einer Testabschlussfrage vor dem Zugeständnis zu versichern:

> Sagen Sie, wenn wir an diesem Punkt eine Einigung erlangen, sind dann alle offenen Fragen aus der Welt?

Tun Sie das nicht, folgt eine Forderung auf die nächste.

2.4.6 Preisverhandlungen aus Sicht des Käufers

Die wichtigsten Instrumente für Preisverhandlungen aus der Käufersicht haben Sie mit dem Abbruchspunkt, also den Preis, der für Sie nicht mehr in Ordnung ist, und BATNA, der Alternative zum aktuellen Angebot, bereits kennengelernt (siehe Abschn. 2.2.3).

Konzessionsliste	
Zugeständnisse	Gegenleistungen
−3 %	Erhöhung der Bestellmenge
−5 %	Anzahlung bzw. Vorauszahlung
−7 %	Zusätzlicher Abschluss eines Wartungsvertrags
	Folgeauftrag für ein anderes Produkt

Abb. 2.7 Ihre persönliche Konzessionsliste

▶ Ohne Alternative zum vorliegenden Angebot und ohne eine genaue Vorstellung davon, was Sie maximal ausgeben wollen, sind Sie ein gefundenes Fressen für jeden guten Verkäufer.

Und was wir zum Thema „innere Preissolidarität" bei Verkäufern gesagt haben, trifft für Käufer genauso zu. Wenn Sie für sich nicht klar haben, wo Ihr Limit liegt, merkt Ihr Gegenüber das und wird versuchen, Sie in seine Richtung zu ziehen. Kraft bekommen Sie dann, wenn Sie innerlich zu dem stehen, was Sie ausgeben können und wollen.

Verlieben Sie sich hingegen auf Anhieb in ein bestimmtes Produkt, ist die innere Preissolidarität schnell dahin. Beobachten lässt sich das immer wieder beim Gebrauchtwagenkauf. Da steht der ganze Hof des Händlers voll mit den gleichen Modellen. Ein Kunde verguckt sich in ein bestimmtes Ausstattungsdetail, wie eine besondere Farbe oder eine luxuriöse Mittellehne. Damit ist die Bühne für den gewieften Gebrauchtwagenverkäufer bereitet, einen Preis oberhalb des Marktschnitts durchzusetzen. Und sei es nur, weil er von anderen Interessenten spricht, die sich heute Abend entscheiden wollten …

Die Fixierung auf ein Objekt, bei dem man womöglich noch emotional aufgeladen ist und kaum den Wunsch, es haben zu wollen, verbergen kann, machen anfällig für all die kleinen psychologischen Tricks, wie „Der Preis gilt nur noch heute", „Bitte entscheiden Sie sich schnell, sonst schnappen Ihnen die anderen das weg".

Was es da sonst noch sonst gibt und wie diese psychologischen Tricks ganz genau funktionieren, erfahren Sie im Abschn. 4.2.

▶ Meine wichtigste Empfehlung lautet: Bewahren Sie sich Ihre innere Freiheit. In dem Moment, in dem Sie sich auf ein Objekt fixieren, haben Sie verloren – was den Preis angeht.

2.4.7 Zusammenfassung

Preisverhandlungen beginnen mit dem ersten Kontakt zu Ihrem Geschäftspartner. Die ersten Informationen sind immer die prägendsten. Häufig entscheidet sich schon hier, ob der Kunde am Ende der Verhandlungen Ihren Preis als stimmig erachtet – oder nicht.

Überprüfen Sie durch Fragen nach dem Budget und mit Testabschlussfragen
Sind wir damit auf dem richtigen Weg?
die Schnittmenge zum Kunden.

Vorsicht vor Rabatten! Was für Ihren Kunden nach einem kleinen Entgegenkommen aussieht, rasiert Ihren Gewinn dramatisch.

Innere Preissolidarität ist das beste Mittel gegen

Das ist zu teuer!

Überzeugen Sie mit Mehrwertfeldern: Sie selbst, das Produkt, die Dienstleistung, Ihre Beziehung zum Kunden.

Der beste Treibstoff für gute Beziehungen: Echtes Interesse an Ihrem Gegenüber, seiner Organisation und seinem Markt.

Preisnachlässe immer begründen; am besten mit Ihrer persönlichen Konzessionsliste.

Der persönliche Abbruchspunkt und die Alternative zum aktuellen Angebot stärken die Position des Käufers. Meine Empfehlung lautet: Bewahren Sie sich Ihre innere Freiheit. In dem Moment, in dem Sie sich auf ein Objekt fixieren, haben Sie verloren.

2.5 Online Verhandeln

Das erwartet Sie in diesem Kapitel:
Sie erhalten einen kurzen Überblick über die Chancen und Risiken des Online-Verhandelns. Und weil Online-Verhandeln eine Form der virtuellen Kommunikation ist, lernen Sie zunächst die wichtigsten Unterschiede zwischen der Kommunikation unter Anwesenden und der der virtuellen Kommunikation kennen. Dabei richten wir den Fokus auf die soziale, die sachliche und die zeitliche Dimension der Kommunikation. Anschließend erfahren Sie, welche Implikationen sich daraus für das Online-Verhandeln ergeben. Sie lernen, die sich daraus ergebenden Chancen in eigenen Online-Verhandlungen zu nutzen und werden angeregt, diese besondere Form des Verhandelns in komplexeren Verhandlungsprozessen mit Face-to-Face-Verhandlungen zu kombinieren.

2.5.1 Online- und Präsenzverhandeln – das bleibt gleich

Der durch die Corona-Krise ausgelöste Digitalisierungsschub wirkt sich auch auf die Verhandlungsaktivitäten von Organisationen aus. Zusätzlich und anstelle der ‚Face-to-Face-Verhandlungen' (Verhandlungen unter Anwesenden) treten ‚Online-Verhandlungen'. Gemeint sind damit Verhandlungen, in denen die Verhandelnden unter Zuhilfenahme von elektronischen Medien – videobasierter Internetprogramme, wie zoom, MS-Teams, WebEx, Go-to-Meeting, u. a. – miteinander kommunizieren.

Bevor wir gleich auf die Besonderheiten des Online-Verhandelns – als eine Form der Online-Kommunikation – eingehen, möchten wir eines voranstellen: Online-Verhandlungen sind immer noch Verhandlungen. Das heißt: Wir brauchen Ziele, Limits, Strategien, Hypothesen über unsere Verhandlungspartner, den ‚systemischen und ganzheitlichen Blick auf den Verhandlungsraum',Einstiegs- und Ausstiegspunkte sowie ein Ausstiegsszenario u. a. m.

Ebenso behalten die klassischen Verlaufsmodelle für Verhandlungen ihre Gültigkeit: Auf das ‚Begrüßen' und ‚in Kontakt treten' folgt die ‚Transparenz- und Informationsphase', in der die Ziele, der Verlauf und die jeweiligen Interessen besprochen werden. Dann folgt die eigentliche ‚Verhandlungsphase', das ‚Verargumentieren' des eigenen Standpunkts und die Suche nach Lösungen, die bei positivem Verlauf in konkrete Vereinbarungen mündet, bevor man sich dann voneinander verabschiedet und ggf. weitere Schritte vereinbart

Und die Frage, wer sich – wenn es hart auf hart kommt – letztlich in der Verhandlung durchsetzt, wird auch in Online-Verhandlungen davon bestimmt, wer den anderen weniger braucht als umgekehrt – und ist damit von der jeweiligen Verhandlungsmacht abhängig. Wer viele Kunden hat, muss sich dem Druck eines einzelnen Kunden nicht beugen. Wer eine Dienstleistung, ein Produkt, Wissen oder Informationen anbietet, das andere nicht anbieten und das ein Verhandlungspartner braucht, hat eine starke Verhandlungsmacht.

Biontec oder Moderna, die in der Hochzeit der Pandemie 2020 als erste einen offenbar wirkungsvollen Impfstoff gegen Corona entwickelt haben, sind hierfür ein Beispiel. Diese Firmen konnten ihre Vorstellungen wahrscheinlich in sehr hohem Maße durchsetzen. Und zwar völlig unabhängig davon, ob die Verhandlungen im Präsenzformat oder online geführt wurden.

Bevor sich Verhandelnde also mit den Besonderheiten des Online-Verhandelns und all seinen technischen sowie sicherheitsrelevanten Aspekten beschäftigen und hinsichtlich Gesprächs-, Frage und Argumentations-Techniken in die Feinplanung gehen, sollte im Verhandlungskontext eine Frage beantwortet sein: Was können wir tun, um unsere Austauschbarkeit zu verringern und unseren Mehrwert für den Verhandlungspartner (VP) zu steigern?

Erst dann kommt die Frage dazu, wie wir all dies online ‚auf die Straße bringen'. Auch hier hilft zunächst ein grundsätzlicher Gedanke: Verhandeln ist eine Form der Kommunikation. Somit treffen all die Auswirkungen, die die internetbasierte Kommunikation auf die Verständigung hat, auch für Verhandlungen zu. Deswegen werden wir zunächst auf die Besonderheiten der Online-Kommunikation eingehen und dann schauen, welche Chancen und Risiken sich daraus für Online-Verhandlungen ergeben.

2.5.2 Die Besonderheiten der virtuellen Kommunikation

Im Unterschied zur Kommunikation unter Anwesenden ist unsere Wahrnehmung voneinander nicht unmittelbar, sondern sie geschieht über ein elektronisches Medium. Obwohl wir dem direkten Kontakt durch die Bild- und Tonübertragung sehr nahekommen, gibt es zur ‚Face-to-Face'-Kommunikation doch erhebliche Unterschiede:

1. Wir sind direkt ‚on'. Das Abholen des anderen am Empfang entfällt, die Möglichkeit des Smalltalks auf dem Weg zum Besprechungsraum ebenso wie die Frage nach dem Kaffee oder der Anreise.
2. Wir haben keinen gemeinsamen äußeren Kontext. Ich bin in meinem Büro/Besprechungsraum, mein Gesprächspartner in seinem. Geräusche und äußere Reize (wie Farben, Raumausstattung, etc.), die im Umfeld meines Kommunikationspartners auftreten und ihre Wirkung entfalten, erreichen mich entweder gar nicht oder stark gefiltert. Genauso ergeht es dem anderen mit meinem äußeren Kontext.

   Hinzu kommt die Möglichkeit des virtuellen Hintergrunds: Ich kann meinem Partner eine Hintergrundinformation geben, die er zwar sieht, die aber so gar nicht da ist: ein sehr hochwertiger Besprechungsraum, eine großzügige Coachinglandschaft, eine TV-Studio-ähnliche Atmosphäre – oder auch eine Natur- und Freizeitanmutung. Die Gründe dafür können vielfältig sein: Freude an den technischen Möglichkeiten, Defizite der aktuell verfügbaren Hintergründe ausgleichen (Homeoffice), den Gesprächspartner beeindrucken und in den ‚Hochstatus' ‚kommen', etc.
3. Wir sehen uns nur ausschnittweise und zweidimensional. Vor allem der Kopf tritt in Erscheinung, vielleicht noch die Schultern. Je nach Software sehen wir uns in gleicher Bildgröße nebeneinander, den anderen groß und uns klein am äußeren Rand des Bildschirms, uns beide klein am äußeren Rand im Modus der Bildschirmteilung, oder wir schalten die Kamera aus und sehen uns gar nicht mehr.
4. Die Qualität der Bild- und Tonübertragung ist zudem sehr abhängig von der Güte der Datenleitung und der Datenübertragung. So kann es vorkommen, dass die Mundbewegungen beim Sprechen dem Ton (und damit dem Text) hinterherlaufen, das Bild im Ganzen stark gekörnt und ‚verpixelt' ist – oder auch ganz zusammenbricht. Und obschon ich sicher bin, dass diese Störungen aufgrund von technischen Defiziten historisch gesehen nur eine Momentaufnahme sind, müssen wir doch damit umgehen.
5. Sicherheitsaspekte geraten stärker in den Fokus. Ist die verwendete Software für unsere Server eine Gefahr? Ermöglicht sie meinem Kommunikationspartner gar den illegalen Zugriff auf sensible Daten?

   Die Gefahr, dass der Andere Informationen bekommt, die nicht für ihn bestimmt sind, gilt auch beim Teilen des Bildschirms, dem ‚Screen-Sharing'. Immer wieder kommt es vor, dass Ansichten unbeabsichtigt geteilt werden, die nicht dafür bestimmt sind. Und für geübte Hände ist ein Screenshot und damit die Dokumentation der möglicherweise nützlichen Information eine Sache von wenigen Millisekunden.

Diese Besonderheiten wirken sich auf die Beziehungs- bzw. Sozialdimension der Kommunikation ebenso aus wie auf die Sach- und die Zeit-Dimension.

Auswirkungen auf die Beziehungs- bzw. Sozialdimension

Die Kommunikation ist nicht so ‚reichhaltig' wie die Kommunikation unter Anwesenden. Die Möglichkeiten aus der Verbindung von verbalen (Sprache), nonverbalen (Mimik – Hochziehen der Augenbrauen, Gestik – zustimmendes Nicken, Körperhaltung, Blickverhalten) und paraverbalen Äußerungen (Lachen, Kichern, Stöhnen) Rückschlüsse auf das Verständnis und die Bewertung des Gesagten zu ziehen, sind aufgrund der Bildgröße sowie einer möglicherweise gleichzeitig laufenden Präsentation sehr viel geringer.

Ein Großteil der dem Beziehungsaufbau dienenden Kommunikationen wie ‚Smalltalk' zu Beginn oder auch das gemeinsame Beziehen auf einen Außenreiz (Bild, Geräusch, Ausstattung), entfallen – wir ‚landen' viel direkter bei den sachlichen Themen.

Sind Verhandlungsteams zugegen, ist es bei gleichzeitig sichtbarer Protokollierung oder Visualisierung des Gesagten nicht möglich, die Reaktionen der jeweiligen Akteure aufzunehmen.

Der Raum zur Selbstdarstellung nimmt ab. Der Top-modische Anzug kommt nicht zur Geltung – und es gibt keinen Raum, um über die Wochenendparty im Golfclub zu sprechen.

Auch das zur-Schau-stellen der eigenen Genialität durch ausufernde Fachbeiträge oder das hartnäckige Betonen der eigenen Wichtigkeit in Form von status-orientierten Äußerungen, ‚Namedropping', u. a. entfällt oder wird zumindest erheblich erschwert.

Gleichzeitig nimmt die Egozentrik der Akteure zu, weil die Präsenz des Gegenübers im Vergleich zur Kommunikation unter Anwesenden geringer ist und die soziale Kontrolle durch andere Anwesende im Raum entfällt. Da kann es leichter fallen, die eigenen Forderungen anzuheben und diese dann deutlicher, härter und je nach Charakter (und bei fallender ‚Scham-Grenze') auch ‚dreister' zu kommunizieren.

Auch der Blick aufs Handy oder in die Mails wird nicht so leicht bemerkt. Vor allem in virtuellen Meetings mit mehreren Teilnehmenden fällt es generell leichter, das Dargebotene als für sich nicht relevant einzustufen und mental auszusteigen. Da ist die Hemmschwelle geringer, sich strikt auf das zu konzentrieren, die für einen selbst wichtig sind. Im Extremfall kann man die Bildübertragung stoppen, den Raum verlassen und später wieder einsteigen.

Auswirkungen auf die Sachdimension

Die Sachdimension ist nach bisherigen Beobachtungen und Untersuchungen der große Gewinner der internetbasierten Kommunikation. Und auf den ersten Blick ist das auch überaus logisch: Wenn so viel Beziehungs- und Selbstkundgabe-Kommunikation entfällt, entsteht mehr Raum für die sachlichen Themen.

Man kommt noch schneller zum Thema (als es den Deutschen ohnehin schon nachgesagt wird).

Die Fokussierung auf die Sachdimension wird zudem durch die Screen-Sharing-Funktion massiv unterstützt: Alle Kommunikationspartner schauen dabei auf ein Bild, sehen sich gemeinsam eine Präsentation an oder be- bzw. erarbeiten gemeinsam ein Dokument.

Und weil man während dieser gemeinsamen Arbeit dann auch weniger voneinander wahrnimmt (kein oder nur kleines Bild), nimmt die Konzentration auf die Sache noch weiter zu. Es gibt im Ganzen gesehen weniger Ablenkung. Sei es durch einen kurzen Kommentar über die Güte des Kaffees, „in Form einer kurzen Verständigung mit der Nachbarin, eines kurzen Seitenblicks auf einen attraktiven Gesprächspartner oder eines abschweifenden Blicks durch den Raum" (Kühl 2020)

Auswirkungen auf die Zeitdimension

Die starke Konzentration auf die Sachthemen führt dazu, dass die Aufmerksamkeitsspannen der Kommunizierenden kürzer werden.

Von daher sind internetbasierte Kommunikationen in der Regel zeitlich stärker limitiert als Kommunikationen unter Anwesenden. Eine gewisse Ermüdung und Erschöpfung stellen sich schneller ein, die Akzeptanz für einen strikten Zeitplan steigt.

2.5.3 Was bedeuten diese Besonderheiten für das Online-Verhandeln?

Zwar können Verhandelnde die geringere soziale Dimension in der Kommunikation nutzen, um ihre Forderungen noch härter und rücksichtsloser zu übermitteln und – vorausgesetzt, sie verfügen über die entsprechende Verhandlungsmacht – ihre Verhandlungspartner noch schneller und direkter in ultimative Situationen stellen („Entweder wir machen es so, wie von uns vorgestellt – oder Sie sind draußen/oder wir brechen die Verhandlung ab").

Auf der anderen Seite ergeben sich für Verhandelnde, die nach guten Lösungen für beide Seiten suchen viele Möglichkeiten, die Risiken der Online-Kommunikation (vor allem der geringere Anteil Sozialdimension) zu minimieren und die Chancen (die Fokussierung auf die Sachdimension und die Änderungen in puncto Zeitdimension) zu nutzen.

Wie kann das konkret aussehen?

Defizite auf der sozialen Dimension ausgleichen

- Wir sind direkt ‚on': Bitten Sie ihre Gesprächspartner/Verhandlungspartner, sich jeweils eine Viertelstunde vor Beginn der Verhandlung einzufinden – am besten mit einer Tasse Kaffee oder einem Glas Wasser. So können Sie zum einen die Technik checken, und zum anderen Smalltalk und Beziehungsaufbau betreiben. Sie trinken Ihren Kaffee, ihr Gesprächspartner den seinen – und der Teppich für den Small-Talk ist ausgerollt.
- Es gibt keinen gemeinsamen äußeren Kontext: Dieser Punkt knüpft direkt an den oberen an. Insofern Ihr Partner keinen virtuellen Hintergrund aktiviert hat, können Sie Ihr Interesse an Ihrem Gegenüber zu Ausdruck bringen: Wo treffe ich Sie heute an? Was

sehe ich im Hintergrund? Mögen Sie mir ein wenig Informationen über ihren Kontext geben?

Bei plötzlich auftauchenden Geräuschen kann ich nachfragen, was da gerade vor sich geht, bei ihm los ist, etc.

An dieser Stelle passt auch die Frage, ob weitere Personen im Raum sind oder ob sonst noch jemand zuhört.

Meine ich einen virtuellen Hintergrund bei meinem Gegenüber zu erkennen, kann ich auch dies ansprechen: Ist der Hintergrund real oder virtuell? Ist er real, können Sie ein Kompliment machen, ist er virtuell, können Sie nachfragen: Was gefällt Ihnen besonders an diesem Hintergrund, was hat sie so angesprochen, dass Sie ihn ausgewählt haben?

Und natürlich können auch Sie etwas zu ihrem Hintergrund sagen.

Wir sehen uns nur ausschnittsweise – und zweidimensional: Das limitierte visuelle Bild ist keineswegs Gott gegeben. Durch ein leichtes Abrücken des Körpers vom Tisch oder einer veränderten Kameraeinstellung lässt sich leicht der gesamte Oberkörper ins Bild bringen und das körpersprachliche und vor allem gestische Repertoire erweitern. Auch diesen Punkt können sie in der ersten Viertelstunde ansprechen und schauen, ob Sie Ihr Gegenüber für eine veränderte Position gewinnen können. Natürlich nur, insofern sofern Sie sich damit besser fühlen.

Zudem tritt dieser Punkt auch nur dann auf, wenn die Kommunikationspartner vor ihrem PC sitzen. Viele Firmen und Konzerne nutzen Konferenzübertragungssysteme, in denen der ganze Mensch – oder eine Gruppe von Menschen – im Konferenz- bzw. Verhandlungsraum sichtbar wird, was je nach Größe des Screens erhebliche Effekte haben kann.

- Qualität der Bild- und Tonübertragung: Mit den rein technischen Problemen (schlechte Bild- und Audioqualität), Verbindungsabbruch, etc. ist bei der aktuellen Qualität der Datennetze jederzeit zu rechnen.

  Einerseits kann uns das dazu bringen, an unserer Rhetorik zu arbeiten: Kurze Sätze, eine klare Artikulation in guter Lautstärke und kurze Pausen zwischen den Sätzen fördern die Verständlichkeit auch in der Online-Kommunikation.

  Gleichzeitig empfehle ich Ihnen, das Umgehen mit Störungen inkl. Verbindungsabbrüchen, gleich zu Beginn zu thematisieren. Vielleicht so:

  „Wir sind online – da können technische Störungen jederzeit vorkommen. Ich schlage folgendes vor: Bricht die Verbindung ab, bewahren wir vor allem Ruhe. Wir versuchen die Ursache für das Problem zu finden, loggen uns ggfls. neu ein, fahren den Rechner erneut hoch, was auch immer …

  Wenn die Verbindung wieder steht, klären wir, bis zu welcher Stelle wir uns gegenseitig verstanden haben – und machen von dort aus weiter“.

  Braucht die technische Lösung länger, informieren wir uns gegenseitig kurz telefonisch. Lassen Sie uns dazu kurz die Handynummern tauschen.

  Einverstanden?

Lässt sich Ihr Verhandlungspartner nicht auf Ihre Vorschläge ein, können das Hinweise auf seine kompetitive Haltung – und für Sie ein Anreiz, sich nach den Hintergründen dieser Einstellung zu erkundigen und sich ihrerseits mit der Herausgabe von Informationen zurückzuhalten. Im Abschn. 2.2 finden Sie eine Reihe von Möglichkeiten, wie Sie mit sehr wettbewerbsorientiert Verhandelnden umgehen können. Eigene Limits, Ausstiegsszenarien, verwundertes Nachfragen über die Hintergründe und Pausen, um ‚Tiefschläge' zu verdauen gehören dazu und helfen Ihnen auch bei den o. a. hart in den Raum gestellten und ggf. überzogenen Forderungen.

- Sicherheitsaspekte geraten in den Fokus: Das ist eindeutig ein Thema der IT-Experten. In vielen Unternehmen sind einige videobasierte Internetprogramme tabu. Hier geht es dann zunächst darum, sich auf eine gemeinsame Plattform zu einigen.

  Sind die Bedenken hinsichtlich der Integrität des Verhandlungspartners sehr hoch – oder lässt Ihre IT-Abteilung einen entsprechenden Austausch über die hauseigenen Server/Router nicht zu, ziehen Sie die Möglichkeit in Betracht, einen eigenen Verhandlungs-PC zu installieren, der keine technische Verbindung zum Datennetz der Organisation hat. Auf diesen PC laden Sie ausschl. die Materialien und Dokumente hoch, die Sie für die anstehende Verhandlung nutzen wollen. Dokumente und Informationen, die nicht für den Verhandlungspartner bestimmt sind, sind auf diesem Rechner weder abgelegt noch ist von hier aus der Zugang dazu möglich.

Die Vorteile auf der sachlichen Dimension und zeitlichen Dimension nutzen

Die Zunahme der Sachorientierung in der Kommunikation bietet in meinen Augen die größten Chancen für Verhandlungen. Denn: für gute Lösungen brauchen wir einen klaren Kopf. Emotionen sind grundsätzlich natürlich in Ordnung. Werden Sie jedoch zu stark, ‚fluten' sie unser Hirn und unser ‚persönlicher Arbeitsspeicher' steht nur noch begrenzt für kreative, konstruktive und nüchterne Gedanken zur Verfügung.

Weil man sich so gut versteht,

- will man bei den Zahlungsfristen nicht so kleinlich sein,
- ist man bereit, eine Arbeit zu übernehmen, die eigentlich in den Aufgabenbereich des anderen gehört oder
- verschiebt den Abbruchspunkt nach unten, weil man das gute Verhältnis auf jeden Fall fortsetzen will.

Ist die ‚Chemie' schlecht, geht das Interesse an der Kooperation verloren

Die Vorteile auf der sachlichen Dimension und zeitlichen Dimension nutzen – durch konsequentes Visualisieren und Screen-Sharing

Schon in der Verhandlung unter Anwesenden ist das Visualisieren, Mit- und Aufschreiben von Agenda, Zielen, Gemeinsamkeiten und Lösungsszenarien ein wirkungsvolles Werkzeug und ein starkes Steuerungsinstrument. Damit verwandeln wir ziellos dahinmäandernde Besprechungen in kraftvolle Meetings.

Diesen Vorteil können wir durch das Visualisieren/Mitschreiben am geteilten Bildschirm voll ausspielen und mit dem Screen-Sharing die Aufmerksamkeit der Verhandlungspartner genau zu fokussieren.

Beginnen Sie mit einer Agenda

Das Wort ‚Agenda' kommt so lapidar daher – und ist doch ein mächtiges Verhandlungs-Tool, weil wir damit den gesamten Verhandlungsprozess steuern können. Und weil online ein strafferes Zeitmanagement eher akzeptiert wird, spielt uns dieser Punkt ‚in die Karten'.

Beispiel-Agenda:

- 09:45 Zusammenkommen im virtuellen Meetingraum
- 10:00 Start der Gespräche: Themen, Erwartungen, Ziele
- 10:10 Ihre Interessen – unsere Interessen
- 10:20 Gemeinsamkeiten und Unterschiede
- 10:30 Lösungsräume beschreiben
- 10:45 Pause
- 11:00 Alternative Lösungen bewerten und für die beste entscheiden
- 11:15 Deal!?
- 11.20 Umsetzungsschritte planen und Abschluss
- 11:30 Ende der Verhandlung
- Puffer: 15′ für ad-hoc-Pausen

Ist Ihr VP mit dieser Agenda einverstanden, haben Sie eine erste wirkungsstarke Steuerung vorgenommen. Im besten Fall übernehmen Sie damit auch gleich die Moderation der Verhandlung. Doch auch, wenn Ihr Gegenüber diese innehat, können Sie immer wieder auf die in der Agenda verabredeten Punkte verweisen.

Um die Vorteile der Visualisierung und des Screen-Sharings über die Agenda hinaus zu nutzen, haben Sie jetzt mehrere Möglichkeiten.

Slides zu den einzelnen Agenda-Punkten vorbereiten

Die größte Kontrolle haben Sie, wenn Sie konsequent durchvisualisieren. D. h. dass Sie zu jeden Agenda-Punkt Folien vorbereiten und diese gemeinsam mit Ihrem VP füllen.

Los geht es mit den Themen und Zielen (‚Wir hatten vereinbart, zu folgenden Themen Lösungen zu finden: …') dann folgt der Blick auf die Interessen (‚Ich möchte Ihnen gerne unsere Interessen an einer Einigung vorstellen – und danach gerne ihre Interessen aufnehmen …'), die Gemeinsamkeiten und Unterschiede, mögliche Lösungen, die jeweiligen Vor- und Nachteile, etc. Nehmen Sie Ihre Beiträge und die Beiträge Ihres Verhandlungspartners direkt in die Slides auf.

Vorteil: Sie erarbeiten das Ergebnis gemeinsam. Zudem haben Sie die Möglichkeit, sich bei jedem Agenda-Punkt mit Blick auf das Slide zu erkundigen, ob sie die wesentlichen Punkte erfasst oder Aspekte vergessen haben und können auf diesem Wege immer wieder ein gemeinsames Verständnis sicherstellen.

Wem das zu aufwendig erscheint, der konzentriert sich beim Visualisieren auf Schlüsselstellen in der Verhandlung, und belässt es in anderen Phasen beim mündlichen Austausch, ohne dazu etwas schriftlich festzuhalten. So könnte man z. B. ohne Screen Sharing die jeweiligen Interessen benennen sowie Gemeinsamkeiten und Unterschiede herausarbeiten. Geht es dann aber darum, die anteiligen Beiträge zu einer Lösung oder Einigung zu veranschaulichen und um Ungleichgewichte in der ‚Geben und Nehmen-Bilanz' zu veranschaulichen macht man sich die Visualisierungs-Vorteile wieder zu nutze.

Geben und Nehmen-Bilanzen visualisieren

Dazu nehmen Sie eine einfache T-Tabelle, schreiben auf die linke Seite Ihren Beitrag zur möglichen Lösung/zum Verhandlungsergebnis und auf der rechten Seite den Beitrag Ihres Verhandlungspartners, siehe Abb. 2.8. Weichen die jeweiligen Beiträge zu stark voneinander ab, oder zählen Sie auf Ihrer Seite 5 Beiträge und auf der Seite Ihres Verhandlungspartners nur 2 Beiträge, können Kommentare und Fragen wie die folgenden wieder Bewegung in das Gespräch bringen:

> „Mit Blick auf dieses Chart, kann ich noch kein Gleichgewicht erkennen." „Wir hatten eingangs besprochen, eine gemeinsame Lösung zu finden. Im Moment sehe ich für unser Entgegenkommen noch keine Entsprechung auf Ihrer Seite …",„Die Waage kippt sehr stark in Ihre Richtung. Für eine Zustimmung brauche ich noch ‚Gewichte' von Ihnen …

Die Aufmerksamkeit der Verhandlungspartner konzentriert sich automatisch auf die Tabelle bzw. die Visualisierung und ermöglicht ein nüchterneres Betrachten des Austauschs – ohne dass es dazu vieler Worte bedarf.

Natürlich können wir mit der T-Tabelle auch in Präsenz-Verhandlungen sehr gut arbeiten und im Kapitel ‚Preisverhandlungen' haben wir sie in einer Variante unter der Überschrift ‚Ihre persönliche Konzessionsliste' (Abschn. 2.4.5) auch schon einmal kennengelernt. Dabei beobachte ich immer wieder, dass dazu ein VP aufsteht und am Flipchart

Kooperations-Verhandlung zweier Agenturen	
Beitrag Agentur 1	**Beitrag Agentur 2**
Großer Kundenstamm…	Sprachkompetenz italienisch
Starkes persönliches Netzwerk	Social-Media Know-how
Eingespielte klass. Kommunikationskanäle	…
Fertige und erprobte Seminar-und Workshop-Dramaturgien	…
Publikationen und Reputation	…

Abb. 2.8 Beispiel einer Geben-Nehmen-Bilanz

visualisiert. Das ist grundsätzlich auch in Ordnung. Allerdings ist damit ein Risiko verbunden: Durch das Aufstehen ‚erhebt' sich der eine über den anderen und das Ganze bekommt schnell einen belehrenden Charakter. Dieser körpersprachliche Beziehungsaspekt fällt in der Online-Verhandlung komplett aus. Hier bleiben die Verhandlungspartner an ihrem Platz sitzen, die Körpersprache bleibt symmetrisch.

Beim Betrachten des Bildschirms muss auch keiner der beiden den Kopf verdrehen oder sich anstrengen, so zu schreiben, dass der andere es lesen kann. Das geschieht leicht, wenn man die T-Tabelle am Tisch sitzend auf einem Blatt Papier entwickelt.

Präsentationen vorbereiten

Sind Sie beim Agendapunkt ‚Lösungsräume beschreiben' angekommen – und haben Sie bereits eine mögliche und gute Lösung in petto, bereiten Sie dazu eine nutzenorientierte, eingängige und eine nach Möglichkeit mit treffenden Visualisierungen angereicherte Präsentation vor.

Bei Verhandlungen über Qualifizierungsmaßnahmen kann das die Visualisierung einer ‚Learning-Journey' sein, oder eine Grafik, die die verschiedenen Lernschleifen beim Kompetenzaufbau betont, etc.

Stellen Sie mit ‚Testabschlussfragen' sicher, dass die vorgestellten Vorteile bei Ihrem Gegenüber ankommen: „Sind wir damit auf dem richtigen Weg?" „Wären das die Ergebnisse, die Sie sich vorstellen?" „Auf einer Skala von 1–10, wie sehr trifft das Ihre Erwartungen?"

Vorbereitete Präsentationen eignen sich an mehreren Stellen im Verhandlungsprozess, z. B. um bisherige Gespräche zusammenzufassen, die Bedürfnisse der nicht anwesenden Stakeholder zu visualisieren oder um die Auswirkungen unterschiedlicher Lösungsszenarien zu veranschaulichen.

Das Schöne beim Online-Verhandeln ist der im Vergleich zu Präsenz-Verhandlungen geringe Aufwand, der mit den Präsentationen verbunden ist: Wir müssen nicht erst das Notebook auspacken (wir sitzen ja schon davor), brauchen keinen Beamer, es gibt keine zusätzlichen technischen Probleme in Sachen Stecker, Adapter, W-LAN, kein Stühlerücken, abdunkeln und auch die vorbereitende Raumorganisation ist weniger aufwändig, bzw. entfällt. Zudem kommt der Präsentierende auch nicht in die Situation, in der exponierten Position des Präsentierenden zur Zielscheibe überzogener Kritik zu werden.

Und es gilt wie immer in der virtuellen Kommunikation: durch die Fokussierung auf den Bildschirm, auf die sachliche Dimension entsteht weniger Ablenkung.

Pausen und Unterbrechungen

Pausen und Unterbrechungen sind meiner Erfahrung nach in Online-Verhandlungen leichter einzuführen als in Präsenz-Verhandlungen. Das hat einmal mit dem hohen Aufmerksamkeitstribut zu tun, der aus der hohen Sachorientierung resultiert.

Je nach Qualität von Technik, Bildschirm und Umgebung entsprechen 60′ Online-Aufmerksamkeit gefühlt locker 90′ im Präsenzformat.

Gleichzeitig nimmt unter Online-Verhandelnden die Bereitschaft zu, sich zu vertagen, kurze Pausen zu machen oder erst einmal im eigenen Team neu aufkommende Aspekte zu besprechen – und zu einem späteren Zeitpunkt weiterzumachen. Denn: Anreiseplanungen und die damit verbundenen Zeiten und Kosten entfallen ebenso wie mitunter komplizierte Raum-Reservierungen am Präsenz-Verhandlungsort. Dadurch gibt es weniger Zwang, jetzt eine Entscheidung zu treffen und zu einem finalen Ergebnis zu kommen.

Sollte es also einmal passieren, dass Sie mit der Dynamik des Verhandlungsverlaufs nicht einverstanden sind oder Sie merken, dass bestimmte Äußerungen des Verhandlungspartners starke Emotionen in Ihnen auslösen, können Sie jederzeit eine Pause bzw. einen kurzen Ausstieg initialisieren:

> „Oh, das ist eine neue Information, die ich da gerade von Ihnen erhalten habe, dazu möchte ich mich kurz intern absprechen. Lassen uns eine kurze Pause einlegen – und in 5′ weitersprechen."

Jetzt schalten Sie die Kamera aus – und atmen erst einmal tief durch. Treten Sie mental ‚einen Schritt zurück', versuchen Sie eine Außenperspektive einzunehmen und stellen Sie sich folgende Fragen:

> „Was wollte ich in dieser Verhandlung erreichen? Wie ist es bisher gelaufen? Was hat Sie so aufgewühlt oder irritiert?
>
> Wenn es so weiterläuft, wie bisher, was wird dann wahrscheinlich dabei herauskommen? Will ich das? Welche alternativen Optionen und Szenarien sind möglich? …"

Danach steigen Sie wieder ein:

> „Danke für die kurze Pause. Darin ist mir klar geworden, was mich eben irritiert hat. … Ich hatte nämlich eine andere Vorstellung von unserem Verhandlungsgespräch …
>
> Für mich ist im Moment nicht klar, ob und inwiefern wir uns unseren Verhandlungszielen nähern und ob wir die Themen besprechen, die wir uns eingangs vorgenommen haben, wir in unserem Zeitplan bleiben, wenn wir so weiter machen wie bisher …" (diese Äußerungen noch schärfer stellen!)

Das Einnehmen einer Außenperspektive ist auch gemeinsam mit Ihrem VP möglich, wenn Sie den Eindruck haben, dass es nicht gut läuft:

> „Lassen Sie uns einmal aus dem Verhandlungsverlauf und dem inhaltlichen Gespräch aussteigen und schauen, was wir uns zu Beginn der Verhandlung vorgenommen hatten, wie es bisher gelaufen ist und welche Möglichkeiten und Optionen wir haben, um von hier aus weiter zu verhandeln."

Diese Pausen sind letztlich nichts anderes als der ‚Verhandlungsloop', ein mächtiges Werkzeug aus der systemischen Verhandlungsführung, um anspruchsvolle Online und Präsenzverhandlungen Verhandlungen in konstruktive Fahrwasser zurückzuführen (lesen Sie hierzu auch Abschn. 3.3). Dabei wird zwischen der Innenperspektive einer Verhandlung und einer Außenperspektive unterschieden. Die Außenperspektive ist eine Art Tribüne, eine Metaebene, von der aus ich auf den bisherigen Verhandlungsverlauf schaue und überprüfe, inwieweit die verabredeten Themen, Ziele, Erwartungen bearbeitet wurden und auch einen Blick auf die verabredete Zeit werfe. Nach dieser kurzen Bilanzierung schaue ich dann, welche aktuellen Handlungsoptionen und Ressourcen für das weitere Vorgehen genutzt werden können.

Spickzettel verteilen

In einer laufenden Präsenzverhandlung sieht es komisch aus, wenn Sie ständig in Ihre vorbereiteten Unterlagen schauen, um sich ihrer Argumente, Strategien, Abbruchspunkte zu vergewissern. In der Online-Verhandlung haben Sie die Möglichkeit, die für ihren Verhandlungspartner nicht sichtbaren Bereiche ihres Schreibtischs oder ihre ganze Arbeitsumgebung mit Spickzetteln, Post-it's oder auch Grafiken zu tapezieren. Ihr Verhandlungspartner bemerkt höchstens einen kleinen Seitenblick, welchen Nutzen Sie daraus ziehen, sieht er nicht.

Auch besonders clevere Fragen, wie z. B.: „Welche Frage müsste ich Ihnen heute als erstes stellen, damit Sie das Gefühl hätten: Heute kommen wir aus der Sackgasse raus!", Verweise auf positive oder negative Erfahrungen in der Vergangenheit, vorbereitete Überleitungen zu möglichen Side Deals (Verknüpfung der laufenden Verhandlung mit anderen Verhandlungen) lassen sich hervorragend um den Bildschirm herum gruppieren. Damit sinkt die Wahrscheinlichkeit erheblich, sich nach einer Verhandlung vor den Kopf zu schlagen oder sich zu ärgern, bestimmte Argumente oder taktische und strategische Volten und Raffinessen im Eifer des Gefechts vergessen zu haben.

Gerade auch bei Preisverhandlungen kann es entscheidend sein, Angriffe abzuwehren, Preispunkte definiert zu haben und Formulierungen abzurufen, mit denen Sie Oberwasser behalten und nicht in die Defensive kommen. Hängen Sie diese neben Ihren Bildschirm!

Verhandlungs-Buddy für den Verhandlungspartner unsichtbar im Raum

Online haben wir die Möglichkeit, die Vorteile einer klaren Rollenteilung in Verhandlungsteams leichter zu nutzen. So können wir einen Kollegen oder gar Verhandlungsexperten außerhalb des Bildschirms platzieren, der der Verhandlung folgt, aber selbst nicht aktiv einschreitet. Seine Aufgabe ist es, dem Verhandlungsgespräch mit einem kühlen Kopf zu folgen und darauf zu achten, dass Sie Ihre Verhandlungsziele im Auge behalten und keine unnötigen Zugeständnisse machen. Genauso kann er Sie davor bewahren, auf Raffinessen der anderen Seite hereinzufallen. Sie haben die Möglichkeit, sich mit diesem Verhandlungspartner in den Verhandlungspausen auszutauschen oder sich auch in der laufenden Verhandlung durch schriftliche Impulse unterstützen zu lassen. In diesem Setting wären Sie der Verhandlungsführer – und der Verhandlungs-Buddy ihr Berater.

(Die Vorteile von klaren Rollenteilungen in Verhandlungsteams werden in Präsenzformaten z. B. mit dem FBI Konzept genutzt. Dabei sitzen 2 Akteure eines Verhandlungsteams am Verhandlungstisch, ein 3. Akteur sitzt außerhalb des Raums – und trifft letztlich die Entscheidungen. Erhoffter Vorteil dieses Ansatzes: der Entscheider konzentriert sich ausschließlich auf die rationalen Ziele und wird nicht in beziehungsorientiert Verhandlungsdynamiken verwickelt.)

Je nach ihrer kooperativen oder kompetitiven Orientierung, können Sie die nicht sichtbare Präsenz ihres Verhandlungs-Buddys an ihren Verhandlungspartner kommunizieren – oder nicht. Ich würde Ihnen auf jeden Fall empfehlen, zu Verhandlungsbeginn nachzufragen, ob weitere Akteure im Raum sind und/oder die Verhandlung verfolgen.

Gemeinsames Brainstorming vorbereiten

In sehr kooperativen Online-Verhandlungen ist auch der Einsatz von Kooperations-Tools wie Miro u. Ä. möglich. Dabei ist es nicht so, dass VP A schreibt und B dabei (nur) zuschaut, sondern beide VP haben die Möglichkeit, simultan in einem Dokument zu schreiben oder zeitgleich virtuelle Moderationskarten mit Ideen zur Lösungsfindung zu ‚beschriften' und sie dann zu clustern oder zu priorisieren.

All das muss natürlich vorbereitet werden. Die alte Weisheit von Benjamin Franklin:

If you fail to prepare – you prepare to fail!

… gilt in Online-Verhandlungen gleich doppelt und dreifach. Schließlich erfordern schon die Vorbereitungen, wie sie sich aus den bisher besprochenen Punkten ergeben, ein ordentliches Zeittribut.

Und weil die Online-Kommunikation unter den Verhandelnden weniger reichhaltig ist, ist es auch nicht so leicht, mögliche Missverständnisse sofort zu erkennen und sie durch ein Augenzwinkern oder nachgeschobener Informationen auszuräumen. Deswegen braucht es an den kritischen Stellen ein sehr präzises Wording, was nur die wenigsten direkt aus dem Ärmel schütteln – ohne dass sie sich vorher damit beschäftigt haben.

2.5.4 Vorbereiten von Online-Verhandlungen

Zu den bereits angesprochenen methodisch-inhaltliche Aspekte kommen Verhaltensweisen hinzu, die Neal Rackham schon für Präsenzverhandlungen herausgefunden hat (und die Sie in Abschn. 1.4 bereits kennengelernt haben).

Rackham konnte im Vergleich von erfolgreichen zu weniger erfolgreich Verhandelnden beobachten, dass erfolgreich Verhandelnde:

- bei Streitfragen deutlich mehr Optionen erwägen und darüber auch gründlicher nachdenken,
- mehr als dreimal so viel Zeit darauf verwenden, über Gemeinsamkeiten nachdenken,
- doppelt so viel Zeit dafür verwenden, sich über die langfristigen Auswirkungen der Streitfragen Gedanken zu machen,
- eine bestimmte Reihenfolge der Verhandlungspunkte demgegenüber als eher unwichtig empfinden

Weiter geht es mit folgenden technischen und sicherheitsrelevanten Fragen:

Die Auswahl einer Videoplattform und die Abstimmung darüber mit dem VP. Zoom, MS-Teams, WebEx, Go-to-Meeting, u. a. Viele Organisationen schreiben Ihren Business-Partnern die Nutzung von bestimmten Plattformen vor. Dabei geht es auch um:

Sicherheitsaspekte. Alle Verhandlungspartner sind gefordert, sich damit auseinanderzusetzen; natürlich in enger Absprache mit der IT. Ist die verwendete Software für unsere Server eine Gefahr? Ermöglicht sie den Verhandlungspartnern gar den illegalen Zugriff auf sensible Daten? Die Gefahr, dass der Andere Informationen bekommt, die nicht für ihn bestimmt sind, gilt auch beim Teilen des Bildschirms, das wir vorhin ja ausdrücklich favorisiert haben. Immer wieder kommt es vor, dass Ansichten unbeabsichtigt geteilt werden, die dafür nicht bestimmt sind. Und für geübte Hände ist ein Screenshot und damit die Dokumentation der möglicherweise nützlichen Information eine Sache von wenigen Millisekunden.

Sind die Bedenken hinsichtlich der Integrität des Verhandlungspartners sehr hoch – oder lassen die jeweiligen IT-Abteilungen einen entsprechenden Austausch über die hauseigenen Server/Router nicht zu, ziehen Sie die Möglichkeit in Betracht, einen eigenen Verhandlungs-PC zu installieren, der keine technische Verbindung zum Datennetz der Organisation hat. Auf diesen PC laden Sie ausschl. die Materialien und Dokumente hoch, die Sie für die anstehende Verhandlung nutzen wollen. Dokumente und Informationen, die nicht für den Verhandlungspartner bestimmt sind, sind auf diesem Rechner weder abgelegt noch ist von hier aus der Zugang dazu möglich.

Sind diese Fragen geklärt, geht es darum, sich **mit der ausgewählten Technik vertraut zu machen** und sie souverän zu beherrschen (nur wenn Sie den Luxus genießen, in der Online-Verhandlung jemanden speziell und abgestimmt mit Ihnen alle technischen Aspekte ‚handeln' zu lassen, können Sie auf diese Empfehlung verzichten).

Die Auswahl eines Sie unterstützenden Hintergrunds, die optimale Einstellung von Kamera, Mikrofon und Beleuchtung sind selbstverständlich; mindestens ein zweiter Bildschirm sehr hilfreich.

Lassen Sie Ihren Verhandlungspartnern rechtzeitig vor der Verhandlung die **Agenda und auch ihre Vorstellungen über den Verhandlungsverlauf zukommen**. Nach dem Motto: ‚Das ist die Agenda, so möchte ich gerne vorgehen, diese Technik einsetzen, etc. Was ist von Ihrer Seite aus noch wichtig?'

Wenn es passt, holen Sie Sie sich zudem telefonisch das Feedback Ihres VP ein.

Aus den Reaktionen ihres Verhandlungspartners auf Ihr Vorgehen und auf Ihre Vorschläge erhalten Sie bereits erste Hinweise auf eine eher kooperative oder eher kompetitive Orientierung. Lässt sich Ihr Verhandlungspartner nicht auf Ihre Vorschläge ein, können das Hinweise auf seine kompetitive Haltung sein – und für Sie ein Anreiz, sich nach den Hintergründen dieser Einstellung zu erkundigen und sich ihrerseits mit der Herausgabe von Informationen zurückzuhalten.

2.5.5 Zusammenfassung und Ausblick

Gerne möchte ich Sie dafür gewinnen, die hier beschriebenen Vorteile von Online-Verhandlungen gezielt zu nutzen. U. a. durch die Betonung des Sachaspekts, den Visualisierungs- und damit einhergehenden Steuerungsmöglichkeiten sowie des leichteren Wechsels in eine Verhandlungspause, in der Sie in Ruhe über den bisherigen Verlauf reflektieren und nächste Schritte überlegen können, bietet diese Verhandlungsform viele Chancen. Wählen Sie das Format ‚Online-Verhandlung' also nicht notgedrungen, sondern sehr bewusst!

Online-Verhandlungen sind in meinen Augen eine Möglichkeit mehr, die wir nutzen können. Und wie bei allem ist es auch hier angeraten, kein Dogma daraus zu machen. Nimmt die Komplexität der Verhandlung zu und sind Beziehung und Vertrauen zum Verhandlungspartner sehr unsicher, empfiehlt sich nach wie vor die Präsenzverhandlung.

Natürlich ist es bei komplexeren Verhandlungsverläufen auch möglich, Online- und Präsenzformate zu kombinieren. So könnte ein erstes Präsenztreffen für das Kennenlernen, den Beziehungs- und Vertrauensaufbau genutzt werden, wohingegen die sachorientierte Verhandlung online ‚laufen' könnte.

Literatur

Axelrod, R. (2000/2009). *Die Evolution der Kooperation.* München. 7. Aufl.

Besemer, C. (2001/2016). *Mediation – Vermittlung in Konflikten.* Karlsruhe. 4. Aufl.

Besemer, C. (1999). *Konflikte verstehen und lösen lernen.* Karlsruhe.

de Bono, E. (1987). *Konflikte – Neue Lösungsmodelle und Strategien.* Düsseldorf.

Clausewitz, C. von. *Vom Kriege.*

Creveld, M. van. (1998/2002). *Die Zukunft des Krieges.* München: Gerling Akademie

Detroy, E.-N. (2004/2019). *Sich durchsetzen in Preisverhandlungen.* Frankfurt a. M. 18. Aufl.

Deutsch, M. (1973/2009). *The resolution of conflict.* New Haven.

Fisher, R., Ury, W., & Patton, B. (2013/2018). *Das Harvard-Konzept.* Erweitert und neu übersetzt. München.

Frank, E., & Frey, D. (2002). Theoretische Modelle zu Kooperation, Kompetition und Verhandeln bei interpersonalen Konflikten. In D. Frey & M. Irle (Hrsg.), *Theorien der Sozialpsychologie* (Bd. 2, 2. Aufl.). Bern.

Geißler, H. (2003). *Balanced organisation.* Köln.

Gordon, Th. (2009). *Managerkonferenz.* München.

Greff, G. (2002). *Durchbruch zum „Ja". 13 Erfolgsstrategien für ihre Verhandlungen.* Wiesbaden.

Gulliver, P. H. (1979). *Disputes and negotiations.* New York.

Harrison, R. (1977). Rollenverhandeln: Ein harter Ansatz zur Teamentwicklung. In Sievers, B. (Hrsg.), *Organisationsentwicklung als Problem.* Stuttgart.

Herbst, U., & Voeth, M. (2009/2015). *Verhandlungsmanagement.* Planung, Steuerung und Analyse. Stuttgart.

Korda, P. (2006). *Nicht um jeden Preis. Verkaufsverhandlungen mit Profit.* Hörbuch. München.

Kreggenfeld, U. (2009). *Verhandlungen in und zwischen Organisationen.* Frankfurt a. M.
Kreggenfeld, U. (2016). *Direkt im Dialog. Professionelle Gesprächsführung im Unternehmen.* Bonn.
Kühl, S. (2020). Jeder lacht für sich allein. *Forschung & Lehre*, (5)
Lax, D. A., & Sebenius, J. K. (Februar 2004). Der perfekte Deal. *Harvard Business Manager*, S. 21–35.
Levine, R. (2003/2013). *Die große Verführung, Psychologie der Manipulation.* München. 7. Aufl.
Lewicki, R., Hiam, A., & Olander, K. W. (1998). *Verhandeln mit Strategie.* Zürich.
Lewicki, R., Saunders, D. M., Barry, B., & Minton, J. W. (2004). *Essentials of negotiation.* New York.
Macciavelli, N. *Der Fürst.* Hamburg: Nikol.
Pickens, J. W. (2013). *The Art of closing any deal.* New York.
Pruitt, D. G., & Rubin, J. Z. (2004). *Social conflict.* New York.
Redlich, A. (2004/2019). *Konfliktmoderation in Gruppen.* Hamburg.
Rüde-Wissman, W. (2004). *Satanische Verhandlungskunst.* Erfstadt.
Schranner, M. (2011). *Teure Fehler.* Berlin.
Schulz von Thun, F. (1989/2010). *Miteinander reden 2, Stile, Werte und Persönlichkeitsentwicklung.* Reinbek.
Senger, H. von. (2006). *36 Strategeme für Manager.* München.
Simon, F. B. (2004). *Tödliche Konflikte. Zur Selbstorganisation privater und öffentlicher Kriege.* Heidelberg.
Sun, Z. (2007). *Die Kunst des Krieges.* Neuenkirchen.
Thieme, K. H. (2010). *Preisdruck? Na und! Wie Spitzenverkäufer Preise erfolgreich verhandeln.* Uffing.
Tjosvold, D. (1993). *Learning to manage conflict.* New York.
Wiswede, G. (1995/2012). *Einführung in die Wirtschaftspsychologie.* München.

Weiterführende Literatur

Montana, L., & Kals, E. (2001/2013). *Mediation – Lehrbuch für Psychologen und Juristen.* Weinheim.

Systemisches Verhandeln

3

Zusammenfassung

Das erwartet Sie in diesem Kapitel:

Sie lernen die Vorteile einer systemischen, also ganzheitlichen Betrachtungsweise kennen. Neun Thesen fassen das Wichtigste dieser Theorie in Bezug auf Verhandlungen zusammen. Doch Sie profitieren weit darüber hinaus, weil Sie mit der systemischen Brille sowohl das Verhalten von Menschen als auch von Organisationen besser erklären und somit verstehen können.

Damit rücken Aspekte ins Blickfeld, die bisher nicht für Verhandlungen nutzbar gemacht wurden, z. B. die sogenannten weichen, sprich subjektiven Realitäten. Ihnen kommt in Verhandlungen eine entscheidende Bedeutung zu. Im Zuge einer genauen Umfeldanalyse werden wir sehen, dass Verhandlungen nur zum Teil am Verhandlungstisch entschieden werden. Erkennbar werden dabei auch die Faktoren, die Sie letztlich von Ihrem Verhandlungspartner unabhängig machen, die Ihnen größere Verhandlungsmacht verleihen.

Ihr Vorteil: Sie behalten den Überblick, Sie erzielen bessere und dauerhaft tragfähige Verhandlungsergebnisse. Sie sind mit den Quellen, aus denen Ihre Macht in Verhandlungen tatsächlich resultiert, vertraut. Dadurch erkennen Sie relevante Risiken und potenzielle Ressourcen für Ihren Verhandlungserfolg und wissen, welche Faktoren und Akteure Sie im Auge haben sollten und wer oder was möglicherweise nicht so viel Aufmerksamkeit bedarf.

Dieses Wissen verändert Ihren Blick auf Verhandlungen und auf soziale Interaktionen allgemein. Sie erkennen Ihre Gestaltungsmacht – auch in scheinbar schwierigen und ausweglosen (Verhandlungs-)Situationen – und es fällt Ihnen leichter, das Steuer in die Hand zu nehmen. Das P.A.R.T.S.-Modell am Ende des Kapitels bietet Ihnen dazu einen sehr direkten Einstieg.

U. Kreggenfeld, *Erfolgreich systemisch verhandeln*,
https://doi.org/10.1007/978-3-658-33906-7_3

3.1 Grundlagen des systemischen Verhandelns

Kein anderer Ansatz, keine andere Theorie hat in den vergangenen Jahren die Welt der Unternehmensberater so bereichert und beeinflusst wie der systemisch-konstruktivistische Ansatz (Der Einfachheit halber rede ich im Folgenden lediglich vom systemischen Ansatz). Mit seiner Hilfe lassen sich die unterschiedlichsten Phänomene erklären: Ein Herzinfarkt, eine Wirtschaftskrise, das Aufkommen bestimmter politischer Ideen, ja selbst der Absturz eines Airbusses und selbstverständlich auch Verhandlungsverläufe zwischen Unternehmen.

Der Sozialpsychologe Kurt Lewin sagte einstmals:

> Es gibt nichts praktischeres als eine gute Theorie.

Das trifft besonders auf den systemischen Ansatz zu. Aufgrund meiner Erfahrungen bin ich davon überzeugt, dass jeder Verhandelnde nachhaltig von diesen Ideen profitieren kann. Und zwar sowohl, um auf dem Basar den Preis für ein Paar Schuhe herunterzuhandeln, als auch um bei wirklich wichtigen Themen wie Fusionen oder Effizienzmaßnahmen das Beste für die eigene Organisation oder Abteilung herauszuholen. Wer oft Verhandlungen im wirtschaftlichen und politischen Kontext führt, für den ist der systemische Ansatz deswegen geradezu ein Pflichtprogramm. In Zeiten der Wirtschafts- und Finanzkrise haben sich selbst Minister der Bundesregierung aus diesem Fundus bedient. Seither ist viel von systemisch relevanten Banken oder systemisch nicht-relevanten Automobilproduzenten die Rede. Damit soll begründet werden, weshalb die einen staatliche Finanzspritzen erhalten und die anderen nicht.

Lassen Sie uns also einen kleinen Ausflug in die systemische Theorie machen. Aber Vorsicht: Sie ist kein intellektuelles Leichtgewicht. Die systemische Theorie ist auch nicht unbedingt geeignet für einen Fünf-Minuten-Schnellkurs zum erfolgreichen Verhandeln. Allein schon, weil die Sprache manchmal sehr abstrakt klingt. Doch der Aufwand lohnt: Denn mit systemischem Know-how wird es leichter möglich, menschliches Verhalten nahezu in seiner Gänze zu beschreiben und zu erklären – und genau das eröffnet uns viele und gewinnbringende Optionen für die Verhandlungspraxis.

3.1.1 Vorteile des systemischen Ansatzes

Wenn wir Verhandlungen einmal mit einem Fußballspiel vergleichen würden, nimmt der systemisch Verhandelnde immer wieder auf der Tribüne Platz, um von dieser Überblick gewährenden Position einen Blick auf das Treiben dort unten zu werfen – am besten mit dem Verhandlungspartner zusammen. Jetzt wird es möglich, Spielzüge und Zusammenhänge zu erkennen und Strategien zu entwickeln, die zum Schießen von Toren führen – oder Tore verhindern.

Systemisch zu schauen heißt auch, über das eigentliche Spielfeld, sprich: die Verhandlungssituation, hinauszublicken. Jenseits der handelnden Akteure wirkt eine Vielzahl von Einflussgrößen – man könnte sagen Umwelten – auf eine Verhandlung ein: Vorgesetzte, Abteilungs-, Bereichs- und Konzernziele ebenso wie gesellschaftliche und politische Rahmenbedingungen. Die persönlichen Beziehungen und Lebensumstände der Verhandelnden genauso wie möglicherweise Konkurrenten und Rivalen.

Diese Umwelten und die Beziehungen, in denen die Akteure zu ihnen stehen, können Verhandlungen und Verhandlungsaktivitäten torpedieren. Sie können in den Verhandlungsaktivitäten aber auch im positiven Sinne als Ressource genutzt werden. Die systemische Analyse macht diese Ressourcen und Gefahren sichtbar.

Praxisbeispiel

Fluggesellschaften untereinander sind harte Konkurrenten im Kampf um die Landerechte, die die Flughafenbetreibern vergeben. Wenn es jedoch darum geht, Flugzeuge zu bestellen, können Fluggesellschaften von einer Zusammenarbeit enorm profitieren. Dieses gemeinsame Interesse in einem Bereich kann eine Ressource für Verhandlungen in einem anderen Bereich sein, z. B. um einen Preiskrieg mit dem Flughafenbetreiber zu vermeiden. ◀

Viele Verhandlungen orientieren sich sehr stark an dem jeweiligen Verhandlungspartner. Die systemische Brille macht es leichter, über diesen Tellerrand hinauszuschauen. Auf diese Weise lässt sich die gesamte „Überlebenseinheit", also alle für das eigene Überleben und die eigene Wettbewerbsfähigkeit relevanten Elemente und Systeme in die Betrachtung einbeziehen.

So können wir Automobilproduzenten und deren Zulieferer durchaus als Überlebenseinheit betrachten: Beide brauchen einander, um am Markt zu bestehen. Drückt der Automobilproduzent die Preise für seine Zulieferer zu stark, besteht die Gefahr, dass diese sich das Geld durch eine mindere Qualität wieder hereinholen. Diese mindere Qualität fällt dem Kunden – der ja auch zur Überlebenseinheit gehört – unangenehm auf. Er wechselt die Marke. Die Einsparungen aus den Preisverhandlungen mit den Zulieferern sind Peanuts im Vergleich zu den Verlusten, die durch solche Kundenabwanderungen entstehen.

Mit Blick auf die ganze Überlebenseinheit kann es günstiger sein, mit Konkurrenten zu kooperieren, als sie bis aufs Messer zu bekämpfen und ihnen etwa mit einem Preiskrieg ihre Existenz zu nehmen.

Praxisbeispiel

Am Brüsseler Place du Grand Sablon liegt ein Antiquitätengeschäft neben dem anderen. Die riesige Auswahl macht es für viele Kunden äußerst reizvoll, in die Gegend zu kommen und dort zu stöbern. Bei dem einen finden sie eine Blumenvase, bei dem anderen einen hübschen Beistelltisch. Was würde passieren, wenn die Antiquitätenhändler nun untereinander in einen Preiskrieg einträten? Über kurz oder lang müsste der erste

Konkurs anmelden, dann noch einer und noch einer. Am Ende wäre der berühmte Platz nur noch von zwei Großen oder gar von einem Monopolisten geprägt. Mit der reizvollen Atmosphäre wäre es vorbei, es kämen weniger Kunden, der Monopolist würde die Leute nur noch über Schnäppchen ins Geschäft holen – und am Ende dürfte sogar er weniger verdienen als zuvor. ◄

Das Problem ist nur: Wer die Dinge nicht durch die systemische Brille betrachtet, sieht diese Zusammenhange nicht.

Ich beobachte immer wieder, dass Verhandlungen entweder gar nicht oder aber sehr detailliert geplant werden. Beides ist problematisch. Ohne Planung kann ich die Richtung nicht beeinflussen, eine zu genaue Planung führt zu rigiden Strategien und macht blind für unerwartete Chancen, die sich im Gespräch ergeben. Hier gilt dann:

Je besser Du vorbereitet bist, desto härter trifft Dich der Zufall.

Da niemals alles vorausgeplant werden kann und für eine erfolgreiche Umsetzung von Verhandlungslösungen nicht nur die verhandelnden Akteure, sondern auch das gesamte Umfeld zustimmen muss, scheint eine offene (sog. evolutionäre) Planung mit besseren Erfolgsaussichten verbunden zu sein. Das schließt keineswegs aus, eine genaue Vorstellung von den eigenen Zielen zu haben. Aber es ist durchaus angebracht, im Hinterkopf zu behalten, dass auf dem Weg dorthin viel geschehen kann, was schneller zum Ziel führt – oder, wenn es schlecht läuft, den Weg zum Ziel verbaut.

Deswegen ist es in vielen Situationen, in denen wir nicht wissen, welche Aktionen zum Erfolg führen, leichter zu schauen, welche Aktionen wir unbedingt unterlassen müssen, um zum Ziel zu kommen (Simon 2013).

Machen Sie sich die positive Kraft des negativen Denkens zu Nutze. Fragen Sie doch einmal ganz ungezwungen:

Was müssen wir tun, um diese Verhandlung mit Sicherheit vor die Wand zu fahren?

oder:

Welche Vereinbarungen führen zum sicheren Untergang der beteiligten Akteure oder der relevanten Märkte?

Auf diese Weise stecken Sie gewissermaßen einen toten Raum mit Warnleuchten ab, jenseits dessen sich ein möglicherweise erweiterter Lösungsraum abzeichnet.

► Wenn wir also nicht genau wissen, was wir unternehmen können, sind wir zumindest etwas schlauer, wenn wir durch die Kraft des negativen Denkens erfahren, was wir unterlassen müssen.

Das hätte wohl so manchen Banker weit weniger tief in die Abgründe der Finanzmarktkrise stürzen lassen. Auf dem Höhepunkt der Bankenkrise mussten viele Finanzinstitute in

Windeseile neue Strategien aushandeln. Was aber soll man tun, wenn man nicht weiß, wie weit die Krise führen wird. Da ist es leichter zu sagen, was man besser nicht unternehmen sollte, um das letzte Quantum Vertrauen nicht auch noch zu verspielen. Zum Beispiel: Den Top-Manager keine überzogenen Boni, die in der Öffentlichkeit nicht vermittelbar sind, auszuzahlen. Oder: Nicht tonnenweise toxische Papiere im Keller zu lagern und der Öffentlichkeit zu suggerieren, man sei von der Krise kaum tangiert.

Wir werden noch sehen, dass sich eine Reihe weitere Vorteile aus dem systemischen Ansatz ergibt. Lassen Sie uns zunächst einen Blick auf die zentralen systemischen Aussagen werfen und diese anschließend für das Verhandeln nutzbar machen.

3.1.2 Was heißt systemisch – was ist ein System?

► Systemisch heißt, einzelne Elemente im Zusammenhang mit dem größeren Ganzen zu betrachten, dem sie angehören. Beobachtet und analysiert werden nicht (nur) einzelne – isolierte – Elemente, sondern ein ganzer Komplex interagierender Elemente. Es wird geschaut, wie diese Elemente in einem System zusammenspielen, nach welchen Regeln sie sich steuern, was sie stärkt und was sie schwächt usw. (Schneewind und Schmidt 2002).

Um noch einmal auf den Fußball zurückzukommen: Um das Spiel zu verstehen und Freude daran zu gewinnen, reicht es nicht aus, einen einzelnen Spieler zu beobachten. Das Spiel und das Verhalten einzelner Spieler ergeben für uns erst einen Sinn, wenn wir die Regeln kennen und uns den Spieler innerhalb seines Mannschaftsgefüges sowie im Hinblick auf das gegnerische Team anschauen. Und warum da ein Mann mit schwarzer Turnhose und Pfeife im Mund herumläuft, der zudem immer wieder von den Spielern belagert wird, ist ohne Kenntnis der Regeln ebenso wenig zu verstehen wie das aufgebrachte Verhalten und die großen Gesten der zwei Herren im Anzug vor der Trainerbank.

► **Was ist ein System?** Sehr abstrakt lässt es sich als eine Gruppe oder einen Komplex von Elementen beschreiben.

Es gibt unbelebte Systeme wie Computer, Computernetzwerke oder auch Flugzeuge. Und es gibt lebende Systeme, wie einzelne Menschen, Familien und Organisationen – allesamt können auch als Akteure bezeichnet werden. Einzelne Menschen werden als personale Systeme bezeichnet, mehrere miteinander in Kontakt stehende Menschen als soziale Systeme (Bertalanffy 1968).

Wir können Systeme genauer analysieren und besser intervenieren, wenn wir sie in ihre einzelnen Elemente oder auch in ihre Subsysteme unterteilen. In Familienunternehmen beispielsweise vermischen sich häufig das Familiensystem und das Unternehmenssystem. So wird etwa der Cousin zum Geschäftsführer gemacht, obwohl er keine ausreichenden unternehmerischen Kompetenzen hat – dafür wird mit dieser Entscheidung aber der

Familienfrieden bewahrt. Nicht alles, was für das Familiensystem gut ist, ist auch gut für das Unternehmenssystem – und umgekehrt.

Das wohl populärste lebende System ist der Mensch, bei dem wir ein körperliches System, ein kognitives System oder auch ein Gefühls- oder affektives System unterscheiden können – und der nur solange lebt, wie diese Elemente auch miteinander interagieren.

Bei sozialen Systemen wie Organisationen sehen wir Abteilungs- und Teamsysteme aber auch Themen- und Projektsysteme.

Neben personalen und sozialen gibt es eine dritte Klasse von Systemen, sogenannte Bedeutungssysteme oder auch kognitive Repräsentationen. Das kann beispielsweise ein Bild oder eine Vorstellung davon sein, wie sich jemand eine gute Zusammenarbeit vorstellt, die er etwa an Größen wie Vertrauen und Verlässlichkeit ausmacht. Auch Rituale gehören dazu, wie die Einstandsfeier für einen neuen Mitarbeiter oder ein Jubiläumsfest für Kollegen, die zehn Jahre im Job sind.

In großen Systemen wie Staatsgemeinschaften und -gesellschaften zählen komplexe Rechtssysteme, die das reibungslose Zusammenleben regeln, zu diesen Bedeutungssystemen.

3.1.3 Systemik kompakt: Neun Thesen zum systemischen Ansatz oder: Wie Systeme funktionieren

1. Systeme wollen überleben

Lassen Sie uns davon ausgehen, dass das oberste Ziel von lebenden Systemen das Sichern der eigenen Überlebensfähigkeit ist. Im wirtschaftlichen Kontext könnte man das mit Wettbewerbsstärke gleichsetzen. Produziert eine Firma am Markt vorbei, werden ihre Produkte nicht mehr gekauft. Die Kunden wandern zum Konkurrenten ab, wegen der fehlenden Nachfrage gerät das Unternehmen über kurz oder lang in eine finanzielle Schieflage. Besonders wenn Umwelten und Märkte sich verändern, ist die Sicherung der Wettbewerbsfähigkeit gefragt.

Gehen wir ferner davon aus, dass das Verhalten von Akteuren, so abstrus und sonderbar es uns erscheinen mag, von den Akteuren selbst als die aktuell beste Möglichkeit gesehen wird, die eigene Überlebens- oder auch Wettbewerbsfähigkeit zu verbessern. Besonders bei einem auf den ersten Blick völlig unverständlichem Verhalten lohnt es sich, genau nach den Hintergründen und Motiven der Akteure zu forschen. Häufig können wir nur so den Sinn erkunden und Verständigung erzielen.

2. Systeme definieren sich über Grenzen

Systeme definieren sich – und werden definiert – über Grenzen, die eine Unterscheidung in „zum System gehörig“ und „Umwelt“ (alles, was außerhalb des Systems bzw. dessen

Grenzen liegt) erlauben. Eine Zweierbeziehung in Form einer Ehe hat eine klare Systemgrenze. Stößt ein Dritter oder eine Dritte hinzu, gibt es in der Regel erhebliche Probleme.

3. Systeme kommunizieren kreisförmig

Zur Sicherung der Überlebens- und Wettbewerbsfähigkeit müssen die einzelnen Elemente eines Systems sowohl untereinander als auch mit ihren Umwelten und anderen Systemen kommunizieren und sich austauschen: materiell, informationell und energetisch. Indem sie kommunizieren, stehen Systeme sowohl miteinander als auch untereinander sowie ihren Umwelten gegenüber in Verbindung. Personale Systeme, einzelne Akteure also, verbinden sich mittels wiederkehrender Kommunikationsepisoden zu Beziehungssystemen, etwa in Form einer Zweierbeziehung, einer Arbeitsgruppe oder eines Verhandlungsteams.

Wenn wir diese Kommunikationen beobachten, orientieren wir uns nicht am herkömmlichen Modell der linearen Kausalität – Ereignis A bewirkt Ereignis B – sondern am Modell eines kreisförmig ablaufenden Informationsflusses (zirkuläre Kausalität). Zwei der geistigen Väter dieser Ideen, die chilenischen Biologen Humberto Maturana und Francisco Varela, sagen dazu:

> Im Unterschied zur geradlinig-kausalen Erklärung wird bei der zirkulären oder kreisförmigen Erklärung nicht einem Ereignis oder Zustand und auch nicht dem Verhalten eines Elements des untersuchten Systems die Verantwortung in Bezug auf andere Ereignisse oder Zustände oder die Verhaltensweisen der anderen Elemente eines Systems oder ‚die Schuld' zugeschrieben. Es wird eine Ganzheit betrachtet, deren Elemente in einem Netzwerk von Wechselbeziehungen miteinander verbunden sind, in dem jedes die Bedingungen aller anderen bestimmt. (Maturana und Varela 1987)

So macht es aus systemischer Perspektive (ebenso wie aus leidlicher eigener Erfahrung) wenig Sinn, darüber zu streiten, ob denn jetzt das Huhn oder das Ei zuerst da war. Auch nach stundenlangem Diskutieren ist kein Ergebnis in Sicht. Ähnlich verhält es sich bei miteinander streitenden politischen Parteien. Häufig ist es so, dass jede Partei der anderen vorwirft, den Disput begonnen zu haben – oder auch schuld am Konflikt zu sein. Viele von uns machen die gleiche Erfahrung in persönlichen Beziehungen.

Der Startpunkt für den Konflikt wird dabei sehr unterschiedlich gesetzt. Wer jetzt aber Schuld hat oder angefangen hat, ist für die Lösung eines Konflikts nicht wirklich wichtig – obschon das beiderseitige Eingeständnis von Fehlverhalten befreiend sein kann. Für eine Lösung ist es meistens zielführender zu schauen, wie sich eine Auseinandersetzung hochschaukelt: Was durch welche kommunikativen Schritte ausgelöst wird, was sie beim Kontrahenten bewirken und welche Entwicklungen das nach sich zieht. Und vor allem: Wie man aus einer solchen Konfliktspirale aussteigen kann.

4. Jedes System konstruiert seine eigene weiche Wirklichkeit

Systeme, also sowohl Organisationen als auch einzelne Akteure, machen sich ihr eigenes Bild von der „Realität", von der Wirklichkeit. Diese Realitäten werden auch „weiche Realitäten" oder „weiche Wirklichkeiten" genannt, weil sie sich ja in den Köpfen der Akteure und Verhandelnden entwickeln. Sie sind deswegen weder messbar, noch von außen sichtbar und zudem höchst individuell.

Wie funktioniert das? Alles, was wir in unserem Kopf verarbeiten, ist nicht eins zu eins von außen irgendwie dort hinein transportiert worden, sondern entweder das Resultat unserer Gedanken – oder wir haben es durch unsere Sinnesorgane, unsere Schnittstellen zur Außenwelt, aufgenommen. Dies hat mindestens zwei Implikationen:

- Das was wir aufnehmen, ist das Resultat einer Selektion. Gehen wir etwa durch die Fußgängerzone, können wir viele Sachen gleichzeitig beobachten. Stellen wir uns vor, dass uns neben vielen anderen Menschen eine Oma und ein Punker entgegenkommen. Da wir nicht beide zeitgleich beobachten können, müssen wir eine Auswahl treffen. Sagen wir, wir beobachten den Punker. Wir treffen also eine Auswahl – die prinzipiell auch anders sein könnte.
- Dabei verbinden wir das, was wir beobachten, in aller Regel mit einer Bezeichnung, einem Namen (hier: Punker) und eine Bedeutung (z. B.: Punker sind unangepasste Egomanen). Und genau diesen Prozess bezeichnen wir als Konstruktion der Wirklichkeit.

Das alles mögen unbewusste Akte sein, dennoch wird damit deutlich, dass das, was wir wahrnehmen, eben auch von uns erschaffen, konstruiert wird. Und diese Konstruktion könnte jederzeit auch anders sein. So hätten wir statt dem Punker ebenso gut die Oma oder auch das Rathaus beobachten können. Auch hätten wir den Punker nicht Punker sondern vielleicht „extravagantes Model" oder „Paradiesvogel" nennen können – verbunden mit der Bedeutung „mutig" oder „toll, dass der sich traut, seinen Stil so zu leben".

► Die Auswahl, die wir bei unseren Beobachtungen treffen, und die Bedeutung, die wir dem Beobachteten dann geben, ist also nur eine Möglichkeit – sie könnte ebenso gut anders sein. Immer wenn wir unsere Aufmerksamkeit auf bestimmte Aspekte lenken, geraten andere damit aus dem Blickfeld. Wie wir unsere Aufmerksamkeit steuern, ist daher von allergrößter Bedeutung.

Das Konstruieren der Wirklichkeit bedeutet auch, dass Systeme sich die Entscheidungsgrundlage auf der sie handeln, selbst erschaffen (Backhausen und Thommen 2004).

Für den Verlauf von Interaktionen, von Gesprächen und Verhandlungen sind die weichen Wirklichkeiten entscheidend. Denn jedes System, jeder Akteur und jede Partei legt ihrem Verhalten und ihren Entscheidungen ihr eigenes in sich schlüssiges Weltbild zu Grunde, konstruiert sich damit die eigenen Entscheidungsgrundlagen selbst und hält das eigene Weltbild für das Maß aller Dinge.

Das Problem ist nur, dass potenzielle Verhandlungspartner gleichermaßen ihre Vorannahmen und ihr Weltbild konstruiert haben. So lässt sich erklären, dass die Äußerungen oder das Verhalten eines Akteurs von seinem Verhandlungspartner anders oder gar entgegengesetzt interpretiert werden, als es eigentlich gemeint war.

Da jeder von uns, jedes personale und soziale System, ständig Wirklichkeiten konstruiert, müsste es im Grunde ebenso viele subjektive oder individuelle Wirklichkeiten wie personale oder soziale Systeme geben. Diese Wirklichkeiten können sich ergänzen, ausschließen oder angleichen (Kreggenfeld 2009).

▶ Aus systemischer Sicht ist es dabei weniger wichtig, welche Sichtweise richtig ist, als vielmehr, welche Sichtweise nützlicher ist, um Probleme besser zu verstehen und lösen zu können.

Der Erfolg einer Interaktion und damit auch einer Verhandlung beruht daher im Wesentlichen darauf, ob es den Akteuren gelingt, eine gemeinsame Wirklichkeit (eine gemeinsame Sicht der Dinge) oder neue Wirklichkeiten gemeinsam zu erschaffen. Letztlich also ein gemeinsames Verständnis und eine ähnliche Bewertung der Verhandlungssituation zu erlangen.

5. Lebende Systeme sind nicht steuerbar, ihr Verhalten nicht vorhersehbar

Ob und wie einzelne Akteure auf Reize oder Impulse ihrer Umwelt reagieren, ist nicht im Voraus zu bestimmen. Ob, und wenn ja, welche Wirkungen im System ausgelöst werden, hängt nicht von den Impulsen ab, sondern von der Art und Weise wie sie verarbeitet werden. Anders ausgedrückt: Sie hängen von der Struktur des Systems, seiner sogenannten Innensteuerung ab (Maturana und Varela 1987; Schmidt 1994).

Praxisbeispiel

Zwei Sportler nehmen an einem Wettkampf teil und erreichen beide die Qualifikation nicht. Die Nachricht über das Verfehlen der Qualifikation würde der chilenische Biologe Humberto Maturana als Perturbation beschreiben. Gemeint ist damit ein Signal, das in einem System zu Aktivitäten führt. Maturana will mit diesem Begriff darauf hinweisen, dass Störungen auch positive Auswirkungen auf Systeme haben können. Zwar können wir nicht wissen, wie die beiden Sportler mit Ihrem Abschneiden umgehen. Möglich wäre aber, dass der eine frustriert, niedergeschlagen an sich selbst zweifelt, der andere hingegen stolz darauf ist, es bis in die Vorrunde geschafft zu haben und das Ergebnis als Motivation für eine noch bessere Vorbereitung und eine Optimierung des Trainings begreift. Aber: Diese Reaktionen könnten an einem anderen Tag auch ganz anders aussehen. ◀

Das Beispiel zeigt, dass Menschen ein identisches Ergebnis durchaus unterschiedlich wahrnehmen können. Diese Sichtweise ist die Grundlage für das systemische Paradigma, dass eine instruierende Interaktion nicht möglich ist: Ich kann also nie absolute Klarheit darüber haben, dass mein Gegenüber genau das versteht und unternimmt, was ich gerne möchte – mit Ausnahme beispielsweise der Kommunikation im Operationssaal und mit Einschränkungen etwa auf dem Kasernenhof.

Bei der instruierenden Interaktion unterscheiden sich lebende und statische Systeme voneinander.

Wenn Sie eine Billardkugel anstoßen, können sie aufgrund der physikalischen Gesetze ziemlich genau berechnen, wo sie landen wird – vorausgesetzt sie treffen sie richtig. Vor allem können sie davon ausgehen, dass sie liegen bleibt, wenn sie ihre endgültige Position gefunden hat. Wirken Sie hingegen auf ein lebendes System ein, können sie nicht vorhersagen, wie es reagieren wird. Ganz besonders gilt das für Menschen und soziale Systeme.

6. Interventionen (auch: Verhandlungsergebnisse) müssen „anschlussfähig" sein

Instruierende Steuerung ist also nicht möglich – Einfluss zu nehmen schon.

▶ Einfluss nehmen wir dann, wenn von uns ausgesendete Reize, Signale oder Impulse bei unserem Gegenüber (aufgrund seiner internen Regeln und Steuerung) als relevant beurteilt werden und Wirkung erzeugen. Im besten Fall in eine von uns gewünschte Richtung.

Geschieht das, können wir davon reden, dass unsere Impulse „anschlussfähig" an das andere System, „anschlussfähig" für den Akteur sind: Er kann damit insofern etwas anfangen, als dass er sich einen irgendwie gearteten Vorteil davon verspricht, sich näher damit zu beschäftigen. Was nicht anschlussfähig ist, erzeugt keine Wirkung.

Praxisbeispiel

Die Forderung der Linken, die Spitzensteuersätze erheblich zu erhöhen, ist in der FDP nicht anschlussfähig. Denn die Liberalen gehen allgemein davon aus, dass diejenigen, die die Spitzensteuersätze zahlen, die Leistungsträger in unserer Gesellschaft sind. Und daher wollen sie ihnen keine weiteren Lasten aufbürden. Sind wesentliche Forderungen der einen Partei bei der anderen Partei nicht anschlussfähig, wird es nicht zu einer Koalition kommen. ◀

7. Systeme organisieren sich selbst nach bestimmten Regeln und Regulationsprinzipien

Der Volksmund sagt zuweilen: „Er ist aus dem Gleichgewicht geraten." Oder auch: „Da ist er aus dem Tritt gekommen."

Im Gleichgewicht und im Rhythmus zu sein, halten wir für die Regel oder es wird zumindest als wünschenswert angesehen. Lebende Systeme streben immer nach einem Zustand des Gleichgewichts. Geht dieses Gleichgewicht oder diese Balance verloren, merken wir das selbst – oder andere machen uns darauf aufmerksam. Unser System reagiert also auf interne und/oder externe Kontrollparameter, die dann Selbstorganisationsprozesse auslösen, die zu neuen Gleichgewichten führen. Diese wiederum verbessern oder verschlechtern die Überlebensfähigkeit bzw. Wettbewerbsfähigkeit des Systems in veränderten Umweltbedingungen.

Das wird beispielsweise an unserem biologisch-körperlichen System deutlich, das sich durch einen Prozess der Selbstregulation aufrecht hält; der Fachbegriff dazu lautet Autopoiese (Maturana und Varela 1987). Die dazu notwendigen Prozesse verlaufen teils unbewusst und „automatisch". So beginnt unser körperlich-biologisches System bei großer Hitze mit dem Schwitzen, um die Haut zu kühlen. Teils verlaufen die Prozesse aber auch bewusst und reflektiert, etwa wenn wir uns vor einer längeren Reise mit Reiseproviant versorgen, um dem sicher aufkommenden Hungergefühl zu begegnen. Diesen Regulationsprozess setzen wir selbst in Gang und erleben uns dabei als Akteur.

Auch soziale Systeme „funktionieren" nach Regeln, die sie sich entweder selbst geben (z. B. Verhaltensregeln im Teammeeting) oder die von außen vorgegebenen werden (z. B. Kernarbeitszeit von 10–15 Uhr). Das Verhalten lebender Systemen ist ohne Kenntnis dieser Regeln nicht zu verstehen – wie wir beim Vergleich mit dem Fußballspiel schon einmal gesehen haben.

8. Jeder Zustand, in dem sich ein System zeigt, ist das Ergebnis von Aktivität und Dynamik

Lebende Systeme, egal in welchem Zustand sie sind, können sich nur über Aktivitäten aufrecht halten. Aktivität ist ein grundlegendes Merkmal aller lebenden Systeme, und das auf allen Ebenen – der biologischen, psychologischen und sozialen Ebene.

Selbst wenn wir nichts tun, müssen wir etwas machen oder unterlassen, um diesen Zustand aufrecht zu halten. Wenn Sie etwa demonstrativ schmollend in der Ecke sitzen wollten, müssten sie dafür einen bestimmten Muskeltonus halten, die Lippen dauerhaft nach unten ziehen und Ihre Mimik möglichst starr lassen. Ferner müssten Sie alle Impulse zu lachen oder sich zu bewegen, unterdrücken. Das sieht von außen zwar recht unbeweglich aus, ist bei genauerem Hinschauen aber eine Menge Arbeit – und ziemlich anstrengend.

► Für Konfliktsituationen und anspruchsvolle Verhandlungssituationen trifft das Gleiche zu: Unabhängig von der Situation, in der wir uns befinden – wir gestalten sie durch unsere Wirklichkeitsbilder und unser Verhalten aktiv mit. Mit diesem Gedanken im Hinterkopf ist es gar nicht so leicht, uns in schwierigen Verhandlungssituationen, in denen andere uns unter Druck setzen, als Opfer zu sehen.

Denn jetzt lautet die Frage nicht mehr:

Warum setzt mich der andere derart unter Druck?

sondern vielmehr:

Was mache ich, damit der andere mich so unter Druck setzt?

oder auch:

Was mache ich, das den anderen in eine Lage versetzt, in der er mich so unter Druck setzen kann?

Damit nehmen wir das Steuer wieder in die Hand, werden wieder handlungsfähig – und sind in der Lage, die Situation zu verändern (Kreggenfeld 2012).

9. Lebende Systeme steuern sich über Bedürfnisse, Zufälle und Störungen

Lebende Systeme werden von bestimmten Motivationen angetrieben und wollen wachsen und sich entwickeln. Menschen geht es darum, ihre psychologischen Grundbedürfnisse, wie Kompetenz, Autonomie und Verbunden-Sein zu befriedigen. Und es geht ihnen darum, die Chancen in ihrer Umwelt, im sozio-materiellen Kontext zu nutzen. In beiden Bereichen sind Menschen bestrebt, möglichst „gute Geschäfte" zu machen (Geißler 2003b).

So können wir davon ausgehen, dass jeder von uns quasi einen „inneren Kaufmann" in sich hat. Dieser bilanziert ständig – meist unbewusst – über sein Geben und Nehmen. Dieses Kalkül sieht im Geschäftsleben anders aus als im Privaten. Und doch, wenn Menschen das Gefühl haben, dass ihre Leistung, ihr Einsatz nicht entsprechend honoriert wird, stellt sich Unzufriedenheit ein – die Bilanz steht im Minus.

Es entsteht ein Ungleichgewicht, was so manche Firmen daran merken, dass ihre Mitarbeiter innerlich kündigen und Dienst nach Vorschrift machen. Wer sich hingegen gut behandelt fühlt und zudem angemessen vergütet wird, wird motiviert und mit Einsatz bei der Sache sein.

Dasselbe lässt sich ins Privatleben übertragen. Wer das Gefühl hat, dass seine Freundschaft ausgenutzt wird, wird – sofern er nicht masochistisch veranlagt ist – das Weite suchen.

Systeme steuern sich also über bewusste und unbewusste Motivationen und Handlungspläne. Sie steuern sich auch – oder werden gesteuert – über Zufälle, also Ereignisse oder Prozesse, die sich kausal nicht erklären lassen, nie beabsichtigt waren oder aufgrund ihrer großen Komplexität für lebende Systeme nicht durchschaubar sind. Auf dies Weise sind zahlreiche Produkte wie etwa Cornflakes rein „zufällig" entstanden:

Hintergrundinformation
Cornflakes gibt es seit über 100 Jahren. Sie wurden von dem US-amerikanischen Arzt John Harvey Kellogg und seinem Bruder Will Keith Kellogg erfunden. Per Zufall. Die Kellogg's arbeiteten in einem Erholungsheim. Sie hatten ein gesundes, vegetarisches Grundnahrungsmittel für ihre Patienten gesucht, um deren Genesungsprozess zu fördern. An einem Abend blieb eine Schüssel mit gekochten Weizenflocken stehen. Als sie am nächsten Morgen kamen, waren die Flocken trocken. Aus Spaß drehten die Brüder die Flocken durch eine Rolle und trockneten sie noch mal mit Wärme. Das Ergebnis: knusprige Flocken – die ersten Cornflakes der Welt. Sie schmeckten zwar noch nicht wirklich – aber das sollte auch noch gelingen. Bekanntlich mit durchschlagendem Erfolg.

Auch Störungen bewirken meistens eine unmittelbare Reaktion von Systemen. Unfälle sind so ein Beispiel. Liegt der rechte Arm in Gips, ist es erstaunlich, was viele Menschen bereits nach kurzer Zeit mit dem linken Arm alles können.

Wird im Fußball ein Spieler des Feldes verwiesen, ändert sich das Spielsystem, meistens zu Lasten der offensiveren Spielzüge auf Seiten der verkleinerten Mannschaft hin zum „Beton-Anrühren" in den eigenen Abwehrreihen.

3.1.4 Zusammenfassung

Vorteile der systemischen Betrachtung: Sehen, wie sich die Akteure ihr eigenes Bild von der Wirklichkeit bauen, wie es verändert werden könnte, welche Einflussgrößen auf Verhandlungen einwirken, und welche Ressourcen genutzt und welche Gefahren vermieden werden können.

Etwas systemisch zu untersuchen heißt, einzelne Elemente im Wechselspiel mit anderen und im Zusammenhang mit dem größeren Ganzen zu betrachten, dem sie angehören – und dann zu schauen, wie diese Elemente in einem System zusammenspielen, nach welchen Regeln sie sich steuern, was sie stärkt und was sie schwächt.

Wir unterscheiden lebende Systeme, wie einzelne Menschen, Familien und Organisationen und unbelebte Systeme wie Computer, IT-Netzwerke oder auch Flugzeuge.

Was zu einem System gehört und was nicht, wird definiert über Grenzen, die vom System selbst oder von Beobachtern gezogen werden.

Wir gehen davon aus, dass das gesamte Verhalten von lebenden Systemen darauf ausgerichtet ist, die eigene Überlebens- und Wettbewerbsfähigkeit zu verbessern.

Über das Auswählen von Informationen, dem Benennen des solcherart Wahrgenommenen und dem Prozess des Bedeutungsgebens schaffen sich menschliche Akteure ihre eigene weiche Wirklichkeit. Es gibt so viele weiche Wirklichkeiten wie Menschen.

Durch die systemische Brille geschaut erklären wir die Kommunikation innerhalb und zwischen Systemen nicht linear-kausal (Ereignis A bewirkt Ereignis B) sondern zirkulär kausal. Das heißt es wird eine Ganzheit betrachtet, deren Elemente in einem Netzwerk von Wechselbeziehungen miteinander verbunden sind, in dem jedes die Bedingungen aller anderen bestimmt.

Lebende Systeme sind nicht instruierend steuerbar, ihr Verhalten nicht vorhersehbar. Wie ein Akteur auf Reize oder Impulse seiner Umwelt reagiert, ist nicht im Voraus zu bestimmen. Ob, und wenn ja, welche Wirkungen im System ausgelöst werden, hängt nicht von den Impulsen ab, sondern von der Art und Weise wie sie verarbeitet werden, der sogenannten Innensteuerung.

Interventionen (auch: Verhandlungsergebnisse) müssen „anschlussfähig" sein, d. h. Akteure und ihre relevanten Systeme versprechen sich einen irgendwie gearteten Vorteil davon, sich näher damit zu beschäftigen. Was nicht anschlussfähig ist, erzeugt keine Wirkung.

Systeme organisieren sich selbst nach bestimmten Regeln und Regulationsprinzipien – streben vor allem immer nach einem Zustand des Gleichgewichts.

Jeder Zustand, in dem sich ein System zeigt, ist das Ergebnis von Aktivität und Dynamik. Egal in welchem Zustand lebende Systeme sind, sie können sich nur über Aktivitäten aufrecht halten. Aktivität ist ein grundlegendes Merkmal aller lebenden Systeme, und das auf allen Ebenen: der biologischen, psychologischen und sozialen Ebene.

Lebende Systeme steuern sich über psychologische Grundbedürfnisse Kompetenz, Autonomie und Zugehörigkeit sowie über Chancen im sozio-materiellen Kontext und über Zufälle plus Störungen.

3.2 Das Verhandlungssystem

Das erwartet Sie in diesem Kapitel

Jetzt stellen wir den Fokus scharf auf Verhandlungssysteme und die Chancen und Risiken, die sich in ihnen ergeben.

Erfahren Sie jetzt, wodurch Verhandlungssysteme beeinflusst werden, was ihren Charakter ausmacht und warum harte Fakten und gewonnenes Vertrauen die besten Garanten für den Verhandlungserfolg sind.

Der Schwerpunkt in diesem Kapitel liegt auf den weichen Verhandlungsrealitäten, den inneren Bildern, Vorstellungen und Erwartungen, die die Verhandelnden vor, während und nach Verhandlungen entwickeln. Wie stark diese das Verhalten beeinflussen und wie sich davon lösen und befreien können, darum geht es auf den nächsten Seiten.

Wir wissen jetzt, wie Systeme allgemein funktionieren. Lassen Sie uns die gewonnenen Einsichten jetzt noch konkreter auf das Thema Verhandlungen übertragen.

3.2.1 Bestandsaufnahme: Das Verhandlungssystem

Dreh- und Angelpunkt unserer Überlegungen ist das Verhandlungssystem, das zunächst aus mindestens zwei verhandelnden Akteuren besteht. Es entsteht, weil zumindest ein Akteur ein Ungleichgewicht im eigenen System oder in seinen System-Umwelt-Beziehungen wahrnimmt oder erwartet. Und er glaubt, diesen Zustand durch eine Absprache oder Kooperation mit anderen zu seinen Gunsten verändern zu können.

► Verhandlungen sind deswegen Suchbewegungen von Akteuren/Systemen, die darauf abzielen, die eigene Überlebens- und Wettbewerbsfähigkeit durch Kooperation mit anderen Akteuren/Systemen zu verbessern (Kreggenfeld 2009).

Verhandlungssysteme entstehen geplant, etwa aufgrund von Bedürfnissen oder Zwängen oder wenn einzelne Akteure mit dem Aushandeln von Antworten zu strittigen Fragen beauftragt werden und aus diesem Grunde mit anderen Akteuren zusammenkommen. Sie entstehen auch spontan, etwa wenn zwei Akteure in laufenden Gesprächen feststellen, dass sie keine gemeinsame Haltung in einer strittigen Frage haben, deren Beantwortung für die weitere Zusammenarbeit aber relevant zu sein scheint.

Verhandlungssysteme können sowohl vorübergehend und kurz auftauchen und sich kein zweites Mal konstituieren, also einmalig sein. Sie können auch über Jahre hinweg andauern und eine gemeinsame Beziehungsgeschichte der Akteure begründen. Akteure in diesen Systemen können sowohl Personen als auch Organisationen sein.

Ob ein solches System einmalig ist oder nicht, hat weitreichende Konsequenzen für das Verhalten der Akteure. Denn die meisten Menschen verhalten sich anders, wenn sie einen Gebrauchtwagen auf einem Wochenendautomarkt an der polnischen Grenze oder den gleichen Wagen innerhalb der Familie verkaufen. Im ersten Fall gehen sie davon aus, den Käufer kein zweites Mal wiederzusehen. Im anderen Fall müssen sie damit rechnen, sich jeden verschwiegenen Mangel die nächsten Jahre anhören zu müssen und auf Familienfeiern als schwindelnder Halunke dazustehen.

3.2.2 Chancen und Risiken der Kooperation

Wenn zwei Akteure miteinander kooperieren, koppeln sie sich aneinander. Je kürzer und befristeter die Kooperationen und Kopplungen ausfallen, desto mehr Flexibilität bewahren sich die beteiligten Systeme. Das ist freilich mit dem Risiko verbunden, für eine erneute Kopplung mit dem gleichen Akteur höhere Investitionen aufbringen zu müssen, vor allem, wenn sich die Bedingungen zu seinen Gunsten verändert haben.

▶ Die Risiken in Verhandlungen liegen in erster Linie darin, kein gutes Ergebnis zu erreichen oder übervorteilt zu werden. Betrachtet man Verhandlungen dagegen als mehr oder minder langfristige zeitliche Kopplungen von Akteuren rücken weitere Risiken in den Fokus der Aufmerksamkeit: zum Beispiel der mit der Kooperation einhergehende Ausschluss anderer Optionen.

Denn wenn ich mich an einen Partner binde, kann ich nicht so einfach und schnell zu einem anderen Partner wechseln – selbst wenn ich mir davon aufgrund veränderter Kontextbedingungen unerwartet mehr Vorteile versprechen würde. Oder wenn ich zu der Einschätzung kommen würde, dass sich dadurch meine Überlebens- und Wettbewerbsfähigkeit aufgrund veränderter Kontextbedingungen verbessern würden.

Etwas pragmatischer formuliert ist dies die zentrale Frage, die sich die Akteure stellen müssen: Nämlich, ob die in einer Verhandlung ins Auge gefasste Einigung, für das eigene System auch in der Zukunft eine gute Wahl darstellt. Es kommt gewissermaßen der „Schatten der Zukunft" ins Spiel (Simon 2004a).

Auch deswegen ist es in Verhandlungen immer sinnvoll, die Erwartungen, Befürchtungen und Hoffnungen in Erfahrung zu bringen, die die Akteure mit der Zukunft verbinden.

Neben dem aktuell guten Geschäft muss der Verhandelnde nun auch das Geschäft in seiner zeitlichen Relation zur Abwägung heranziehen. Deswegen ist es wichtig, die Optionen in einer Verhandlung von verschiedenen in der Zukunft liegenden zeitlichen Perspektiven zu beleuchten. (Radatz 2002)

Das kann z. B. so geschehen, dass Sie sich zu allen möglichen Verhandlungsübereinkünften überlegen, wie sie sich in der Zukunft auswirken. Schreiben Sie zum Beispiel auf, welche Auswirkungen sich durch eine Entscheidung nach vier Wochen, zwölf Monaten, nach drei oder fünf Jahren ergeben. Welche Änderungen wären für Sie und Ihre Organisation damit verbunden? Was würde sich verschlechtern, was verbessern und wäre das für Sie akzeptabel? (siehe hierzu auch die Ausführungen zur Szenario-Methode im Abschn. 1.2.1).

3.2.3 Je genauer die Übereinkunft sein muss, desto schwieriger wird die Einigung

Haben Sie schon einmal das Ringen um Formulierungen bei Vertragsverhandlungen mitgemacht? Dann wissen Sie, wie schwierig es ist, alle Wahrscheinlichkeiten und Eventualitäten so in Worte zu fassen, dass sich später keine Nachteile für die beteiligten Parteien ergeben. Da ist mitunter viel diplomatisches Geschick gefragt.

Der Freiburger Organisationsexperte Wilhelm Backhausen sagt dazu:

> Je unschärfer eine Situation beschrieben wird, d. h. je mehr Unterscheidungsmöglichkeiten als nicht relevant ausgeschlossen werden, desto leichter kann in der Regel eine Einigung hergestellt werden. Andererseits verliert man aber bei dem Ausschluss vermutlich handlungsrelevanter Unterschiede Effektivität oder gar Überlebenschancen. Der Einigungsprozess darüber ist bekanntlich nicht immer einfach. (Backhausen und Thommen 2004)

Beispiele für das Auslassen von Unterscheidungsmerkmalen finden sich häufig in politischen Abschlusserklärungen, wie etwa der Abschlusserklärung des G8-Treffens in Heiligendamm im Juni 2007, in der sich die G8-Staaten nach harten Verhandlungen dazu verpflichteten, die Beschlüsse der EU zur Halbierung der CO2-Emissionen bis 2050 „ernsthaft in Betracht zu ziehen". Welche Konsequenzen dieses ernsthaft in Betracht ziehen dann hat, ist der Interpretationsfantasie der einzelnen Akteure überlassen.

Ein positiver Aspekt ist, dass ohne das Ausklammern von Unterscheidungsmerkmalen häufig wohl gar keine Verhandlungsergebnisse zu erzielen wären. Versuche, möglichst viele Unterscheidungsmerkmale festzuklopfen, können leicht zu Vertragstexten mit mehreren hundert Seiten werden. Schauen sie sich dazu doch einmal die konsolidierte Fassung des Vertrags über die Europäische Union und des Vertrags zur Gründung der Europäischen Gemeinschaft im Amtsblatt der Europäischen Union vom 29. Dezember 2006 an.

3.2.4 Wodurch die Akteure beeinflusst werden

Alle Akteure sind damit beschäftigt, als eigenständige Systeme und als Elemente in anderen übergeordneten Systemen ihren eigenen Systemaufgaben nachzukommen. Das bedeutet insbesondere, dass sie ihre Überlebens- sprich: Wettbewerbsfähigkeit in spezifischen Kontexten und Umwelten aufrechterhalten und verbessern.

Der Mensch, der uns in Verhandlungen gegenübersitzt, hat natürlich die Ziele seiner Organisation vor Augen. Gleichzeitig aber verfolgt er auch seine eigenen Karrierepläne, muss sich spätestens morgen früh im Spiegel betrachten und sich möglicherweise auch zuhause der einen oder anderen Frage stellen.

Im Verhandlungssystem handeln die Akteure aufgrund ihres aktuellen Bildes von der Wirklichkeit, also aufgrund ihrer eigenen Wirklichkeitskonstruktion und den daraus resultierenden Regeln. Sie handeln auch aufgrund der Struktur sowie den aktuellen Zuständen ihrer jeweiligen Kognitions-, Affekt-, Motivations- und Körpersysteme, die dem systemischen Paradigma folgend immerfort zirkulär miteinander kommunizieren (Kreggenfeld 2009).

Ganz praktisch kann das bedeuten, dass Sie Ihren Verhandlungspartner mit dem ersten Preis geschockt haben, den sie in ihrem schriftlichen Angebot gemacht haben und er sie für einen „überteuerten Apotheker" hält. Jetzt hat er wahrscheinlich ein anderes Bild von der Wirklichkeit als sie, der aufgrund des tatsächlich zu erwartenden Aufwands eine seriöse Kalkulation erstellt hat. Und natürlich spielen auch die aktuelle körperliche Fitness und der Gefühle-Haushalt der Akteure in die Verhandlung hinein.

Wie alle Menschen handeln auch Verhandlungsakteure aufgrund ihrer bisherigen Erfahrungen und der Erwartungen, die sie für sich allein oder in der Kooperation mit dem jeweils anderen Akteur an die Zukunft haben.

Dabei sind sie durch allerlei Verpflichtungen und gemeinsame Ziele, Werte und Regeln gebunden an andere ihnen übergeordneten Systeme – ihren sogenannten Heimatsysteme. Wir unterscheiden geschäftliche Heimatsysteme (das Team, die Abteilung, der Konzern, die Holding) und private Heimatsysteme (die Familie, Freunde, Vereins- und Interessenzugehörigkeiten).

3.2.5 Verhandlungssysteme werden durch den Kontext strukturiert

Sämtliche beschriebenen Systeme und Systemebenen können wir als Teil des Kontextes beschreiben, in dem das Verhandlungssystem agiert. Das Verhalten der Akteure wird stark beeinflusst durch den Kontext, in dem sie agieren und mit dem sie interagieren. Das bedeutet auch, dass die im Verhandlungssystem getroffenen Entscheidungen anschlussfähig an die jeweiligen Heimatsysteme, also die dahinter stehenden und übergeordneten Systeme, sein müssen. Alle relevanten Bezugssysteme sitzen gewissermaßen unsichtbar mit am Verhandlungstisch (Abb. 3.1).

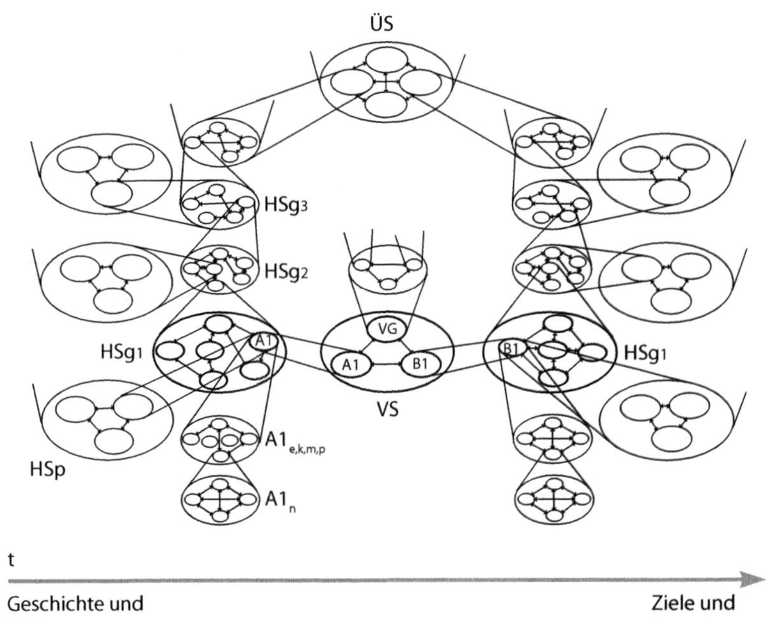

Abb. 3.1 Das Verhandlungssystem und seine Umwelten

Hintergrundinformation
Erläuterung zur Grafik:

Die beiden Akteure A1 und B1 bilden zusammen mit ihrer Fokussierung auf den Verhandlungsgegenstand VG das Verhandlungssystem VS. In diesem System handeln Sie u. a. aufgrund ihrer persönlichen und organisationalen Geschichte und Erfahrungen wie auch aufgrund ihrer Ziele und Erwartungen. Außerhalb des VS sind A1 und B1 Elemente ihrer jeweiligen Heimatsysteme HS; und zwar sowohl in geschäftlichen Heimatsystemen HSg als auch in privaten Heimatsystemen HSp. (Weitere Beschriftungen in der Skizze sind nur für das System As vorgenommen worden, können jedoch spiegelbildlich auf das System Bs übertragen werden.)

Als Elemente in diesen Systemen handeln sie aufgrund der Struktur und der aktuellen Zustände ihrer jeweiligen Kognitions-, Affekt-, Motivations- und Körpersysteme, hier A1e,k,m,p, die wiederum aus verschiedenen Subsystemen, hier: A1n bestehen.

Gleichzeitig sind sie als Elemente ihres geschäftlichen Heimatsystem HSg1, (z. B. ein Team im Unternehmen), mit diesem System auch Element in übergeordneten geschäftlichen Heimatsystem HSg2 (z. B. Abteilungsebene), HSg3 (z. B. Unternehmensebene) usw.

Auf einer ‚höheren' Ebene sind die geschäftlichen Heimatsysteme beider Akteure Elemente in einem übergeordneten System (z. B. dem Bundesverband der Industrie, oder auch der Bundesrepublik Deutschland oder der EU) – und all das wirkt potenziell auf das Verhandlungssystem ein.

Häufig lassen sich über diese ‚höheren' Systemebenen gemeinsame Nenner in Verhandlungen finden. Nach der Bundestagswahl 2013 war das gut zu beobachten.

Während des Wahlkampfes schienen die Positionen von CDU und SPD zum Mindestlohn unvereinbar. Für die Sozialdemokraten war es ihr wichtigstes Thema schlechthin; stand es doch als Symbol für die soziale Gerechtigkeit. Völlig konträr dazu die Einstellung der Christdemokraten. Sie betonten die herausragende Bedeutung der Tarifautonomie für unser Wirtschaftssystem; die Möglichkeit also, dass nicht der Staat sondern die Beteiligten selbst die Löhne festlegen.

Beispiel

Bei den Koalitionsverhandlungen beeinflussten nicht nur die tatsächlich anwesenden Verhandlungsführer die Gespräche, sondern imaginär saßen als übergeordnete Systeme auch die jeweilige Parteibasis, die Gewerkschaften, die Arbeitgeberverbände, usw. mit am Tisch.

Was im Wahlkampf undenkbar war, änderte sich im Hinblick auf die Große Koalition. Denn die Regierungsbildung zur Großen Koalition wurde zum gemeinsamen schützenswerten Nenner, der die einstigen Gegner verband. Die gefundene Lösung zur Regelung des Mindestlohns ist in beiden Lagern anschlussfähig und versetzt die Parteien in die Lage, als Regierung mit einer Stimme zu sprechen. ◄

3.2.6 Verhandlungssysteme erschaffen und organisieren sich selbst

Obschon das Verhandlungssystem also durch seinen Kontext strukturiert wird, erschafft es sich durch die Kommunikationen der Akteure doch auch selbst. Es ist quasi selbstorganisational. Denn in dem Moment, in dem die Akteure zusammentreffen, erschaffen sie etwas Neues. Und in diesem neu geschaffenen Verhandlungssystem stellen alle über- und untergeordneten Systeme „lediglich“ eine Umwelt dar.

So wie zwei Fußgänger, die aufeinander zugehen, das Verhalten des anderen vorwegnehmen, um für sich zu entscheiden, ob sie rechts oder links vorbeigehen – handeln auch zwei Akteure in einer Verhandlungssituation:

> Ich tue, was Du willst, wenn Du tust, was ich will. Dieses Tauschgeschäft ist eine neue Einheit, die auf keines der beteiligten Systeme zurückgeführt werden kann. (Kappelhoff 1993)

- Die Verhandlungsbeziehung kann sich auf der Grundlage ihrer eigenen Geschichte entfalten. Die in der Vergangenheit getätigten Handlungen setzen Standards und führen zu Erwartungen, die die weitere Entwicklung strukturieren. Darin ist eine Stabilisierung oder Verstärkung ebenso als Möglichkeit enthalten wie eine allmähliche Auflösung oder abrupte Beendigung der Beziehung.

Und genau darin liegt eine große Chance von Verhandlungen mit vielseitigen Optionen für die verhandelnden Akteure:

Trotz schwieriger Vorgeschichte, schlechter Erfahrungen, unguter Gerüchte haben sie die Chance, etwas Neues und Besseres zu schaffen. Der Volksmund sagt: Stimmt die Chemie, ist so manches möglich.

Allerdings gilt das auch umgekehrt: Verhandelnde haben fast immer die Möglichkeit, eine Verhandlung an die Wand zu fahren und gute Vorarbeit, gute und gewachsene Beziehungen zu zerstören oder auch einfach nicht zu nutzen.

Einen derartigen Eindruck musste der TV-Moderator Günter Jauch nach den ersten Verhandlungen mit der ARD über eine mögliche Nachfolge von Sabine Christiansens sonntäglicher Talk-Show gehabt haben, als er sagte:

> Das, was die einen mit den Händen aufgebaut haben, reißen die anderen mit dem Hintern wieder ein.

3.2.7 Eine bestechende Kombination: Harte Fakten und gewonnenes Vertrauen

In Verhandlungssystemen wird ökonomisch und sozial gehandelt oder auch getauscht. Der ökonomische Tausch geschieht Zug um Zug. Also: Geld gegen Geld, Geld gegen Ware, Ware gegen Ware und auch – bei Vertragsverhandlungen – genau definierte Bedingungen gegen Unterschrift. Die jeweiligen Verpflichtungen sind auf den ersten Blick also konkret beschrieben. Bezahlt wird in harter Währung.

Allerdings können ökonomische Tauschgeschäfte nicht frei von sozialen Beziehungen beschrieben werden. Denn über die allgemeine Reputation als zuverlässiger und ehrlicher

Geschäftsmann erfolgt eine soziale Kontrolle. Selbst beim gewöhnlichen Markttausch, z. B. auf einem Wochenmarkt, haben die meisten Händler ihre Stammkundschaft – und sollten diese im Interesse an der Fortsetzung der Geschäftsbeziehung nicht vergraulen.

Im Unterschied zum ökonomischen Tausch ist der soziale Tausch durch unspezifische sachliche und zeitliche Verpflichtungen gekennzeichnet. Halten wir uns hierzu einmal das Beispiel einer Einladung zum Essen vor Augen:

Wird B von A zum Essen eingeladen, tritt A in Vorleistung. Wann und wie B sich revanchiert, ist offen und hängt unter anderem davon ab, wie B die Beziehung zu A betrachtet. (Fast zwangsläufig ergibt sich hier ein großes Potenzial an Missverständnissen.) Zwar muss auch ein Essen in harter Währung bezahlt werden, doch nimmt eine weiche Währung, nämlich das gewonnene Vertrauen, hier einen größeren Stellenwert ein. In Vertrauen wird investiert und dies dürfte auch mit der Hoffnung auf eine irgendwie geartete Gegeneinladung verbunden sein.

Ist das Vertrauen in Verhandlungen erst einmal verspielt, ist es gar nicht so leicht, wieder eine gemeinsame Basis zu finden. Wer es trotzdem versuchen möchte, dem sei folgendes Vorgehen empfohlen – leider ohne Erfolgsgarantie, dafür aber mit guten Chancen: Kommen Sie ihrem Verhandlungspartner unerwartet entgegen und bringen Sie ihn so ins Nachdenken. Achtung: Das funktioniert in der Regel nur, wenn das Zugeständnis so gestaltet ist, dass es den Urheber – also sie selbst – schwächt und die andere Seite weiß, dass sie auch andere Handlungsoptionen hätten (Pruitt und Olczak 1995).

3.2.8 Verhandlungssysteme sind dynamisch und unsicher

Weil Verhandlungssysteme sich immer wieder im Ungleichgewicht befinden, weil sie ständige Auf-, Um- und Abbauprozesse durchlaufen, können sie als dynamische Systeme verstanden werden. Ein vorübergehendes Gleichgewicht auf der einen und Phasen der Umstrukturierung auf der anderen Seite erscheinen insofern als die beiden Seiten eines einheitlichen Prozesses der Selbstorganisation von Tauschsystemen:

Eine ausgeglichene Verhandlungsbeziehung entwickelt sich insofern immer nur über Vorleistungen, also instabile Zwischenstufen. Wenn die eine Seite z. B. Informationen preisgibt, kann sie nie sicher sein, ob sie von der anderen Seite Informationen gleicher Güte erhält. Und auch wenn dieses Ungleichgewichtssystem einmal einen stationären Gleichgewichtszustand produziert, bleibt die Balance von konstruktiven und destruktiven Kräften doch immer prekär.

▶ Die Fähigkeit mit Unsicherheiten umzugehen, ist also ein wichtiger Aspekt des Handelns in Verhandlungssystemen.

Diese Unsicherheiten rühren aus verschiedenen Quellen:

Ist das der richtige Verhandlungspartner? Wie lange soll ich mich an ihn binden? Werde ich hier über den Tisch gezogen? Spielt der mir was vor? …

Vermeintlich Abhilfe schaffen können da entweder juristische Sicherungssysteme oder soziales Kapital in Form von Vertrauen, das in der Interaktionsgeschichte aufgebaut wurde.

Wohl auch deswegen neigen Verhandelnde dazu, sich eher mit den bereits bekannten Verhandlungspartnern zu einigen, als neue zu suchen – selbst wenn dies zulasten von möglicherweise besseren Ergebnissen geht.

3.2.9 Die stärkere Verhandlungsmacht hat der, der den anderen weniger braucht als umgekehrt

Das Umgehen mit Unsicherheiten ist nicht jedermanns Sache. Wer sich darauf nicht einlassen und sich auch nicht auf seine guten Argumente allein verlassen will, der ist gut beraten,

- sich in der Beziehung zu seinem Verhandlungspartner weniger austauschbar zu machen,
- Alternativen zu dem aktuellen Verhandlungspartner in petto zu haben – und/oder
- sich Szenarien zu überlegen, wie er auch ohne Einigung und Kooperation mit anderen gut überleben und seine Wettbewerbsfähigkeit erhalten kann.

▶ Denn: Macht entsteht immer dort, wo ein Interaktionspartner in der Lage ist, dem anderen einen Schaden zuzufügen.

Unter der Überschrift Macht und Einfluss in Verhandlungen führe ich diese Gedanken weiter aus. Ich halte sie für so wichtig und spannend, dass ich ihnen unter Abschn. 4.1 ein eigenes Kapitel widme.

3.2.10 Harte und weiche Verhandlungs-Realitäten

Realität ist nicht gleich Realität. Unser Handlungsspielraum in Verhandlungen nimmt zu, wenn wir zwischen einer physikalisch messbaren „harten“ Verhandlungsrealität und einer „weichen“ und subjektiven Verhandlungsrealität unterscheiden.

Zu der harten Realität gehört alles Materielle, also Verhandlungsgegenstände wie Geld, Autos, Rohstoffe sowie Produkte und Dienstleistungen. Selbst das Interieur am Verhandlungsort: Tische, Stühle, Papiere, etc.

Die „weichen“ Realitäten oder Wirklichkeiten, die sich in den Köpfen der Verhandelnden abspielen – das Bild also, dass sich die Verhandelnden von der Situation, dem jeweiligen Gegenüber, ihren Chancen und Risiken machen – sind nicht messbar und auch von außen nicht sichtbar. Und zudem höchst individuell.

Die umfangreiche Forschung rund um das Thema der sich selbst erfüllenden Prophezeiungen liefert hierzu eindrückliche Beispiele. Am populärsten aufgezeigt wurde dieser

Effekt anhand der Frage, wie sich Erwartungen von Lehrern auf das tatsächliche Leistungsverhalten der Schüler auswirken. Unabhängig von der Ausgangsleistung der Schüler verbesserten sich die Leistungen jener Schüler am deutlichsten, von denen der Lehrer dies auch erwartete. Gezeigt werden konnte, dass Lehrer, weil sie eine Leistungssteigerung für bestimmte Schüler erwarteten, ihr Verhalten gegenüber genau diesen Schülern änderten, was dann tatsächlich zu einer Leistungssteigerung bei ihnen führte.

Erwartungseffekte dieser Art, die davon herrühren, dass die betreffenden Personen nur noch Informationen aufnehmen, die ihre Erwartungen und Wünsche stützen, werden gemeinhin als Pygmalion-Effekte bezeichnet. Als Pate für diese Bezeichnung steht der Bildhauer Pygmalion aus der griechischen Mythologie. Nach seiner Idealvorstellung erschuf er eine Frau aus Elfenbein. Diese wurde von der Göttin Aphrodite zum Leben erweckt, sodass er sie heiraten konnte. Quintessenz: Der Erwartungseffekt erschafft die Realität (Kanning 1999).

3.2.11 Mentale Verhandlungsmodelle steuern das Verhalten

Auch in Verhandlungen werden wir sehr von unseren Erwartungen und sogenannten mentalen Modellen gesteuert. Ein mentales Modell ist wie ein verkleinertes Abbild eines Teils der Wirklichkeit zu verstehen. Es gibt rasch Auskunft darüber, was alles zu einem Gegenstandsbereich gehört und welche Beziehungen zwischen diesen Merkmalen bestehen (Schwarz 1985).

Zu einem mentalen Modell über einen Restaurantbesuch gehören beispielsweise Informationen und Annahmen darüber, woran man ein Restaurant erkennt (Tische und Stühle, Kellner, Speisen und Getränke) und wie sich ein Besuch aus Sicht des Gastes üblicherweise abspielt (Platz nehmen, dann bestellen, essen und bezahlen erst, wenn man geht).

Das Gleiche gilt für Verhandlungen. Für die einen gehören dazu: ein Pokerface, ein dunkler Raum mit tief hängender Lampe und eine Kommunikation, die sich um Angebote, Gegenangebote, Zugeständnisse und Verweigerungen dreht. Für die anderen gehören zu einer Verhandlung eine gute Atmosphäre, ein offenes Klima, in dem man die Karten auf den Tisch legt und von beiden Seiten die Bereitschaft, sich für die Ziele des anderen zu interessieren.

Ein positiver Aspekt solch mentaler Modelle ist, dass wir damit den Wahrnehmungs-Manipulations-Versuchen unserer Mitmenschen nicht blind ausgeliefert sind: So wissen die meisten Kaufinteressenten eines Gebrauchtwagens, was sie von dem Loblied des Verkäufers zu halten haben. =FILTER

- Der eigentliche Clou aber ist: Im Zweifelsfall, wenn mentale Modelle mit den „objektiven Daten" konkurrieren, werden die „objektiven Daten" den mentalen Modellen angepasst – und nicht umgekehrt. Dies kann zu absolut unterschiedlichen Interpretationen und Situationskonstruktionen führen (Bazermann et al. 2000).

Nehmen wir an, Sie haben ihren Verhandlungspartner im Autohaus in eine bestimmte Schublade abgelegt: Sie halten ihn für kleinkrämerisch, penibel und dogmatisch. Damit haben sie ein mentales Modell geschaffen, durch dessen Filter Sie alles sehen und bewerten, was er unternimmt. Die Wahrscheinlichkeit, dass Sie nun alles übersehen, was nicht in dieses Modell hineinpasst, ist ausgesprochen hoch.

Wenn er also beispielsweise sein Serviceangebot für Ihre neue Flotte an Geschäftsfahrzeugen großzügig erweitert und Ihnen anbietet, nicht nur die erste sondern auch die zweite Inspektion zulasten des Autohauses durchzuführen, überhören Sie dieses Angebot oder denken gleich: „Das holt der sich anderer Stelle wieder rein …"

Wir gehen nicht als Black-Box, als unbeschriebenes Blatt in Verhandlungen hinein. Verhandlungssituationen sind nie „nur" objektiv, also neutral überprüfbar und durch den äußeren Rahmen vorgegeben. Eher ist es so, dass jeder Verhandelnde seine Wahrnehmung als „die" Realität proklamiert. Verhandlungssituationen werden von den Akteuren gemacht – und könnten durch andere Beobachtungen, Bewertungen und Kommunikationen jederzeit auch anders sein.

▶ Mentale Verhandlungsmodelle bestimmen das Klima und das Ergebnis.

Die Bedeutung, die mentale Modelle auf Verhandlungen und auf das Verhalten der Akteure haben, sind in einer Reihe von Untersuchungen beschrieben worden. Das Verhalten der Verhandelnden war dabei durchgängig sehr abhängig von dem Rahmen, in dem sie sich zu befinden glaubten.

Die meisten Untersuchungen werden anhand von Variationen des sogenannten Prisoner Dilemma Games (PDG) durchgeführt (siehe auch Abschn. 2.3.2). Die Grundidee dahinter ist, dass zwei Spieler eine gemeinsame Aufgabe durch Kooperation oder durch Kompetition lösen können. Wenn beide Spieler kooperieren, erhalten beide den gleichen geringeren Betrag. Wenn nur einer kooperiert, erhält er gar nichts, der nicht kooperierende Spieler aber einen höheren Betrag. Kooperiert keiner, erhält jeder noch weniger.

Je nach Überschrift, unter der die Übung gestellt wird, verhalten sich die Akteure anders. Unter der Headline „Community Game" nahm die Kooperation um 100 % zu. Lautete die Überschrift „Wall Street", führte dies zu stark kompetitiven Verhalten.

▶ Die faktisch gleiche Ausgangssituation wurde – abhängig von dem mentalen Modell, dass die Akteure vor Augen hatten – völlig unterschiedlich wahrgenommen, benannt und bewertet (Bazermann et al. 2000).

In Übungen, die unter der Überschrift „soziale Dilemma" (ausgelegt auf Kooperation) durchgeführt werden, sind Verhandelnde eher bereit, wesentlich geringere Auszahlungen und damit potenzielle Verluste zu akzeptieren, als in von der Struktur her gleichen Übungen unter der Überschrift „Ultimatum-Game" (ausgelegt auf Kompetition).

Daraus, dass schon die Überschrift so einen entscheidenden Einfluss auf das Verhalten nimmt, können wir ganz praktisch schließen:

- Häufig dürfte es eher angebracht sein, nicht von „Verhandlungsführung" zu sprechen, sondern besser von „Gesprächen", „Einigungsgesprächen", „Lösungssuche" etc., da bei dem Wort „verhandeln" bei vielen Menschen Alarmglocken läuten und Stresshormone ausgeschüttet werden.

Ähnliche Effekte beobachten wir, wenn Menschen unterschiedliche Rollen in Übungen mit der gleichen ökonomischen Struktur spielen: Als Business-Person verhalten sie sich komplett anders als in der Rolle eines Nachbarn.

Je nach eingenommener Rolle und wahrgenommener Situation verhalten sich menschliche Akteure also sehr unterschiedlich. Dabei ist es nicht entscheidend, ob diese Rolle oder Situation einer Objektivierung standhalten würde – diese Auffassungen können sich völlig losgelöst von den tatsächlichen Begebenheiten entwickeln.

Die dominierenden mentalen Verhandlungsmodelle sind das kooperative und das kompetitive. Einmal agieren wir eher entspannt und mit einem offenen Geist, das andere Mal eher angespannt, sehr zielfixiert und häufig mit einem Scheuklappen-Blick, der nur das wahrnimmt, was in unser Konzept passt.

Welche Handlungspläne und Verhaltensweisen sich aus den beiden Modellen ableiten, haben Sie bereits in den Abschn. 2.12.2 erfahren.

Die kompetitiven mentalen Verhandlungsmodelle scheinen dazu zu führen, dass die Verhandelnden in der Mehrzahl der Fälle ihre Interessen im Vergleich zur Gegenseite als konträr empfinden. Dies geschieht tragischerweise auch dann, wenn die Verhandelnden identische, kompatible Interessen haben.

Untersuchungen zeigten, dass sich diese Sichtweise entweder unmittelbar zu Beginn der Verhandlungen änderte – oder das kompetitive Verhalten hielt sich während der gesamten Verhandlung. Verantwortlich dafür sind sogenannte Reflexionsschwellen. Das bedeutet: Wenn wir uns einmal ein bestimmtes Bild zurechtgezimmert haben, ist jede Änderung dieses Bildes mit emotionalem und kognitivem Aufwand verbunden. Und häufig erscheint es einfach nicht attraktiv einen einmal etablierten Rahmen zu verlassen – sei es aus Zeitdruck oder aus Bequemlichkeit.

- Zu ergründen, welche kognitiven Repräsentationen und mentalen Modelle die Verhandelnden leiten, mit welchen Vorstellungen über die Zusammenkunft sie also in die Verhandlung hineingehen, wird umso wichtiger, je komplexer die Verhandlung angelegt ist.

Verhandelnde laufen sonst Gefahr, einem Bären aufzusitzen – und Chancen und damit Gewinnpotenziale ungenutzt zu lassen. Sie laufen Gefahr, Risiken zu übersehen und sich und ihre Organisation damit unnötigerweise in schwieriges Fahrwasser zu bringen. Etwa wenn Verhandelnde glauben, dass die Strategie, mit der sie in eine Verhandlung hineingehen zum Ziel führen wird und sie infolgedessen Informationen, die diese Strategie nicht stützen, ausblenden und somit möglicherweise bessere Verhandlungsergebnisse verfehlen – oder andersherum Signale nicht wahrnehmen, die ihre Position erheblich verschlechtern.

► Über die Wahl des mentalen Modells entscheiden Gewohnheiten und Kleinigkeiten.

Wie kommt es nun dazu, dass das eine oder das andere mentale Modell gewählt wird – wann entscheiden sich Parteien für Kompetition und wann für Kooperation? Sind das überhaupt bewusste Entscheidungen? Welche Ursachen sind neben bestimmten Überschriften und Labeln (Community Game vs. Wallstreet) oder auch bestimmten Rollen (Geschäftsmann vs. Nachbar), neben Erwartungen und Erfahrungen oder dem, was der Verhandlungspartner von der anderen Seite gehört hat, dafür verantwortlich?

Diese Fragen und die Antworten darauf sind allein deswegen wichtig, weil mit der Wahl des mentalen Modells nicht nur der Interpretationsrahmen festgelegt wird, sondern damit einhergehend auch der Modus der Informationsverarbeitung. Einmal agieren wir automatisch-gereizt, ein anderes Mal rational-bedacht. Einmal agieren wir im Stress, das andere Mal in der Entspannung.

Aus der Kognitionsforschung wissen wir, dass ein kooperativer Kontext ein Lösungsräume öffnendes Verhalten zumindest wahrscheinlicher macht. Werden Verhandlungen hingegen als Veranstaltungen gesehen, in denen uns etwas weggenommen wird, landen wir dabei fast automatisch im sogenannten Verlustkontext. Der Nachteil dabei: Wenn Menschen Angst haben, etwas zu verlieren, verhalten sie sich ängstlich und mental unflexibel.

Fakt ist: Im Stresszustand stehen uns weniger kognitive Ressourcen zur Verfügung.

Eine tragende Rolle bei der Wahl der mentalen Modelle scheint den sogenannten „Match-Parametern" zuzukommen. Diese Parameter bestätigen oder verunsichern die Akteure in der Wahl ihres Rahmens. Als wichtigste Matches können wir signifikante Symbole ansehen. Damit sind gestische oder sprachliche Zeichen gemeint – also z. B. ein bestimmter Augenaufschlag oder eine sehr förmliche oder eher informelle Begrüßung. Die Bedeutung von vertrauenswürdigen und glaubwürdigen Gesten kann wahrscheinlich gar nicht hoch genug eingeschätzt werden. Denn aufgrund der Dynamik und Unsicherheiten in Verhandlungssituationen kann vermeintlich kleinen und nebensächlichen Zeichen eine riesige Bedeutung zukommen.

Aber auch gemeinsam gemachte Erfahrungen oder eine einmal erlebte Abkehr von den „egoistischen" Positionen, die einen Fortgang vorangegangener Verhandlungen überhaupt erst möglich machte, stärken die Basis zwischen Verhandlungspartnern.

Die Glaubwürdigkeit solcher Symbole und die Macht der gemeinsamen Geschichte nehmen bei dichter Interaktion zu. Das Konstruieren gemeinsamer mentaler Modelle erleichtern sie enorm (Esser 2001, 2004).

Darüber hinaus suchen Menschen vor allem solche Informationen in der „objektiven" Situation, die mit den eigenen Bildern und Erfahrungen, den eigenen mentalen Modellen und der eigenen Befindlichkeit im Einklang stehen. Die Stärke dieser Bilder und mentalen Modelle ist u. a. abhängig von

- der Häufigkeit, mit der die mentalen Modelle in früheren Situationen bestätigt wurden. Wer Verhandlungen immer als reine Machtspiele erlebt hat, wird „Beweise“ dafür auch bei kooperativ Verhandelnden finden.
- der Anzahl möglicher alternativer Deutungen. Wer gute und schlechte Erfahrungen gemacht, weiß, dass beides möglich ist.
- den motivationalen und emotionalen Einflüssen. Der von seinem Vorstand hintergangene Geschäftsführer sieht alles negativ.
- dem Einfluss, den das soziale Umfeld auf den Verhandelnden ausübt. Im Kreise von vielen Hardlinern ist es schwer, für Zugeständnisse an die andere Seite zu werben.

Wer weiß, wie stark wir von unseren mentalen Modellen gesteuert werden, ist klar im Vorteil. Denn so wird es möglich, sich ihrer bewusst zu werden und einen „wahrnehmungsorganisatorischem Automatismus“ zu unterbrechen. Das gelingt durch Innehalten – und durch folgende Fragen (Kreggenfeld 2016):

- Welche Assoziationen verknüpfen Sie mit dem Begriff „Verhandeln“?
- Welche Glaubenssätze bezogen auf „Verhandeln“ steuern Sie? Etwa:

  Verhandeln heißt, den anderen über den Tisch ziehen.

  Oder:

  Verhandeln heißt, sich möglichst schnell auf einen Kompromiss einzulassen.

- Welche positiven und negativen Erfahrungen haben Sie bisher bei Verhandlungen gemacht?
- Welche Unterschiede liegen der Wertung in positive und negative Erlebnisse zugrunde?
- Was wäre anders gewesen, wenn die negativen Erfahrungen eine positive Wende genommen hätten?

Im Zuge dieses Bewusst machens können Verhandelnde den Einfluss von mentalen Modellen und Hypothesen reduzieren und auf die Suche gehen nach zusätzlichen Informationen, die neue Schlüsse erlauben. So steigen die Chancen, alternative Hypothesen und mentale Modelle zu generieren erheblich. Außerdem sinken die Risiken, das nicht ins bisherige Schema passende Informationen nicht wahrgenommen oder nicht wirken können.

In Verhandlungen selbst erscheint es dann ausgesprochen nützlich, immer wieder Meta-Pausen zu machen, also aus dem inhaltlichen Verhandlungsgespräch auszusteigen und über die eigenen Schlüsse, Hypothesen und mentalen Bilder in den Austausch zu gehen. Dazu lernen Sie im nächsten Kapitel (‚Systemisch Verhandeln') den ‚Verhandlungsloop' kennen; eine Intervention, die genau dies ermöglicht.

Das ist zwar eine anspruchsvolle Aufgabe, mit den richtigen Fragen und Impulsen aber gut zu leisten. Und darum kümmern wir uns im nächsten Kapitel.

3.2.12 Zusammenfassung

Ein Verhandlungssystem besteht aus mindestens zwei verhandelnden Akteuren. Es entsteht, weil zumindest ein Akteur ein Ungleichgewicht im eigenen System oder in seinen System-Umwelt-Beziehungen wahrnimmt oder erwartet. Und er glaubt, diesen Zustand durch eine Absprache oder Kooperation mit anderen zu seinen Gunsten verändern zu können.

Verhandlungen sind Suchbewegungen von Akteuren/Systemen, die darauf abzielen, die eigene Überlebens- und Wettbewerbsfähigkeit durch Kooperation mit anderen Akteuren/Systemen zu verbessern.

Je kürzer und befristeter die Kooperationen und Kopplungen ausfallen, desto mehr Flexibilität bewahren sich die beteiligten Systeme.

Je stärker und länger sich die Akteure aneinander binden, desto deutlicher kommt der Schatten der Zukunft ins Spiel. Die Frage also, ob die aktuell getroffene Einigung auch in der Zukunft noch eine gute Wahl darstellt. Auch deswegen ist es in Verhandlungen immer sinnvoll, die Erwartungen, Befürchtungen und Hoffnungen in Erfahrung zu bringen, die die Akteure mit der Zukunft verbinden.

Je genauer die Übereinkunft sein muss, desto schwieriger wird die Einigung.

Alle Akteure sind damit beschäftigt, als eigenständige Systeme und als Elemente in anderen übergeordneten Systemen ihren eigenen Systemaufgaben nachzukommen. Das bedeutet insbesondere, dass sie versuchen, ihre Überlebens- und Wettbewerbsfähigkeit in spezifischen Kontexten und Umwelten aufrechtzuerhalten und zu verbessern.

Verhandlungssysteme werden durch den Kontext strukturiert. Sie erschaffen und organisieren sich selbst. In ihnen wird ökonomisch und sozial gehandelt oder auch getauscht. Die Verhandlungssysteme sind dynamisch und unsicher. Die Fähigkeit mit Unsicherheiten umzugehen, ist also ein wichtiger Aspekt des Handelns in Verhandlungssystemen.

Die stärkere Verhandlungsmacht hat der, der den anderen weniger braucht als umgekehrt.

Realität ist nicht gleich Realität. Unser Handlungsspielraum in Verhandlungen nimmt zu, wenn wir zwischen einer physikalisch messbaren „harten" Verhandlungsrealität und einer „weichen" und subjektiven Verhandlungsrealität unterscheiden.

Mentale Verhandlungsmodelle steuern das Verhalten – auch und besonders in Verhandlungen. Im Zweifelsfall, wenn mentale Modelle mit den „objektiven Daten“ konkurrieren, werden die „objektiven Daten“ den mentalen Modellen angepasst – und nicht umgekehrt. Über die Wahl des Modells entscheiden Gewohnheiten und Kleinigkeiten. Einflugschneise für den Verhandlungserfolg: die gemeinsame weiche Wirklichkeit.

Das Bewusst machen und ausgiebige Explorieren der eigenen mentalen Verhandlungsmodelle, der Hypothesen und Annahmen, die man von seinem Verhandlungspartner hat, ist der erste Schritt heraus aus den wahrnehmungsorganisatorischen Automatismen.

3.3 Systemisch verhandeln

Das erwartet Sie in diesem Kapitel

In diesem Kapitel lernen Sie, nichts zu übersehen, was für den Erfolg einer Verhandlung relevant ist. Sie erhalten Impulse und Fragestellungen, die Sie in die Lage versetzen, Verhandlungssysteme und -kontexte auszuleuchten. Dazu schauen wir unter anderem auf

- die Kommunikation, die die Verhandelnden in Gang setzen oder unterlassen,
- die Beziehungen der Verhandelnden,
- die unausgesprochenen Regeln und eingeschliffenen Muster, nach denen eine Verhandlung häufig verläuft,
- das Umfeld und die Umwelten, in denen sich die Verhandelnden bewegen.

Das versetzt Sie in die Lage, sich auch auf schwierige und komplexe Verhandlungen vorzubereiten sowie Verhandlungen ergebnisorientiert und flexibel zu führen.

Sie lernen zudem den ‚Verhandlungsloop‘ kennen – ein Interventionsmittel, mit dem Sie unerwünschte Dynamiken unterbrechen und Verhandlungen gewinnbringend analysieren und fortsetzen können.

Sie entwickeln ein Handlungs- und Analyse-Repertoire, das weit über das kooperative und kompetitive Verhandeln hinausgeht und das Sie in die Lage versetzt, Chancen zu nutzen und mit Risiken angemessen umzugehen.

3.3.1 Was ist systemisches Verhandeln?

Systemisch verhandeln heißt zunächst einmal: Verhandeln im Sinne und zum Vorteil des Systems. Im geschäftlichen Bereich also: Verhandeln im eigenen Sinne, im Sinne der Organisation, im Sinne all derer, die für die Wettbewerbsfähigkeit der Organisation und für das Erreichen der Geschäftsziele nötig sind und letztlich auch im Sinne der Gesellschaft, in die die Organisation ja eingebettet ist.

Damit das gelingt, gilt es, Verantwortung für die aktuelle Situation zu übernehmen, klare Vorstellungen von den eigenen Zielen zu entwickeln und dann zu schauen, wie sie am besten erreicht werden können. Systemisch Verhandelnde richten den Blick auf die Chancen, die sich in Verhandlungssystemen ergeben und halten Ausschau nach Wegen, die die eigenen Handlungsmöglichkeiten erweitern. Gleichzeitig leuchten sie die Risiken und Gefahren im Verhandlungssystem und dessen Umfeld sehr genau aus, zum Beispiel indem sie im Zuge einer sogenannten Grenzplanung erkunden, wie sie eine Verhandlung zum Scheitern bringen können. Der Vorteil: Sie haben mehr Klarheit darüber, welche Linien sie besser nicht überschreiten (siehe Abschn. 3.1.1).

Bei all dem geht es nicht darum, normativen Handlungsplänen und detaillierten Vorgaben zu folgen. Weil niemand vorhersehen kann, wie sich Verhandlungssituationen und Verhandlungssysteme entwickeln, müsste dieses Vorhaben scheitern. Es würde zudem die Situation enorm verkünsteln. Gefragt sind keine starren Strategien, sondern vielmehr Offenheit für das, was da auf einen zukommt; Offenheit auch gegenüber den Chancen, die sich aus Zufällen und Störungen ergeben.

Systemisch Verhandelnde sind sich zudem der verschiedenen Begrenzungen, mit denen wir es als Menschen in Verhandlungen zu tun haben, sehr bewusst.

Begrenzungen ergeben sich schon daraus, dass das, was wir gewöhnlich als die Realität in Verhandlungen betrachten, lediglich eine mögliche Realität darstellt. Denken Sie zum Beispiel, dass Ihr Verhandlungspartner Ihnen feindlich gesonnen ist, werden Sie für diese Einstellung viele Belege finden. Gleichzeitig sind die meisten von uns mit dieser Brille auf der Nase nicht in der Lage, auch andere, z. B. kooperative Signale wahrzunehmen – die genauso da und wahr sein können. Zu unserer Sicht der Dinge gibt es immer eine Reihe alternativer Deutungsmöglichkeiten.

Begrenzungen entstehen auch, wenn sich in Verhandlungen bestimmte und ungute Kommunikationsmuster etablieren, die sich quasi verselbstständigen und den Verhandelnden nicht mehr bewusst sind. Da reichen schon solche vermeintlichen Banalitäten, wie das Unterbrechen und Nicht-Ausreden-lassen des anderen.

Und, wie wir schon gesehen haben, entstehen Begrenzungen letztlich auch aus sehr starren Zielfixierungen auf Seiten von Verhandelnden. Als Folge davon bleiben viele Chancen ungenutzt, die sich aus der Situation ergeben könnten.

Um diese Begrenzungen zu überwinden und Chancen zu erkennen, ist auf Seiten der Verhandelnden in allen Phasen einer Verhandlung eine hohe Reflexionskompetenz gefragt – in der Vorbereitung, der Durchführung und ebenso in der Nachschau auf Verhandlungen.

> Wer systemisch verhandelt, ist bereit, neue Möglichkeiten zu suchen und alternative Deutungen zur Verhandlungssituation zuzulassen. Der Schlüssel zu neuen Erkenntnissen und Handlungsoptionen liegt im Wechsel zwischen der Innenperspektive und der Außenperspektive. In der Innenperspektive sind wir die handelnden Akteure, die ihre Ziele verfolgen, mittendrin im Fluss des Verhandlungsgeschehens und des Verhandlungsgesprächs. In der Außenperspektive treten wir aus diesem Fluss hinaus und schauen quasi von einer höheren Warte, einer Tribüne aus auf das Verhandlungssystem und seine Umwelten.

Während einer Verhandlung kann das so aussehen, dass Sie sich eine kleine Auszeit nehmen, kurz Innehalten und sich folgende Fragen stellen:

Was wollte ich in dieser Verhandlung erreichen? Wie ist es bisher gelaufen? Wenn es so weiterläuft, wie bisher, was wird dann wahrscheinlich dabei herauskommen? Will ich das? Welche alternativen Optionen und Szenarien sind möglich? …

Im besten Fall gelingt es, gemeinsam mit dem Verhandlungspartner aus der Außenperspektive auf die laufende Verhandlung zu schauen:

Lassen Sie uns einmal aus dem Verhandlungsverlauf und dem inhaltlichen Gespräch aussteigen und schauen, was wir uns zu Beginn der Verhandlung vorgenommen hatten, wie es bisher gelaufen ist und welche Möglichkeiten und Optionen wir haben, um von hier aus weiter zu verhandeln.

Das Schaubild (Abb. 3.2) veranschaulicht diesen Wechsel der Verhandlungspartner von der Innen- in die Außenperspektive und wieder zurück.

Der ‚Loop', quasi eine Metapause, ist die wohl mächtigste Intervention, um ungünstige Dynamiken im Verhandlungsverlauf zu unterbrechen, wahrnehmungsorganisatorische Automatismen zu stoppen und nüchtern und rational den Blick auf Gemeinsamkeiten und Unterschiede, auf Chancen und Risiken und auf nicht genutzte Ressourcen im gesamten Verhandlungssystem zu richten (Kreggenfeld 2009).

3.3.2 Der systemische Blick – Die systemische Analyse

Im Folgenden möchte ich das Verhandlungssystem und seinen Kontext umfassend ausleuchten und damit das angekündigte Versprechen einlösen, Ihnen ein Handlungs- und Analyserepertoire an die Hand zu geben, das weit über das kooperative und kompetitive Verhandeln hinausgeht. Das versetzt Sie in die Lage, Chancen zu nutzen und mit Risiken angemessen umzugehen.

Dazu erhalten Sie jetzt anregende Impulse und erkenntniserweiternde Fragen zu

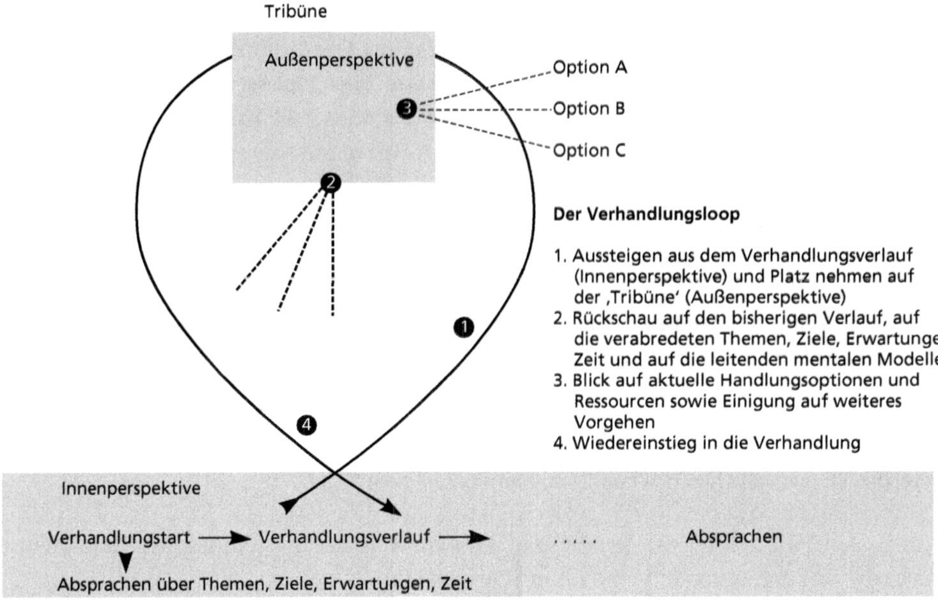

Abb. 3.2 Der Verhandlungsloop

- den jeweiligen Wirklichkeitskonstruktionen, die die Verhandelnden leiten, letztlich also zur Frage: Wie wirklich ist die Wirklichkeit?
- der Kommunikation, welche die Verhandelnden in Gang setzen oder unterlassen;
- der Beziehung der Verhandelnden untereinander;
- den Auswirkungen, die es hat, wenn Verhandlungssysteme nur einmalig miteinander verhandeln oder wenn sie wiederholt und dauerhaft miteinander verhandeln und welche Auswirkungen einmalige oder wiederkehrende/dauernde Verhandlungen wiederum auf das Verhandlungssystem haben;
- der Zustimmung oder auch Anschlussfähigkeit der Lösungen und Vereinbarungen an den jeweiligen Verhandlungspartner, an seine Organisation, an die jeweiligen Überlebenseinheiten und die relevanten Systeme;
- den häufig auch unausgesprochenen Regeln und eingeschliffenen Mustern, nach denen eine Verhandlung verläuft;
- dem Verhandlungsgegenstand, der Verhandlungsmasse;
- zum Umfeld, zu den Umwelten, in denen sich die Verhandelnden bewegen.

3.3.2.1 Wie wirklich ist die Wirklichkeit?

Alle Menschen, also Sie genauso wie ich, machen und konstruieren sich ihr eigenes Bild von der Wirklichkeit – auch und besonders in jeder Verhandlungssituation. Der häufigste Fehler dabei: Wir glauben, dass dieses Bild, also unsere Sicht der Dinge, das einzig richtige ist. Aus systemischer Sicht sollten wir uns von diesem Gedanken verabschieden.

Unser Bild ist eher die Sichtweise, die sich für uns aufgrund unserer individuellen Geschichte und unseren Zukunftserwartungen als passend, funktionierend oder unter den bisherigen Umständen als erfolgreich herausgestellt hat. Übriges wird das bei Ihrem Verhandlungspartner genauso sein. Auch er hält sein Bild für das richtige und geht davon aus, dass Sie, wenn Sie nur vernünftig wären, die Dinge genauso sehen müssten und auch genauso funktionieren müssten wie er.

Aber: Das von uns erzeugt Bild ist – nur – eine Möglichkeit. Es fußt auf der Beobachtung bestimmter Phänomene (und der Nichtbeachtung anderer) sowie der Bedeutung, die wir ihnen geben – und könnte prinzipiell auch anders sein.

Verhandele ich professionell, bin ich gut beraten, mein Bild zu reflektieren, da es sehr stark auf mein Denken und Handeln einwirkt. Dient mein Bild von der Wirklichkeit mir und meinen Zielen? Welche Chancen ergeben sich dadurch und wo schränkt es mich ein?

Diese Reflexion kann mich einmal dazu bringen, mehr Vorsicht walten zu lassen und mit Informationen spärlich umzugehen – etwa wenn ich merke, dass ich stark von naiver Gutgläubigkeit geprägt bin. Ebenso ist es möglich, mich mehr zu öffnen und Informationen preiszugeben – wenn mir bewusst wird, dass mein sehr kompetitiv gefärbtes Bild der Situation nicht gerecht wird.

Diese Wirklichkeiten oder auch Bilder der Verhandlungssituation entstehen nicht im luftleeren Raum, sondern werden beeinflusst von unseren aktuellen körperlichen, seelischen, mentalen Zuständen, aber auch von unseren Erfahrungen und Erwartungen sowie von dem Umfeld, in dem wir uns bewegen und von anderem mehr.

Im Sinne einer solchen Selbst(-system-)klärung bieten sich zunächst die Fragen an, die wir uns schon im Zusammenhang mit den mentalen Modellen gestellt haben (siehe Abschn. 3.2.11).

Klären Sie dann Ihre aktuellen Auffassungen bezogen auf eine ganz konkrete Verhandlung:

- Welche Erfahrungen haben Sie in dem aktuellen Verhandlungssystem
  - mit dieser Organisation?
  - mit diesen Akteuren/Menschen?
  - in diesem Kontext?
- Welche Erwartungen haben Sie an die Organisation und die beteiligten Akteure?
- Welches Image hat der Verhandlungspartner/seine Organisation bei Ihnen – was haben Sie von ihm gehört?
- Wie sähe es aus, wenn Sie sich vorstellen würden, dass Sie beide konstruktiv miteinander verhandeln?
- Welches Bild haben Sie von der aktuellen Verhandlung.
  - Ist es eher eine kooperative Veranstaltung, in der beide auch die Interessen der anderen im Auge haben?
  - Oder ist es eine Verhandlung, in die Sie innerlich auf- und hochgerüstet hineingehen, weil Sie glauben, dass die andere Seite ohne Rücksicht auf Ihre Verluste möglichst viel oder gar alles der zu verteilenden Ressourcen an sich raffen will?

Beide hier geschilderten Annahmen führen zu völlig unterschiedlichem Verhalten. Was glauben Sie, welche unterschiedlichen Auswirkungen haben beide Annahmen auf die Verhandlungsgespräche?

- Welche dieser Auffassungen möchten Sie lieber bestärken, welche verändern?
- Wollen Sie Ihre Auffassungen transparent machen – oder lieber unausgesprochen lassen?

Übrigens haben Sie mit den gleichen Fragen auch die Möglichkeit, die Wirklichkeitskonstruktion ihres Verhandlungspartners zu erkunden – und eine Menge Missverständnisse können gleich an dieser Stelle ausgeschaltet werden. Frei nach dem Motto:

> Sagen Sie, welches Verständnis haben Sie von unserer gemeinsamen Situation – ist das hier eher ein Showdown oder eine konstruktive Gesprächsrunde, in der wir die Möglichkeiten einer Kooperation ausloten?

Bei Akteuren, die auf eine längere gemeinsame Geschichte zurückschauen, kann es sein, dass die jeweiligen Wirklichkeitskonstruktionen und Weltbilder ungewollt bestätigt werden (Simon 2004b). Das bedeutet: Alles was vom anderen personalen System wahrgenommen wird, kann dieses Weltbild nicht mehr irritieren oder in eine andere konstruktive (oder auch destruktive) Richtung beeinflussen. Diese sich selbst stabilisierenden Rückkopplungskreise können unterbrochen werden, wenn die den jeweiligen Wirklichkeitskonstruktionen zugrunde liegenden (Vor-)Annahmen ad absurdum geführt werden und Widersprüche entstehen, die Möglichkeiten für neue Konstruktionsmuster aufkommen lassen.

Dazu ein Beispiel

Abteilungsleiter A ist sich sicher, dass Bereichsleiter B ihn nicht leiden kann. Das schließt er daraus, dass er im Vergleich zu seinen Kollegen weniger Kontakt zu B hat. A blendet dabei aus, dass B alle neu eingestellten Mitarbeiter zunächst in der Abteilung von A arbeiten lässt, um sie mit dem „Stallgeruch" des Unternehmens vertraut zu machen? ◄

Überlegungen, die bei der Beantwortung dieser Frage helfen können:

- Welche guten oder schlechten Absichten werden den jeweiligen Akteuren unterstellt?
- Welche Schlüsse werden aus dem beobachteten Verhalten und den eigenen Wirklichkeitskonstruktionen gezogen?
- Welche Konstruktionen ergeben sich, wenn diese Schlüsse einmal konsequent zu Ende gedacht werden?

Wie ist es um Ihr Körper-Seele-System bestellt? Dazu einige Fragen und Anmerkungen (Kreggenfeld 2011):

- Ausgang und Erfolg einer Verhandlung sind erheblich von unserem inneren Zustand abhängig. Stehen Sie da bezogen auf Ihre körperlichen und seelischen Ressourcen eher im „Soll“ oder im „Haben“?
- Seien Sie sich Ihres inneren Kontostands bewusst und übernehmen Sie dafür Verantwortung, zum Beispiel indem Sie vor einer Verhandlung notieren, was Ihnen zurzeit „auf den Geist geht“ oder Sorgen bereitet. Das kann Sie davor bewahren, sich an Ihrem Verhandlungspartner abzureagieren.
- Sie können die Verantwortung für Ihren inneren Zustand übernehmen und Ihre innere Batterie bewusst mit guten Gefühlen und Erfahrungen aufladen, indem Sie regelmäßig Dinge tun, die Ihnen guttun – und sich Wege überlegen, gut mit den unangenehmen Gefühlen umzugehen. Oft ist die Akzeptanz dieser Gefühle schon der erste Schritt.
- Lassen Sie Ihre Umwelt von Ihrem vollen Ressourcen-Konto profitieren und unterstützen Sie andere, auch in gute Zustände zu kommen. Beispielsweise indem Sie Ihre Wertschätzung und Akzeptanz ausdrücken.
- Falls Sie aktuell nicht auf hinreichende innere Ressourcen des biologisch, emotional/psychischen Systems zurückgreifen können, sollten Sie durchaus in Erwägung ziehen, einen Termin nicht wahrzunehmen – oder sich vertreten zu lassen.

3.3.2.2 Die Kommunikation der Verhandelnden

Eine Verhandlung kommt nur über Kommunikation zustande und hält sich nur über Kommunikationen aufrecht. Keine Kommunikation – keine Verhandlung. Wir sprechen, hören und verhalten uns und werden dabei von unseren Verhandlungspartnern beobachtet.

Wir interpretieren das, was wir hören und sehen und das, was wir sagen und zeigen, wird interpretiert. Wie diese Interpretationen ausfallen, ist wieder sehr stark von den Wirklichkeitskonstruktionen abhängig (Backhausen und Thommen 2004). Dass diese besonders bei Verhandlungen in anderen Kulturkreisen oder mit Vertretern aus anderen Ländern sehr unterschiedlich sein können, liegt auf der Hand. So sind fast alle Nationen und Kulturen überrascht von der deutschen Art, Probleme sehr direkt anzusprechen. Was bei uns positiv und engagiert ankommt, brüskiert die andere Seite.

Bereits innerhalb von Organisationen können auf diese Weise viele Missverständnisse auftreten.

> Wie konntest Du nur so locker auftreten und dann auch noch eine flapsige Bemerkung machen – schließlich saßen wir da in einer Verhandlung!“ – „Wie ich das machen konnte? Eben weil wir in einer Verhandlung waren, war es nötig, da ein wenig Lockerheit reinzubringen!

Dieser Redewechsel zeigt, wie unterschiedlich die Bilder sein können, die Verhandelnde leiten.

Wenn Sie Glück haben, sind ihre Interpretationsrahmen so ähnlich wie die Ihres Verhandlungspartners. Die Ähnlichkeit der konstruierten Interpretationsrahmen und Wirklichkeiten kann mit Parallelen in der persönlichen Geschichte der Akteure zunehmen. Deswegen verstehen sich alte Schulfreunde manchmal blind oder langjährige Ehepartner verständigen sich auch über komplizierte Themen mit einem kurzen Blickkontakt. Das ist auch ein Grund dafür, dass viele Firmen lieber mit bekannten und vertrauten Akteuren zusammenarbeiten, als sich auf die Ungewissheit von neuen Partnern einzustellen – auch wenn Sie dafür einige Euro mehr investieren.

Lassen Sie uns davon ausgehen, dass zwei Akteure niemals den genau gleichen Interpretationsrahmen zugrunde legen, weshalb sie sich auch niemals vollständig verstehen können. Von daher ist es sehr sinnvoll, immer wieder zu benennen, wie Sie etwas verstanden haben wollen bzw. meinen. Und vor diesem Hintergrund wundert es nicht, dass ich nach der Auswertung von groß angelegten Untersuchungen folgendes Kommunikations-Verhalten empfehlen kann (Rackham 2003):

- Benennen Sie, was Sie tun. Beispielsweise:

Ich möchte im Folgenden gerne ausführen, auf welcher Basis wir uns eine Kooperation vorstellen können …

Nur wenn Sie nicht mit Ihrem Verhandlungspartner übereinstimmen, sollten Sie dies nicht ständig betonen.

- Überprüfen Sie, wie Sie den anderen verstanden haben und fassen Sie den Stand der Dinge immer wieder zusammen:

Lassen Sie mich einmal zusammenfassen, wie ich den Verlauf unserer Gespräche verstanden habe: … Deckt sich das mit Ihrem Verständnis?

- Stellen Sie viele Fragen, um die Hintergründe und Motive Ihres Verhandlungspartners zu verstehen:

Was ist für Sie wichtig? Worauf legen Sie besonderen Wert? Was sind Ihre Gründe? Womit sind Sie (un)zufrieden?

- Benennen Sie Gefühle und Gedanken, die signalisieren, was in Ihnen vorgeht:

Ich frage mich gerade, wie das zusammenpassen kann, was wir gerade jetzt und was wir vor einer halben Stunde zu dem Thema gesagt haben?

In diesem Zusammenhang ist es sinnvoll, wenn wir uns einmal genauer das Medium „Sprache“ anschauen, über die wir uns verständigen. Sprache ist nicht immer ein eindeutiger Übermittler von Information, sondern sie drückt den transportierten Inhalten die eigenen Merkmale auf. Wie etwas gesagt wird und welche Annahmen dem Gesagten zugrunde liegen, kommentieren die Inhalte des Gesagten. Aussagen wie:

Ich schätze Ihre Expertise außerordentlich!

vorgetragen mit zum Kinn gerichteten Mundwinkeln und hochgezogenen Augenbrauen machen dieses Kompliment unglaubwürdig.

Wie wir etwas interpretieren, was der andere sagt, kann von vielen Punkten beeinflusst werden (Pearce und Cronen 1980):

- Von der **Stimme**, der **Lautstärke**, dem **Tonfall** und dem **Sprechtempo**, der **Mimik** und **Gestik**, der **Körperhaltung** und dem **Abstand** zu Ihrem Gegenüber.
- Von dem Inhalt des Gesagten, dem sogenannten semantischen Gehalt einer sprachlichen Äußerung.
- Von der **Beziehung**, der Art und Weise, wie die Akteure zueinander stehen; und zwar einmal bezogen auf ihre Funktion, ihre geschäftliche oder organisationale Rolle, und das andere Mal bezogen auf ihre persönliche Beziehung zueinander.
- Von dem, was vor und nach dem Gesagten passiert, den sogenannten **Interaktionssequenzen**.
- Von **Mythen und Geschichten**, die in Organisationen über einzelne Akteure oder andere Organisationen erzählt werden, und die als Grundlage zur Deutung von Geschehnissen dienen können.

Praxisbeispiel

Wenn die Abteilung einer Versicherung, die die Ansprüche von Kunden überprüft, den Ruf hat, auch die kleinsten Unstimmigkeiten im Schadensverlauf von Kunden herauszufinden und dem Konzern damit schon Auszahlungen in Millionenhöhe erspart hat, sind das die Stars im Unternehmen. Deren Beiträge werden in Meetings gewichtiger aufgenommen als die des Justiziars, der 80 % seiner Verhandlungen verliert. ◀

- Von **allgemeinen kulturellen Werten**, die von Firma zu Firma und von Land zu Land verschieden sein können und häufig einen nicht reflektierten Anteil an der Interpretation von Phänomenen haben.

Praxisbeispiel

Zwischen dem Senior- und dem Juniorchef eines Hotelkomplexes war von langer Hand geplant, dass der Senior die Geschäfte an seinen Junior abgibt. Doch plötzlich geriet dieser Prozess ins Stocken. Es stellte sich heraus, dass der „Businessplan" des Juniors für erheblichen Aufruhr sorgte. Und zwar weniger wegen der geschäftlichen Ziele, die darin beschrieben waren, als vielmehr wegen des englischen Begriffs und der schriftlichen Form der Absprache. Für den Senior galt bei Abmachungen innerhalb der Familie immer das verbindliche Wort. Dass der Sohn jetzt das Gespräch mehr und mehr durch den Businessplan ersetzte, wie er es an der Hochschule gelernt hatte, war für den Senior ein Affront – das passte nicht mit seinen kulturellen Werten zusammen. Die Vorschläge des Juniors mochten noch so gut sein – der Senior hatte längst dicht gemacht. Erst als diese Dynamik aufgedeckt war, konnte es konstruktiv weitergehen ◀

Vor diesem Hintergrund ist es einmal mehr erstaunlich, dass Kommunikation überhaupt so oft gelingt. Gleichzeitig wird deutlich, wie wichtig es in komplizierten und komplexen Verhandlungen ist, den Interpretationskontext mit den in diesem Kapitel vorgestellten Fragen auszuleuchten.

3.3.2.3 Die Beziehung der Verhandelnden

Die Beziehung der Verhandelnden zueinander und das, was sich in der gesamten Kommunikation zur Beziehung ausdrückt, hat einen mächtigen Einfluss auf Verhandlungsgespräche. Der große Kommunikationsforscher Paul Watzlawik et al. (1967) hat das so formuliert:

> Jede Kommunikation hat einen Inhalts- und einen Beziehungsaspekt, wobei der letztere den ersteren Aspekt bestimmt

und damit in gewisser Hinsicht die alte Volksweisheit, dass der Ton die Musik macht, wissenschaftlich aufgewertet. Ergänzend möchte ich hinzufügen:

> Wir können es nicht verhindern, dass unserem Verhalten Bedeutung beigemessen wird – und zwar besonders in Bezug auf den Beziehungsaspekt.

Was sagt dieser Satz aus? Selbst wenn Sie sich in ein Zugabteil setzen und sich demonstrativ die Zeitung vor das Gesicht halten und augenscheinlich keinen Kontakt zu den Sitznachbarn suchen, wird Ihr Verhalten von den anderen interpretiert werden.

> Aha, so ein Intellektueller (oder so ein Banause – je nachdem, welche Zeitung Sie lesen) – der ist sich wohl zu fein für eine Unterhaltung mit uns …

so könnte nur eine der möglichen Interpretationen lauten.

Ähnlich ist es in Verhandlungen. Sie können nicht verhindern, dass etwa Ihrem Schweigen oder Ihrem Pokerface Bedeutung beigemessen wird – und zwar sowohl inhaltlich als auch auf die Beziehung bezogen. Wer wenige Signale aussendet, überlässt dem anderen viel Interpretationsspielraum. Bei positiver Einschätzung wird Ihr Schweigen als Zeichen besonders intensiver und schlauer Überlegung aufgefasst – Sie steigen im Ansehen. Haben Sie Pech, wird Ihnen damit Ratlosigkeit oder noch schlimmer Dummheit unterstellt – und Sie werden nicht mehr für voll genommen. Wenn Sie die Deutungshoheit behalten wollen, geben Sie Ihrem Schweigen einen Namen:

Da haben Sie soeben eine völlig neue Sachlage geschaffen, lassen Sie mir einen Moment Zeit, darüber nachzudenken …

> Sobald wir in soziale Beziehungen treten, also in irgendeiner Form mit anderen Menschen zusammenkommen oder von anderen Menschen beobachtet werden können, senden wir mit unserem sprachlichen oder nicht-sprachlichen Verhalten Beziehungsbotschaften und damit Beziehungsangebote.

Hilfreich kann es zudem sein, die funktionelle von der persönlichen Beziehung zu unterscheiden. Die funktionelle Beziehung beschreibt die Beziehung zwischen den Funktionen und Rollen der Verhandelnden (im Verhandlungssystem und in den jeweiligen Organisationen, für die sie verhandeln) zueinander. Die persönliche Beziehung bezieht sich auf die „Chemie" im Verhandlungsgespräch.

Die funktionellen Beziehungen von Akteuren sowohl gleicher als auch unterschiedlicher Unternehmenssysteme werden zudem geprägt von deren übergeordneten Systemen (z. B. Bereichs- oder Konzernebene), als Vertreter derer sie sich in der Regel in Verhandlungen gegenübertreten. In diesen übergeordneten Systemen – ihren Heimatsystemen (siehe Abb. 3.1 Das Verhandlungssystem) – erfüllen sie bestimmte Funktionen, sind Träger ganz bestimmter Rollen mit entsprechenden Implikationen auf die Beziehungen zu den anderen Akteuren innerhalb eines Verhandlungssystems. Sie sind an Vorgaben gebunden, müssen Aufgaben erfüllen, die eine freie Entfaltung etwa der persönlichen Beziehungen oder einer Orientierung rein an den Werten Sympathie/Antipathie nur sehr begrenzt zulassen.

Sie sollten das Verhalten Ihres Verhandlungspartners immer auch vor dem Hintergrund seiner Rollen und Funktionen in seiner Organisation deuten. Die entsprechenden Fragen zum Umfeld, zu den relevanten Umwelten und dem organisationalen Kontext, in denen sich Verhandelnde bewegen, finden Sie in Abschn. 3.3.2.8.

Die Beziehungen, die sich in diesen beiden Bereichen herausbilden, lassen sich mit den Termini symmetrisch/asymmetrisch und komplementär beschreiben. Was steckt dahinter? Symmetrische Beziehungen beruhen auf Gleichheit, komplementäre Beziehungen beruhen auf sich gegenseitig ergänzenden Unterschiedlichkeiten. So gesehen, stellen Verhandlungen auf einer übergeordneten Ebene eine Art „Urform" komplementärer Beziehungen dar. Denn wenn sich die Akteure in dem, was sie zu bieten haben, nicht ergänzen, machen alle Verhandlungsaktivitäten keinen Sinn.

Auf der funktionellen Ebene finden sich symmetrische Beziehungen beispielsweise in Verhandlungssystemen, deren Akteure auf der gleichen Hierarchiestufe im Unternehmen stehen. Komplementäre Beziehungen zeichnen demgegenüber Vorgesetzter/Mitarbeiter- oder Einkäufer/Verkäufer-Systeme aus.

Diese Funktionen oder Rollen und den gegebenenfalls damit verbunden Status sollte man sich unbedingt bewusst machen.

Praxisbeispiel

In meiner Coaching-Praxis erlebe ich es immer wieder, dass große Probleme entstehen und Verhandlungen scheitern, weil sich die Akteure gegenseitig nicht den gebührenden Respekt entsprechend ihrer Rollen entgegenbringen. Sei es, weil ein Geschäftsführer seinen Vorstand nicht für kompetent hält und ihn das bewusst oder unbewusst auch spüren lässt – oder sei es, weil ein Vorstand seinen Bereichsleiter wiederholt vor den Augen der Kollegen abkanzelt und mit seinem Vorgänger vergleicht, der nach seinen Aussagen ein ganz anderes Kaliber hatte … ◀

Es macht zudem einen weiteren Unterschied, ob Sie auf gleicher Ebene verhandeln – oder eben nicht. Jemand, der in seiner Organisation höher gestellt ist als Sie, verfügt wahrscheinlich über mehr Entscheidungsmacht als Sie – was sowohl positive wie auch negative Konsequenzen haben kann. Negativ für Sie ist: Sie müssen sich Ihre Entscheidungen immer erst absegnen lassen. Positiv für Sie: Sie können ihren Vorgesetzten als „Bad Guy" einsetzen, der immer noch etwas am Angebot auszusetzen hat und Nachforderungen stellt.

Trotz aller organisationalen Zwänge und Rollen, spielt die persönliche Beziehung der Verhandelnden zueinander in jede Verhandlung hinein. Wir könnten sie vorschnell einfach als „gut" oder „schlecht" bezeichnen. Wir erhalten mehr Schärfe in der Analyse, wenn wir die persönliche Beziehung der Akteure bzw. deren emotional-psychische Systeme mit einem Rückgriff auf die psychoanalytische Konzeption der Transaktionsanalyse beschreiben. Dort werden die emotional-psychischen Systeme in drei Ebenen unterteilt: eine kindliche, eine erwachsene und eine elterliche Ebene. Als Ziel der Kommunikation in professionellen Zusammenhängen kann eine Kommunikation zwischen den erwachsenen Ebenen angesehen werden (Berne 1988).

Damit das funktionieren kann, spielen Wertschätzung und Akzeptanz – auch in der Konfrontation – eine tragende Rolle. Handelt nun einer der Akteure nicht aus der Erwachsenen-Ebene, sondern bspw. aus der Eltern-Ebene, stellt er sich damit bildlich gesprochen über den anderen und signalisiert damit entweder Überheblichkeit oder Fürsorglichkeit. Ist der Adressat dieser Kommunikation mit dieser Beziehungsdefinition nicht einverstanden, geraten sowohl sein persönliches System und sehr rasch auch das gesamte Verhandlungssystem in ein Ungleichgewicht.

Die individuellen Interpretationsrahmen verschieben sich weg von der Sache hin zur Beziehung. Ab jetzt bestimmen Gefühle und Affekte die Kommunikation mit allen daraus resultierenden Implikationen.

Das werden die meisten von uns aus persönlicher Erfahrung kennen: Fühlen wir uns von unserem Gegenüber schlecht, oberlehrerhaft und gering schätzend behandelt, haben wir vor lauter innerlicher Empörung entweder keinen klaren Kopf – oder keine Lust mehr, weiter und vor allem nicht mehr weiter kooperativ zu verhandeln. Da schaltet innerlich etwas um in uns – und vorbei ist es mit vernunftgesteuertem Verhalten. Freilich kann diese Provokation auch eine Absicht der Gegenseite sein, wir werden uns damit später im Abschn. 4.2 über manipulatives Verhandeln beschäftigen.

Wie die Beziehung letztlich definiert wird, ist aus systemischer Sicht nicht wichtig. Wichtig ist hingegen, dass die Akteure von einer gleichen oder ähnlichen Definition ausgehen und Beziehungskämpfe nicht in die Verteilungsauseinandersetzung hineingetragen werden (Simon 2013).

▶ Ohne bewusst oder unbewusst abgesegnete Beziehungsdefinitionen auf der funktionellen und der persönlichen (emotional/psychischen) Ebene, müssen wir damit rechnen, dass ein Gespräch, das die Verteilung thematisiert, dazu dient, eine Neudefinition der Beziehung vorzunehmen.

Praxisbeispiel

Betrachten wir dazu die Episode zwischen dem ehemaligen SPD-Vorsitzenden und Ministerpräsidenten von Rheinland-Pfalz Kurt Beck und dem seinerzeit Arbeitslosen Henrico Frank:

Beck empfahl dem ihn unbekannten Frank nach einer kurzen In-Augenscheinnahme sich zu waschen und zu rasieren, denn dann würde er auch einen Job finden. Gesagt, getan. Frisch gewaschen und rasiert forderte der Arbeitslose Frank nun von Beck ihm zu helfen. Der hielt sein Wort und lud Frank in die Staatskanzlei ein. Dieser aber folgte der Einladung nicht, da er anderweitige wichtige Termine habe. Auch einen von Beck vorgeschlagenen Alternativtermin lehnte er ab, da er anderweitig verpflichtet sei und die Geschichte entwickelte sich zu einem Medienspektakel. Interessant in diesem Zusammenhang: Frank hatte die durch Beck vorgenommene Beziehungsdefinition – Ich (mächtig, gütig, hilfsbereit) helfe dir (bedürftig, vom rechten Pfad abgekommen) und lege deswegen die Termine fest – nicht angenommen und damit auf Seiten der SPD und Becks für nachhaltige Irritationen gesorgt. ◀

▶ Das Beheben von Störungen auf der Beziehungsebene gehört zu den Königsaufgaben von Verhandelnden.

Wir finden hier Lösungsansätze im Benennen von unterschiedlichen Rollen:

- Lassen Sie uns noch einmal über die Funktionen reden, die wir beide innehaben, auch im Blick auf die doch sehr unterschiedlichen Interessen, die damit verbunden sind.
- Ich habe den Eindruck, dass wir uns da missverstanden haben – und gerade wird mir auch wieder bewusst, dass jeder Mensch und jede Organisation völlig anders funktioniert …

Sinnvoll kann es auch sein, nach Situationen bzw. Ausnahmen zu suchen, in denen die beteiligten Akteure die Zusammenarbeit sehr konstruktiv angegangen sind.

- Ich sehe, dass wir uns mit der Lösung dieser Frage sehr heute schwer tun. Allerdings erinnere ich mich, dass wir in der Vergangenheit bei vielen Themen die Kühe oft sehr schnell vom Eis geholt haben. Sagen Sie, aus welchen Gründen klappte das damals und heute nicht?

Hilfreich vor allem im Sinne einer Prophylaxe können Fragen sein, mit denen Sie Informationen darüber bekommen, welches Bild die andere Seite von Ihnen hat (Simon und Rech-Simon 2013):

- Welches Image hat unsere Firma bei Ihnen?
- Was haben Sie über uns gehört?
- Welche guten oder schlechten Erfahrungen haben Sie mit uns gemacht?
- Wie sieht in Ihren Augen eine gute Zusammenarbeit aus?
- Woran würde ein Außenstehender erkennen, dass wir hier gut und konstruktiv miteinander verhandeln?
- Bitte erläutern Sie mir die Hintergründe Ihres Verhaltens!

Der Vorteil: Wenn Sie wissen, welches Bild die andere Seite von Ihnen und Ihrer Organisation hat, können Sie besser einschätzen, wie Ihre Angebote aufgenommen werden. Falls Ihnen diese Einschätzung nicht gefällt, haben Sie eine gute Chance sie abzufedern, indem Sie die zugrunde liegenden Annahmen ad absurdum führen, wie wir es in Abschn. 3.3.2.1 schon einmal gezeigt haben.

3.3.2.4 Einmalige, gelegentliche und dauernde Verhandlungen

Wie sich die Beziehungen zwischen den Verhandlungsakteuren entwickeln, hängt maßgeblich davon ab, ob sie sich einmalig, gelegentlich oder regelmäßig gegenübersitzen – was sehr unterschiedliche Folgen mit sich bringt:

Je dauerhafter die Struktur zwischen den Akteuren und je länger die Verhandlungsaktivitäten andauern, desto deutlicher wirken gemeinsame Erfahrungen ebenso wie künftige Erwartungen (der „Schatten der Zukunft“) in das System hinein.

Je einmaliger die Struktur und je kürzer die Verhandlungsaktivitäten andauern, desto stärker rücken die Sachaspekte und „harte“ Marktmechanismen in den Vordergrund.

► Jedes Verhalten, das die Beziehung zum Verhandlungspartner fördert, ist eine Investition in die Zukunft. Und wer seiner Zukunft große Chancen beimisst, investiert auch in die Beziehung. Andersherum: Wer keine Zukunft sieht, investiert auch nichts.

Auf diese Weise können wir intakte Beziehungen über einen längeren Interaktionszeitraum als soziale Ressource oder soziales Kapital verstehen, auf die wir bei Bedarf zurückgreifen können (Covey 2009).

Wer öfter miteinander zu tun hat, entwickelt eine gemeinsame Interaktionsgeschichte. Möglich ist dies zwischen persönlichen Akteuren und zwischen Organisationen als Akteuren.

Hintergrundinformation
So gab es etwa zwischen großen Banken, Versicherungen und Industrieunternehmen in Deutschland über Jahrzehnte hinweg intensive Verflechtungen. In diesem oft als Deutschland AG bezeichneten Netzwerk, waren sich die zentralen Akteure von Deutsche Bank, Allianz, ThyssenKrupp, Bayer, Daimler und Co. ihrer gemeinsamen Interaktionsgeschichte wohl bewusst. Und sie nutzten die damit verbundenen sozialen Ressourcen, das soziale Kapital der Deutschland AG.

Mit der Beschränkung der Anzahl der Aufsichtsratsmandate, dem Abbau der Kapitalbeteiligungen und vor allem der zunehmenden Internationalisierung der Kapitalmärkte haben die Verflechtungen innerhalb der Deutschland AG seit den 1990er-Jahren stark abgenommen.

Gemeinsame Erfahrungen zwischen den Akteuren und das Vorhandensein von sozialen Ressourcen haben in der Regel starken Einfluss auf Verhandlungen und auf die daraus resultierenden Ergebnisse. Wie stark, das zeigt sich etwa in der Besetzung (dem Staffing) von Einkaufs- und Vergabeverhandlungen. Dort legen manche Unternehmen und Organisationen Wert darauf, die Entwicklung von persönlichen Beziehungen zu unterbinden. Gängige Praxis war dies in Einkaufsverhandlungen in der Lebensmittelbranche, wo die Einkäufer in sehr kurzen Rhythmen ausgetauscht wurden. Erkennbar wird dies auch bei Vergabe- und Ausschreibungsverfahren, in denen die bietenden Akteure lediglich schriftliche Angebote abgeben dürfen und ihre Verhandlungspartner möglicherweise gar nicht zu Gesicht bekommen.

Wo aber die (Verhandlungs-)Aktionen weder an Personen noch an Organisationen gekoppelt sind, wo es also um einmalige Tauschaktionen geht, sind die Chancen, dass die Beziehungen der Verhandlungssysteme positiv oder negativ in die Interaktion hineinwirken, geringer. Soziales Kapital in Form von Vertrauen kann somit nicht aufgebaut werden und möglicherweise ist dies ein Mosaikstein bei der Suche nach Ursachen für die Lebensmittelskandale, die sich periodisch rund um das Thema ‚Gammelfleisch' ereignen.

Bei einmaligen und möglicherweise auch schnellen Kaufaktionen ist die gegenseitige Rücksichtnahme am geringsten. Wer dann noch weiß (oder meint), dass er den anderen nicht mehr wiedersieht, ist von allem Hemmungen befreit. Diese Art Kommunikation beruht auf einmaligen Ereignissen, wie der Kauf über Online-Marktplätze wie Ebay. Das Kommunikationssystem Kauf und Verkauf scheint für einen Moment auf, dann ist es vergangen. Danach gilt: Neues Spiel, neues Glück.

Wenn Käufer und Verkäufer sich auf den Preis einigen, könnten sie sich als Personen egal sein, bräuchten sich noch nicht einmal zu kennen, sind austauschbar. Wegen dieser Austauschbarkeit müssen oder können sie nicht mit einer gemeinsamen Zukunft rechnen. Auf der einen Seite ist eine gegenseitige Rücksichtnahme kaum mehr nötig. Schließlich sind weitere Kooperationen in Zukunft kaum wahrscheinlich. Und wo Zukunftsperspektiven fehlen, fällt für den Verkäufer die Selbstdisziplin weg.

Auf der anderen Seite schaffen solche Situationen Unsicherheit, da soziales Kapital in Form von in der Interaktionsgeschichte gewonnenem Vertrauen fehlt. Die Selbstdisziplin fällt unter Umständen nicht allein beim Verkäufer sondern auch beim Käufer weg. Wie das Vertrauen zwischen zwei Partnern leiden kann, zeigt der Fall einer meiner Kunden, der als Versicherungsmakler tätig ist.

Praxisbeispiel

Der Versicherungsmakler wurde von seinem Kunden gebeten, die Haftpflichtversicherung für dessen Hund zu kündigen. Das war jedoch wegen der Fristen nicht möglich. Von den Beiträgen befreit werden könne er nur, wenn der Hund sterbe, machte der Makler deutlich. Zwei Tage später erhielt er einen Anruf: Der Hund sei von einem Auto überfahren worden, versicherte der Kunde. Dass diese Geschichte erfunden war, war offensichtlich. Dennoch wurde die Versicherung aufgelöst. Drei Wochen später meldete sich der Hundebesitzer wieder und sagte, der Hund habe seinen Nachbarn gebissen. Er fragte den Makler, ob er der Versicherung die Geschichte, dass der Hund angeblich überfahren worden sei, doch nicht melden könne. Nein, das könne er nicht mehr, sagte der Makler (obschon es unter der Hand vermutlich möglich gewesen wäre).

Fazit: Wer den anderen einmal für dumm verkauft, sollte künftig nicht mehr auf Nachsicht hoffen. ◀

Unsicherheiten, fehlendes Vertrauen – um das zu vermeiden, streben viele Verhandelnde nach dauerhaften Geschäftsbeziehungen. Sie neigen dazu, sich eher mit den bereits bekannten Verhandlungspartnern zu einigen, als neue zu suchen – selbst wenn dies möglicherweise zulasten besserer Ergebnisse geht (Kreggenfeld 2009).

Ein weiterer Grund dafür mag sein, dass in einer längerfristigen Verhandlungsbeziehung einzelne Verhandlungen unwichtiger werden. Unwichtiger nicht im Sinne von: Das Ergebnis ist egal. Sondern im Sinne von: Wenn hier etwas schief läuft oder wir in diesem Geschäft schlecht abschneiden, ist das kein Untergang. Das können wir in der nächsten Verhandlungsrunde einklagen und wieder herausholen.

Dennoch bleibt die Unsicherheit bei einmaligen – letztlich aber bei allen – Tausch-, Kauf- und Verhandlungsgeschäften bestehen. Wie man mit solchen Unsicherheiten umgeht, gehört zum Wesen von Verhandlungen.

Ein Stück weit werden Unsicherheiten Grenzen gesetzt durch unseren rechtlichen Rahmen und die Markt- bzw. Wirtschaftsordnung, die daraus resultiert. Der Hamburger Organisationsforscher Harald Geißler sagt dazu:

> Das marktliche Tauschprinzip aber beruht auf Freiwilligkeit und Egoismus. Wenn alle im Unternehmen davon gesteuert werden, muss es zwangsläufig zerfallen. Deswegen brauchen Unternehmen wie Gesellschaft eine Marktordnung, in der sich die Werte ausdrücken, die den Egoismus des einzelnen und die so stimulierte Energie in geregelte und friedenssichernde Bahnen eines Tausches lenkt, aus dem beide Seiten als Gewinner hervorgehen. Man braucht eine sanktionsstarke Marktordnung. (Geißler 2003a)

Einhalt wird auch geboten durch die Sorge der Akteure um ihren guten Ruf, denn wer möchte schon, dass schlecht über ihn geredet wird. Die Finanzkrise hat so manche Bank dazu gebracht, ihre Geschäftspraktiken in der Kundenberatung zu überdenken. Denn vielfach ist bekannt geworden, dass Bankberater ihren Kunden hochriskante Papiere angedreht haben, ohne diese über das wahre Risiko informiert zu haben.

Die wichtigsten Fragen lauten also an dieser Stelle:

- Sind die Beziehungen in der Verhandlung von einer Gelegenheits- oder einer Dauerstruktur geprägt?
- Haben wir es hier mit einem einmaligen Geschäft zu tun – oder welche weiteren Möglichkeiten der Zusammenarbeit zeichnen sich in der Zukunft ab?
- Welche Vorteile ergeben sich für beide Seiten bei einer wiederholten oder dauerhaften Zusammenarbeit?
- Gibt es andere Akteure, mit denen gleichzeitig verhandelt wird?
- Wer entscheidet anhand welcher Kriterien ob und mit welchen Akteuren weiterverhandelt wird?
- Was hat dazu geführt, ausgerechnet mit diesen Akteuren in eine Verhandlungsinteraktion einzutreten?

▶ Allgemein können wir sagen: Je weicher bzw. immaterieller der Verhandlungsgegenstand ist und je länger die Verhandlungsaktivitäten andauern, desto wichtiger werden die Beziehungen und die Beziehungsstrukturen zwischen den Akteuren.

3.3.2.5 Die Anschlussfähigkeit der Absprachen

Verhandlungen finden nicht im luftleeren Raum statt. Schon manche vom Verhandlungssystem getroffene Vereinbarung hatte keinen Bestand oder konnte nicht umgesetzt werden, weil sich die Verhandelnden zu wenig Gedanken über die übergeordneten Systemelemente und Interessen gemacht hatten.

Praxisbeispiel

Ein Geschäftspartner von mir führte lange Zeit einen touristischen Betrieb in der Schweiz. Aus persönlichen Gründen suchte er eine neue Aufgabe und wollte das renovierungsbedürftige mehrstöckige Haus in bester Lage verkaufen. Nach ausgiebiger Suche kam er in Verhandlungen mit einem Privatmann, der für seine große Familie ein Rückzugsdomizil suchte. Beide verstanden sich prächtig, eine mündliche Absprache war schnell gefunden, die Bestätigung per Fax sollte zwei Tage später erfolgen – blieb aber aus. Die Ehefrau des Interessenten hatte Einspruch erhoben, wie sie denn bitte ein Haus dieser Größe sauber halten sollte? Beide, besonders aber mein Geschäftspartner, hatten es versäumt, das Umfeld der von dem Verhandlungsergebnis Betroffenen auszuleuchten. ◀

Dieses Beispiel soll verdeutlichen, dass die Akteure in der Regel als Elemente von übergeordneten Systemen – ihren Heimatsystemen – handeln. Diese übergeordneten Systeme funktionieren nach ihren eigenen Regeln und handeln nach ihren jeweiligen Wirklichkeitskonstruktionen, die den verhandelnden Akteuren nicht unbedingt bewusst sein müssen. Vor allen Dingen sind damit weitere Akteure im Spiel, die von den Entscheidungen der verhandelnden Akteure betroffen sind, diese auch bewerten, mittragen und umsetzen müssen. Und unter dem Strich sind sie davon mehr oder weniger betroffen. Ganz allgemein können wir sagen, dass die Übereinkunft „anschlussfähig“ an die angeschlossenen und übergeordneten Systeme sein muss – immer vorausgesetzt, dass die Verhandlung mit Abschlussinteresse geführt wird. Falls sie nur eine Alibifunktion erfüllt, es also nur darum geht, sich beispielsweise auf dem Markt nach Preisen zu erkundigen, können wir die Anschlussfähigkeit vernachlässigen.

Um diese Aspekte zu klären, bieten sich Fragen an, mit denen die Akteure immer wieder im Verhandlungsprozess überprüfen, ob sie auf dem richtigen Wege sind und ob die von ihnen besprochenen Optionen sowohl ihren Zielsetzungen entsprechen als auch anschlussfähig sind.

- Welche Kriterien müsste unsere Übereinkunft erfüllen, damit sie für Sie eine gute Lösung darstellt?
- Wer außer Ihnen ist noch von unseren Abmachungen betroffen?
- Wer hat ein Interesse/kein Interesse daran, dass wir uns einigen?
- Wer würde mehr, wer weniger, wer gar nicht von unserer Übereinkunft profitieren?
- Wie würden sich verschiedene Optionen in Ihrer Organisation auswirken?
- Welche Auswirkungen hätte es, wenn wir unsere Vereinbarung bereits morgen umsetzen würden?
- Stellen wir uns doch einmal vor, es wäre ein halbes Jahr vergangen, welche Auswirkungen hätten die verschiedenen von uns diskutierten Optionen in unseren Systemen und für unsere Zusammenarbeit?

3.3.2.6 (Unausgesprochene) Regeln und eingeschliffene Muster

Regeln, nach denen sich ein Verhandlungssystem steuert, speisen sich aus vielen Quellen: Aus den Wirklichkeitskonstruktionen ebenso wie aus den Beziehungsdefinitionen und dem organisationalen Kontext resultieren die Regeln, nach denen sich ein Verhandlungssystem steuert. Dabei werden beispielsweise Informationen zurückgehalten oder weitergegeben, Gemeinsamkeiten hervorgehoben beziehungsweise Unterschiede betont oder die Kommunikation wird partnerschaftlich geführt oder Zwang ausgeübt. Schon weiter oben haben wir gesehen, dass die aus einer Wettbewerbskonstruktion abgeleiteten Regeln völlig anders sind als die einer Kooperationskonstruktion. In Wettbewerbssituationen können Informationen als Wettbewerbsvorteil verstanden und deswegen zurückgehalten werden; in Kooperationen dienen Informationen als Mittel, um für beide Seiten befriedigende Ergebnisse erzielen zu können.

Beeinflusst werden Verhandlungen auch durch Bräuche oder Umgangsformen bzw. -muster, die sich eingeschlichen oder an die sich alle gewöhnt haben. Ganz übertrieben ausgedrückt, könnten sie wie folgt lauten: Verhandlungen finden immer im Besprechungsraum Nr. 5 statt, es werden mindestens zwölf Liter Kaffee getrunken und verhandelt wird grundsätzlich nicht unter drei Stunden – und immer ohne Pausen. In Tarifverhandlungen scheint es zudem die Regel zu geben: Kein Abschluss ohne zumindest eine durchverhandelte Nacht.

Praxisbeispiel

Ein Berater war zu einem Akquisitionsgespräch bei einem großen deutschen Automobilproduzenten eigeladen. Anwesend waren der Einkaufsleiter und der verantwortliche Personalreferent. Das Gespräch verlief sehr positiv und das wurde auch von allen Anwesenden zum Ausdruck gebracht. Mögliche Termine für die Zusammenarbeit wurden fixiert. Anschließend ging man zusammen essen. Da brachte der Berater das Gespräch auf die Fahrtkosten und sagte beiläufig, dass dieser Posten üblicherweise vom Kunden übernommen würde.

Noch auf der Rückfahrt erhielt er einen Anruf, dass aus der Zusammenarbeit nichts werde. Denn, wenn es jetzt schon mit solchen Forderungen losgehe, ahne man nichts Gutes für die Zukunft. ◀

Die dahinterstehende unausgesprochene Regel könnte lauten: Bis zum tatsächlichen Geschäftsabschluss ist der Lieferant für seine Aufwendungen selbst verantwortlich.

Um die ungeschriebenen Spielregeln in Erfahrung zu bringen, eignen sich folgende Fragen:

- Anhand welcher Kriterien machen Sie eine gute Zusammenarbeit fest?
- Woran würde ich merken, dass Sie mit unserer Zusammenarbeit nicht mehr ‚happy' sind?
- Welche Fehler dürften bei unserer Zusammenarbeit auf keinen Fall passieren?
- Aus welchen Gründen haben Sie sich von unseren Vorgängern verabschiedet?

Mit festen Abmachungen und Verträgen wird versucht, Regeln für die Zusammenarbeit festzuschreiben. International agierende Konzerne schreiben bei Vertragsabschluss den Gerichtsstand fest und wählen das für ihre Interessen am günstigsten scheinende Rechtssystem.

Fragen Sie sich grundsätzlich:

- Welche Regeln sind gut, welche schlecht für Sie?
- Welche Regeln hätten Sie gern?
- Welche Regelungen möchten Sie schriftlich festschreiben, welche Verträge hätten Sie gern mit ihren Kunden und Lieferanten?
- Liegt es in Ihrer Macht, diese Regeln aufzustellen? Hat jemand anders die Macht, sie umzustoßen? Wer könnte Ihnen dabei behilflich sein?

In Anlehnung an die systemische Organisationsberatung können wir Regeln zudem unterteilen in:

„Technische“ Regeln: Dazu zählen z. B. der Ort und die Zeit der Verhandlung, die Agenda und der dahinterliegende zeitliche Fahrplan, die Sitzordnung u. a.

„Informelle“ Regeln: Dazu gehören Begrüßungsrituale und der Dresscode, kommunikative Regeln (z. B. wir lassen einander ausreden) ebenso wie, verhandlungsspezifische (die erste Forderung ist immer höher als der Zielpunkt, man lässt nicht gleich ‚die Katze aus dem Sack‘ und legt nicht sofort alle Karten auf den Tisch, auch bei einem unerwartet guten Abschluss hält man seine Freude zurück, u. a. m.).

„Kulturelle“ Regeln: Diese finden sich in den Grundannahmen, in den Werten, Normen und Einstellungen sozialer Einheiten oder eben Kulturen wieder. Also z. B. in Deutschland die Trennung von Geschäftlichem und Privatem. In Südamerika sehen wir das genaue Gegenteil und Berufs- und Privatleben gehen eine enge Verbindung ein. In Asien gilt: Keine offene Kritik vor anderen, Respekt vor der persönlichen Ehre, dem Status und der Stellung des Gegenübers; all dies darf niemals angezweifelt werden.

Besonders bei den kulturellen Regeln können sehr große Unterschiede auftauchen und international Verhandelnde können da spannende Geschichten erzählen. Zur weiteren Beschäftigung mit diesem Thema empfehle ich Ihnen den Klassiker von Terri Morrison: „Kiss, Bow or shake hands.“ In diesem Werk beschreibt die Autorin die wichtigsten für Verhandlungen relevante Unterschiede für mehr als 60 Länder.

Regeln üben grundsätzlich eine starke Steuerungsfunktion aus. Manche von ihnen, vor allem die technischen Regeln, können wir sehr bewusst einsetzen und auch relativ leicht verändern. Etwas scheinbar Banales wie eine Tagesordnung kann so zu einem mächtigen Verhandlungs-Tool werden, weil ich die Themen und das Vorgehen damit in meinem Sinne strukturieren kann.

(Andere steuern unser Verhalten eher unbewusst. Die meisten kulturellen Regeln gehören in diese Kategorie. Sie fallen uns meistens nur auf, wenn sie verletzt werden. Wenn der Minister beim Besuch des Unternehmens 15‘ mit dem Azubi redet und vergisst, dem CEO die Hand zu schütteln, merken wir, dass hier etwas nicht stimmt. Ebenso, wenn der Verhandlungspartner mitten in einer kniffligen Phase ein Handygespräch entgegennimmt.)

Die Trennlinie zwischen den verschiedenen Regeln ist nicht immer klar zu ziehen – und vielleicht auch gar nicht so wichtig. Grundsätzlich kann man sagen: je mehr Emotionen aufkommen, je größer die innere Überraschung, Irritation und/oder Empörung ist, desto wahrscheinlicher ist die Verletzung von informellen und kulturellen Regeln.

3.3.2.7 Der Verhandlungsgegenstand, die Verhandlungsmasse

Was man unternehmen kann, um durch eine genaue Analyse des Verhandlungsgegenstands oder durch eine Vergrößerung der Verhandlungsmasse Verhandlungslösungen wahrscheinlicher zu machen, ist ein Schwerpunkt des Abschn. 2.1 „Kooperative Verhandlungstechniken“.

> Wir erinnern uns: Wird der Verhandlungsgegenstand als fest fixierte Größe betrachtet, verschließt sich der Blick auf viele potenziell funktionierende Verhandlungslösungen. Im Umkehrschluss können durch das Durchdringen der Verhandlungsmaterie neue Auf- und Zuteilungen oder auch Erweiterungen generiert werden.

Klassiker in der Verhandlungsliteratur ist hier das Beispiel der zwei Schwestern, die sich um eine Orange streiten. Beide beanspruchen sie für sich, beiden ist mit einer halben Orange nicht geholfen. Da eine Einigung nicht möglich erscheint, verzichten beide und gehen leer aus. Später stellt sich heraus, dass es eine im Grunde einfache Lösung gab: Die eine Schwester brauchte ausschließlich die Schale, die andere das Frucht-Fleisch. Obschon dieses Beispiel an verschiedenen Stellen als wirklichkeitsfremd abgetan wird, zeigen sich im Alltag immer wieder Anwendungsfelder.

Ein zunächst populäres, später dann unpopuläres Beispiel war die Nachfolgeregelung für den ehemaligen bayerischen Ministerpräsidenten und CSU-Vorsitzenden Edmund Stoiber: Sowohl der damalige bayerische Innenminister (Günther Beckstein) als auch der Generalsekretär der Partei (Erwin Huber) erhoben Anspruch auf die Nachfolge. Die Lösung kam dann, als sie die Ämter, die Stoiber auf sich vereinte, untereinander aufteilten: Der eine erhielt so das Ministerpräsidentenamt, der andere wurde Parteivorsitzender.

Fach- und Prozessexpertise sind hier die treibenden Kräfte, die Verhandlungslösungen ermöglichen. Dabei bezieht sich die Fachexpertise auf den Verhandlungsgegenstand, die Prozessexpertise auf die Fähigkeit der Akteure zu sehen, welche Interessen und Motive, Wünsche und Befürchtungen sich hinter der Forderung nach bestimmten Verhandlungsgegenständen und knappen Gütern verbergen, um auf diesem Wege zu sinnhaften Verhandlungslösungen zu kommen. So kann sich hinter der Forderung nach mehr Lohn/Gehalt der Wunsch nach mehr Anerkennung verbergen, der sich unter Umständen auch durch einen größeren Firmenwagen oder eine Erweiterung des Mitarbeiterstabs befriedigen lässt. Werfen Sie doch auch noch einmal einen Blick in Abschn. 1.3.3, Abb. 1.8 auf die Ressourcenklassen und die darin formulierten Austauschhypothesen.

Stets gute Fragen zu diesem Fokus sind:

- Gibt es Möglichkeiten (generell: alternative Aufteilungsschlüssel), den Verhandlungsgegenstand so zu zerlegen, aufzuteilen oder zu erweitern, dass damit die Verhandlungsziele beider Akteure erreicht werden können?
- Ist der Verhandlungsgegenstand möglicherweise ein Stellvertreter für dahinter liegende Motive und Interessen, die auch anderweitig erfüllt werden können?
- Welche Lösungen sind außerdem denkbar, wenn weitere, dem Verhandlungsgegenstand nahestehende oder generell Ausgleich ermöglichende Ressourcenklassen hinzugezogen werden?

- Wie können die von den Akteuren eingebrachten Verhandlungsgegenstände und die verschiedenen von den Akteuren verfolgten Interessen miteinander verbunden werden?

3.3.2.8 Zum Umfeld und den relevanten Umwelten

In geschäftlichen Verhandlungen sind sowohl die Akteure als auch deren Heimatsysteme Elemente von weiteren und größeren Systemen. So vertritt ein Akteur einer Verhandlungspartei etwa die Abteilung Einkauf seines Unternehmens. Diese Abteilung wiederum spielt eine ganz bestimmte Rolle innerhalb des Konzerns und ist auf das Engste mit der Forschung und Entwicklung und der Produktion verzahnt. Das gesamte Unternehmen ist möglicherweise ein Element in einem großen Konzern und erfüllt dort die wichtige Funktion, IT-Sicherheitslösungen für den Mittelstand anzubieten. All die damit verbundenen Beziehungen und Verknüpfungen können wir auch als wirtschaftliche und gesellschaftliche Netzwerke oder Tauschnetze bezeichnen und darstellen. Je nach Kontext kann das eine mächtige Ressource für die verhandelnden Akteure darstellen – sowohl in Businessverhandlungen als auch bei Interessengegensätzen innerhalb von Organisationen.

Der Nutzen von Netzwerken ist wissenschaftlich anhand eines Konflikts in einem Bergwerk in Sambia detailliert untersucht worden. Basis des Konflikts war das unterschiedliche Arbeitstempo zweier Arbeiter (Kappelhoff 1987).

Es zeigte sich, dass die Arbeiter im Laufe des Konflikts die Unterstützung ihrer Kollegen suchten und fanden. Die Bereitschaft und die Art der Unterstützung hingen auch davon ab, wie eng die Kollegen durch Tauschbeziehungen verbunden waren. Die Tauschbeziehungen konnten unterschieden werden in einfache (nur einen Tauschinhalt) und multiplexe (mehrere Tauschinhalte) Tauschbeziehungen. Als Tauschinhalte gelten gemeinsame Unterhaltung, Hilfe bei der Arbeit, persönliche Dienstleistungen, Leihen von Geld. Beziehungen mit einer Vielzahl von Akteuren, die wiederum multiplexe Beziehungen zu anderen haben, schaffen zentrale Positionen im Tauschnetz. Die Analyse des Netzwerks bestätigte den tatsächlichen Ausgang des Konflikts: Da einer der beiden Arbeiter durch deutlich mehr und intensivere Tauschbeziehungen mit den Kollegen verwoben war, konnte er diese in der Mehrzahl auf seine Seite ziehen.

Die Analyse von Netzwerken und Tauschnetzen zielt darauf ab, Gemeinsamkeiten oder weitere Akteure zu finden, mit denen die Akteure eines bestimmten Verhandlungssystems Tauschbeziehungen unterhalten. Diese Verknüpfungen und Tauschbeziehungen außerhalb einer aktuellen Verhandlung können für die Akteure soziale oder ökonomische Ressourcen darstellen, die wiederum zu positiven Kontextveränderungen führen können.

Die Analyse des Tauschnetzes gehört idealerweise in die Phase der Verhandlungsvorbereitung; dabei ist es hilfreich, möglichst viele Informationen über die Tauschbeziehungen des anderen Akteurs zu erhalten.

Netzwerke innerhalb der Organisationen

Wie gut ist Ihr persönliches Netzwerk – oder das Netzwerk ihrer Organisation? Wahrscheinlich hat jeder Mensch schon einmal die Erfahrung gemacht, wie wichtig es ist, die richtigen Leute zu kennen. Was heute Networking heißt und absolut salonfähig ist, hieß früher Seilschaften knüpfen und hatte immer auch etwas Anrüchiges. Wie groß die Erwartungen an das „Kontakte knüpfen" sind, zeigt auch der Erfolg von webbasierten sozialen Netzwerken wie Xing oder Career-Venture, die mittlerweile Millionen Menschen nutzen, um Geschäftskontakte zu machen.

- Gibt es also andere Akteure in Ihrer Organisation oder in der Organisation ihres Verhandlungspartners, die Sie für Ihre oder die gemeinsamen Interessen nutzen können?
- Sind Sie mit der Zusammensetzung des Verhandlungsteams einverstanden?
- Würden Sie gerne andere Akteure dazu holen?
- Wen möchten Sie lieber nicht dabei haben?

Manchmal kann es schon etwas bewirken, wenn der Praktikant über die guten Erfahrungen mit Ihrer Organisation berichtet, die sein vorheriger Arbeitgeber gemacht hat. Es kann aber auch sein, dass sich die Vorstände der Verhandlungsparteien gemeinsam auf einer Tagung treffen. Dort kann es dann sehr hilfreich sein, wenn der eine, den anderen auf die laufenden Verhandlungen hinweist, die auf der unteren Ebene geführt werden – über die sein Vorstandskollege möglicherweise nichts wusste, nun aber wohlwollend eingreifen kann. Im Hintergrund dürfte also das Netzwerk in die laufenden Verhandlungen hineinwirken.

Netzwerke außerhalb der Organisationen

Hin und wieder macht es Sinn, sich mit vermeintlichen Konkurrenten an einen Tisch zu setzen. Viele stellen dann fest, dass es neben den konkurrierenden Themen auch gemeinsame bzw. kooperative Themen gibt, von denen beide profitieren können.

In der Industrie und auch in der Kultur lassen sich dafür viele Beispiele finden (Brandenburger und Nalebuff 2007).

Air-Berlin und Easy-Jet zum Beispiel sind Konkurrenten im Kampf um die Kunden, Landerechte, u. Ä. Wenn es darum geht, mit Flugzeugproduzenten wie Airbus oder Boeing über den Bau neuer Maschinen zu verhandeln, können sie von einer Allianz profitieren. In dieser Beziehung sind sie sogenannte Komplementoren. Oder:

In Hamburg sind das Thalia-Theater und das Deutsche Schauspielhaus Konkurrenten im Kampf um die Besucher. Sie sind Komplementoren, weil viele Besucher von der Möglichkeit angezogen werden, an einem Wochenende mehrere Stücke anschauen zu können.

- Welche Möglichkeiten ergeben sich, wenn Sie sich mit Ihrem Verhandlungspartner (gemeinsame) Kunden, Lieferanten, Konkurrenten und Komplementoren anschauen?

Koalitionen mit anderen Akteuren

Der US-amerikanische Onlinedienst AOL suchte 6 einen topaktuellen Internet-Browser. Zur Alternative standen ein technisch überlegenes Produkt von Netscape und ein fehlerhaftes von Microsoft. Bei einer Fokussierung allein auf die Güte des Produkts hätte Microsoft keine Chance gehabt, auch bei gesprächstaktischer Brillanz der Verhandelnden. Microsoft gelang es aber, den Fokus der Verhandlungen weg von der Technologie hin zu den Vertriebsmöglichkeiten zu verschieben – einem Feld, in dem Netscape deutlich unterlegen war. Statt mit den Technologie-Experten wurden die Gespräche mit dem Marketing von AOL geführt. In diesem Bereich konnte man schlagende Argumente ins Feld führen, denen Netscape nichts entgegensetzten konnte.

Der Erfolg dieser Verhandlung beruhte also darauf, den vorgegebenen Ablauf der Verhandlung zu ändern und neue Akteure, das Marketingteam von AOL, mit einzubeziehen.

- Mit wem verhandeln Sie aktuell worüber? Was kennzeichnet Ihren aktuellen Verhandlungsraum oder auch den Verhandlungsaufbau?
- Können und wollen Sie den Verhandlungsraum verändern?
- Wo liegen Ihre Stärken und wie können Sie die Aufmerksamkeit darauf lenken?
- Möchten Sie die gegenwärtige Verhandlung mit anderen Verhandlungen verbinden?
- Gibt es andere externe Akteure, die Sie als Ressource für Ihr Verhandlungssystem nutzen können?
- Inwieweit wirken die Gesellschaft, die Behörden und auch der Gesetzgeber in das Verhandlungssystem und die entsprechenden Organisationen hinein?

Es kann oft lohnend sein, einen großen Radius zu wählen, um den Kreis möglicher Koalitionspartner abzustecken. Das zeigt das Beispiel gelungener Lobbyarbeit der Automobilindustrie: In dem Moment, in dem Abgas-Katalysatoren für Autos Pflicht wurden, hat sich die Verhandlungsposition der Produzenten von Katalysatoren schlagartig verbessert. Oder: die Abwrackprämie für alte Autos war ein Segen für die Produzenten insbesondere von Kleinwagen – damit wurden deutlich mehr Verkaufsverhandlungen erfolgreich abgeschlossen. Und dass die Beschränkung der Abwrackprämie auf 600.000 Autos genauso aufgehoben wurde wie das zeitliche Limit war sicherlich kein Zufall, sondern das Ergebnis von Lobbyarbeit. Der Verband der Automobilindustrie, allen voran dessen Präsident, Matthias Wissmann, langjähriger CDU-Politiker und einstiger Bundesverkehrsminister, hatte noch in seiner Amtszeit die Einführung von „Umweltprämien" (zur Verschrottung von Altautos) vorgeschlagen, die der angeschlagenen Autoindustrie als Investitionsanreiz dienen sollten.

Die Mitgliedschaft, letztlich also die Repräsentation der eigenen Organisation in einflussreichen Verbänden und Organisationen, gehört ebenso hierher, wie eine professionelle Öffentlichkeitsarbeit, die die eigenen Werte vermittelt und verbreitet.

All dies sind mächtige Werkzeuge, um auf die relevanten Umwelten im Sinne der eigenen Zielsetzung einzuwirken und wohl deswegen geben Organisationen so große Beträge dafür aus.

Julius Caesar wird mit dem Satz zitiert:

> Halte Dir die Freunde nahe, doch die Feinde näher.

Auch diese Option nutzen vor allem größere Organisationen: Macht ein externer Akteur Schwierigkeiten, unterbreiten sie ihm ein Angebot, das er nicht ablehnen kann – er wird in die eigene Organisation aufgenommen.

Vertiefen Sie doch diese Zusammenhänge mit folgenden Fragen:

- Wo können Sie in Ihrem Sinne Lobbyarbeit betreiben?
- In welchen Verbänden und Organisationen ist eine Mitgliedschaft für Ihre Organisation sinnvoll und zielführend?
- Gibt es externe Akteure, die Sie lieber in Ihrer eigenen Organisation sehen würden?

Passt zu Ihren Antworten Ihr Budget für die Öffentlichkeitsarbeit?

3.3.2.9 Zusammenfassung

Der systemische Blick hilft den Akteuren, die aktuelle Verhandlungssituation mit Abstand zu betrachten und mit weniger persönlichen Verwicklungen, dafür aber mit mehr Bewusstsein über die eigene Wirklichkeitsgestaltung auf die Situation zu schauen, diese auf der Metaebene zu reflektieren, um von hier aus Entscheidungen über das weitere Vorgehen zu treffen.

Der ‚Verhandlungsloop' ist das Interventionsmittel, das dieses gewinnbringende Vorgehen ermöglicht.

Wenn Akteuren der eigene Anteil an der Schaffung von Wirklichkeiten bewusst ist, können Sie Ihre Aufmerksamkeit gezielt dahin lenken, wo sie für sich die größten Vorteile vermuten, ob sie schwerpunktmäßig auf das Trennende oder das Verbindende schauen, Chancen oder Risiken in den Vordergrund rücken. Das versetzt sie in die Lage zu bewussteren und besseren Entscheidungen zu kommen.

Wer in der Lage ist, die eigenen und fremden Annahmen zu benennen, ist klar im Vorteil.

Die wichtigsten Analyse- und Interventionsebenen sind (neben den eigenen Auffassungen und Bildern von Verhandeln – und denen der anderen Seite):

- die Kommunikation und die funktionalen und persönlichen Beziehungen der Verhandelnden,
- die Konsequenzen, die sich daraus ergeben, ob Verhandlungssysteme einmalig, wiederholt oder gelegentlich aufscheinen,
- die Anschlussfähigkeit der besprochenen Lösungen an die relevanten Systeme,
- die unausgesprochenen Regeln und eingeschliffenen Muster, nach denen eine Verhandlung häufig verläuft,
- der Verhandlungsgegenstand, die Verhandlungsmasse,
- das Umfeld und die Umwelten, in denen sich die Verhandelnden bewegen.

3.4 Exkurs: Das P.A.R.T.S.-Modell

Das systemische Verhandeln gibt uns viele Möglichkeiten, auf Verhandlungen Einfluss zu nehmen und Intervention zu setzen. Aus der Spieltheorie kommt ein Ansatz (Nalebuff und Blankenburger), der diese Fülle von Einflussmöglichkeiten und die damit einhergehende Komplexität auf 5 Punkte reduziert:

1. auf die Verhandelnden (die ‚Spieler' oder ‚**P**layer')
2. den Mehrwert bzw. Nutzen, den diese einbringen (den ‚**A**dded Value'),
3. die bewussten und unbewussten Regeln, nach denen eine Verhandlung verläuft (den ‚**R**ules'),
4. dem Mindset der Verhandelnden (hier: **T**actics) sowie der Frage,
5. worauf der Blick während der Verhandlung gerichtet ist (dem ‚**S**cope').

Aus den Anfangsbuchstaben der englischen Bezeichnung dieser 5 Punkte entsteht der Name des Modells: P.A.R.T.S.

Alle 5 Einflussmöglichkeiten werden in diesem Buch an verschiedenen Stellen ausführlich besprochen. Ich greife sie hier dennoch erneut auf, weil sie meines Erachtens in der Verdichtung für eine schnelle Verhandlungsvorbereitung einen zusätzlichen Nutzen bringen.

1. Player, Spieler, die Verhandelnden
Die entscheidende Frage hier ist zunächst: Wer spielt bzw. verhandelt mit? Wie zufrieden bin ich mit der Zusammensetzung meines Verhandlungsteams und des ganzen Verhandlungssystems? Daraus leitet sich die Frage, inwiefern ich darauf Einfluss nehmen will oder kann und z. B. bestimmte Verhandlungsakteure dazu hole (von denen ich glaube, dass sie meine Interessen unterstützen) und versuche, andere Akteure herauszuhalten (eben die, von denen ich keine Unterstützung oder sogar Gegenwehr erwarte).

Diesen Aspekt haben wir unter der Überschrift Netzwerke innerhalb der Organisationen kurz angesprochen.

Manchmal kann es übrigens reichen, einen zusätzlichen Player ‚mental' einzuführen. Ich erinnere mich an eine Geschäftsverhandlung, in der einer der Verhandelnden sagte: „Was glaubt ihr wohl, würde der Senior-Chef sagen, wenn er hört, wie wir hier mit unseren Lieferanten umgehen?" Danach war die Verlängerung der Zahlungsfrist auf 90 Tagen vom Tisch.

Ein weiterer Aspekt: Jeder neue Spieler/Verhandelnde verändert das Spiel, sprich: die Verhandlung. Und auch wenn ich selbst in eine Verhandlung eintrete, verändere ich das Spiel. Deswegen stellt sich hier noch einmal eine sehr grundsätzliche Frage: Will ich überhaupt in diese Verhandlung eintreten? Und wenn ja: wie günstig oder teuer will ich mich ‚verkaufen'?

Wenn sich z. B. ein Kunde oder potenzieller Kunde meldet und ein Angebot erfragt, kann ich mich natürlich hinsetzen, dieses Angebot schreiben und es abgeben. Was aber hat der Kunde mit diesem Angebot vor? Möglicherweise spricht er mit vielen weiteren Anbietern, vielleicht hat er sich innerlich schon für einen Mitbewerber entschieden und sucht jetzt eine Möglichkeit, diesen unter Druck zu setzen. Dafür braucht er weitere Angebote, z. B. meines. Dass ist im Grunde ja auch okay. Das Problem ist nur: Ich liefere ihm einen Nutzen und nur er profitiert davon.

An dieser Stelle macht es viel Sinn, sich zu fragen: Will ich überhaupt in dieses Spiel einsteigen? Vielleicht gibt es ja doch eine Chance, der Kunde entscheidet sich am Ende für mich und wenn ich das Angebot erst gar nicht abgegeben hätte, hätte diese Möglichkeit nicht einmal bestanden.

Das kann alles sein. Aber was spricht dagegen, sich im Gespräch mit dem Kunden danach zu erkundigen, mit welchen weiteren Anbietern er im Gespräch ist. Und was spricht dagegen, sich bei Nichtannahme des Angebots die Aufwendungen für das Verfassen des Angebots vergüten zu lassen? Auf diesem Wege steige ich in das Spiel ein, verhindere aber, dass ich dabei leer ausgehe.

Beispiel

So bin ich vorgegangen, als mich unlängst eine potenzielle Kundin kontaktierte. Gleich am Anfang sagte sie: „Herr Kreggenfeld, im Grunde sind wir schon sehr weit in den Vorgesprächen mit einem Mitbewerber. Dennoch finde ich ihr Angebot nach einem Blick auf Ihre Webseite sehr interessant und würde mich gerne darüber mit Ihnen unterhalten.“ Das 1. Gespräch habe ich nicht berechnet. Als ich zu einem 2. Gespräch gebeten wurde, sagte ich: „Ich komme gerne. Und möchte diesen Aufwand gerne berechnen, falls Sie bei der Realisierung des Projekts bei meinem Mitbewerber bleiben.“ Das war für den Kunden o. k. – und dann auch für mich. ◀

Auch Handwerker – unterstützt durch ihre Innungen – und andere Dienstleister gehen mehr und mehr zu diesem Prinzip über. Denn: auch Privatleute lassen sich zunehmend mehrere Angebote zukommen. Am Ende kann die Arbeit aber nur einer machen. Die anderen gehen leer aus. Und haben einiges investiert: Telefonate, Besuche vor Ort, Preise von Material und zusätzlichen Gewerken einholen, Aufwendungen berechnen und schließlich das Schreiben des Angebots. Alles für ohne Berechnung? Sicher kein guter Ansatz …

2. Added Value oder der Mehrwert, den Sie in einer Verhandlung einbringen

Die Frage nach dem Mehrwert, die die einzelnen Verhandlungspartner in eine Verhandlung einbringen, ist letztlich die Frage nach der Verhandlungsmacht. Steht der Mehrwert, den beide füreinander haben, in einem ähnlichen Verhältnis – und sind mögliche alternative Verhandlungspartner für beide Parteien weniger attraktiv, ist die Machtverteilung in etwa gleich und die Suche nach einer guten Lösung für beide Partner wahrscheinlich.

Je größer das Ungleichgewicht beim Mehrwert, desto asymmetrischer ist die Machtverteilung und umso wahrscheinlicher wird es, dass der eine den anderen unter Druck setzt und dieser sich beugt.

Wir haben diesen Punkt unter der Überschrift ‚Die stärkere Verhandlungsmacht hat der, der den anderen weniger braucht als umgekehrt‘ bereits beleuchtet und geben ihm zudem im Kapitel ‚Verhandlungen strategisch beeinflussen‘ noch einmal einen besonderen Raum.

Angemerkt sei hier, dass es auch darauf ankommt, den eigenen Mehrwert in Richtung des Verhandlungspartners zu kommunizieren. Hier bietet sich das weite Feld der Nutzenargumentation an, um die Vorteile des eigenen Produkts, der eigenen Dienstleistung zu transportieren. Klassischerweise werden dazu Argumente aus den Themenfeldern Erleichterung/Bequemlichkeit, Freude, persönlicher/finanzieller Gewinn, Status, Sicherheit, Neugierde u. a. eingeführt.

Der Mehrwert für die Verhandlungspartner muss sich nicht zwingend aus dem aktuellen Verhandlungsthema ergeben. Er kann auch darin liegen, dass die Verhandlungspartner an anderer Stelle auf die eigene Partei angewiesen sind.

Dies lässt sich in der Politik immer wieder beobachten. Zum Beispiel bei allen Fragen innerhalb der Europäischen Union, die von den Mitgliedsländern nur einstimmig entschieden werden können. Unabhängig von ihrer Größe können einzelne Staaten hier großen Druck entfalten. Bevor Sie also einer großen Lösung zustimmen, holen sie in ganz anderen, für sie aber sehr wichtigen Fragen, das Beste für sich heraus.

Beispiel

Als Beispiel können die Auseinandersetzungen um europäische Corona-Hilfen vor allem für die südlichen Mitgliedsländer und den langfristigen EU-Haushalt im Jahre 2020 gelten. Hier blockierten Ungarn und Polen ihre Zustimmung so lange, bis ein Passus zur Einhaltung der Rechtsstaatlichkeit in dem EU-Abkommen vom Dezember 2020 in Ihrem Sinne aufgeweicht wurde. Sie waren sich ihres Mehrwerts sehr bewusst und haben diesen Vorteil in Ihrem Sinne ausgespielt. ◄

3. Rules, die bewussten und unbewussten Regeln, nach denen eine Verhandlung abläuft.

Auf der internationalen Bühne konnte man in den Jahren 2017 bis 20121 sehen, wie der US-Präsident Trump viele Verhandlungs- und Verhaltens-Regeln änderte – und wie entsetzt und zum Teil auch hilflos seine (Verhandlungs-)Partner darauf reagierten.

‚Make America great again' hieß die neue Regel, der sich alles andere unterzuordnen hatte. Multilateralismus, also die „die Zusammenarbeit mehrerer Staaten bei der Lösung von (grenzüberschreitenden) politischen, gesellschaftlichen oder technischen Problemen" (Wikipedia) war damit ‚out', häufig wurde stattdessen in bilateralen Abkommen versucht, maximalen Druck auf den jeweiligen Verhandlungspartner auszuüben. Auf bewährte und eingespielte Mechanismen der internationalen Kooperation, Diplomatie und Kommunikation wurde zugunsten teilweise verstörender Twitter-Tweeds verzichtet. Nicht ohne Erfolg. Bei den Wahlen 2020 erhielt Trump mehr Stimmen als 2016.

Welchen Einfluss Regeln in Geschäftsverhandlungen haben und wie wir sie für uns nutzen können, haben wir unter der Überschrift ‚Unausgesprochene Regeln und eingeschliffene Muster' ausgiebig behandelt.

4. Das Mindset der Verhandelnden (hier: Tactics)

Mit dieser Frage heben Bale und Blankenburger überraschenderweise nicht auf taktische Handlungsschritte oder Raffinessen ab, wie man beim Wort Taktik vermuten könnte, sondern auf die Wirklichkeitskonstruktionen und die Motivationen der Verhandelnden. Es geht damit u. a. um die Frage, ob sich die Verhandelnden eher in einem kooperativen oder kompetitiven Kontext sehen. Halten sie gute Lösungen im beiderseitigen Interesse für möglich und vertrauen sie einander oder dominieren Misstrauen und die Sorge, vom anderen über den Tisch gezogen zu werden das Geschehen. Damit geht es letztlich um ‚die mentalen Verhandlungsmodelle' der Akteure, die wir unter der gleichlautenden Überschrift ausführlich behandelt haben.

5. Der Verhandlungs-Scope: Worauf ist der Blick während der Verhandlung gerichtet?

Diese spannende Frage referiert letztlich auf die Abb. 3.1. Worauf ist der Fokus der Verhandelnden gerichtet? Weiter oben haben wir schon gehört, dass der Verhandlungserfolg maßgeblich von gemeinsamen Interessen abhängt. Nehmen die Verhandelnden diese in den Fokus und suchen sie Chancen, die sich aus einer Kooperation ergeben – oder konzentriert man sich auf das Trennende und Schwierige?

Klammert man bei der Verhandlung andere Felder der Zusammenarbeit aus – oder versucht man, diese zu verknüpfen …

Zusammenfassung

Das P.A.R.T.S.-Modell hilft im Rahmen einer schnellen Verhandlungsvorbereitung wesentliche Aspekte des systemischen Verhandelns in die Aufmerksamkeit zu holen und zu nutzen:

Player: Wer verhandelt (nicht) mit?

Added Value: Wer bringt welchen Mehrwert ein – und wie kann ich meinen Nutzen steigern?

Rules: Nach welchen Regeln wird gespielt?

Tactics: Welches Mindset dominiert – und will ich das verändern?

Scope: Worauf ist die Aufmerksamkeit der Verhandelnden gerichtet – und wo schauen wir nicht hin?

Literatur

Backhausen, W., & Thommen, J.-P. (2004/2017). *Coaching – Durch systemisches Denken zu innovativer Personalentwicklung*. Wiesbaden: Gabler. 4. Aufl.

Bazermann, M. H., Curhan, J. R., Moore, D. A., & Valley, K. L. (2000). Negotiation. *Annual Psychological Review, 51*, 279.

Berne, E. (1988/2002). *Spiele der Erwachsenen*. Hamburg: Rowohlt.

Bertalanffy, L. von. (1968). *General systems theory: Foundations, development, applications*. New York: Braziller.

Brandenburger, A., & Nalebuff, B. (1996/2007). *Coopetition – kooperativ konkurrieren: mit der Spieltheorie zum Unternehmenserfolg*. Frankfurt a. M.: Campus.

Covey, S. M. R. (2009/2019). *Schnelligkeit durch Vertrauen*. Offenbach: Gabal.

Esser, H. (2001). *Soziologie. Spezielle Grundlagen, Bd. 6*. Frankfurt a. M.: Campus.

Esser, H. (2004). Die Logik der Verständigung. Zur Debatte um Arguing und Bargaining in internationalen Verhandlungen. In: F. U. Pappi, E. Riedel, P. W. Thurner, & R. Vaubel (Hrsg.), *Die Institutionalisierung internationaler Verhandlungen*. Frankfurt a. M.

Frey, D., & Irle, M. (2002/2008). *Theorien der Sozialpsychologie, Bd. 1 und 2* (2. Aufl.). Bern: Huber.

Geißler, H. (2003a). *Balanced organisation*. Köln: Luchterhand.

Geißler, H. (2003b). In E. Brentel, H. Klemisch, & H. Rohne (Hrsg.), *Organisationale Lernbarrieren*. Wiesbaden.

Kanning, U. P. (1999). *Die Psychologie der Personenbeurteilung*. Göttingen: Hogrefe.

Kappelhoff, P. (1987). Blockmodellanalyse: Positionen, Rollen und Rollenstrukturen. In J. van Koolwiyk & M. Wieken-Mayser (Hrsg.), *Techniken der empirischen Sozialforschung. Bd. 1: Methoden der Netzwerkanalyse*. München.

Kappelhoff, P. (1993). *Soziale Tauschsysteme. Strukturelle und dynamische Erweiterungen des Marktmodells*. München.

Kreggenfeld, U. (2009). *Verhandlungen in und zwischen Organisationen*. Frankfurt a. M.

Kreggenfeld, U. (2011/2016). *Direkt im Dialog. Professionelle Gesprächsführung im Unternehmen*. Bonn. 7. Aufl.

Kreggenfeld, U. (2012/2021). Reframen: Die Wirklichkeit ist selbst gemacht – sie könnte immer auch anders sein. In P. Knapp (Hrsg.), *Konfliktklärungstools*. Verlag managerSeminare. 7. Aufl.

Luhmann, N. (1984). *Soziale Systeme, Grundriss einer allgemeinen Theorie*. Frankfurt a. M.

Maturana, H., & Varela, F. J. (1987). *Der Baum der Erkenntnis: die biologischen Wurzeln des menschlichen Handelns*. München.

Morrison, Terri: Kiss, bow or shake hands. A guide to doing business in more than 60 countries. Avon, MA 02322, USA 2006

Pearce, W. B., & Cronen, V. E. (1980). *Communication, action and meaning: The creation of social realities*. New York.

Pruitt, D. G., & Olczak, P. V. (1995). Beyond hope. Approaches to resolving seemingly intractable conflicts. In B. Bunker (Hrsg.), *Conflict, cooperation and justice: Essays inspired by the work of Morton Deutsch*. San Francisco.

Rackham, N. (2003). The behaviour of successfull negotiators. In R. Lewicki, & S. David, et al. *Negotiations: Readings, exercises, cases*. Boston.

Radatz, S. (2002/2018). *Beratung ohne Ratschlag. Systemisches Coaching für Führungskräfte und BeraterInnen*. Wien.

Schmidt, S. J. (1994). *Kognitive Autonomie und soziale Orientierung*. Frankfurt a. M.

Schneewind, K. A., & Schmidt, M. (2002). Systemtheorie in der Sozialpsychologie. In D. Frey & M. Irle (Hrsg.), *Theorien der Sozialpsychologie* (Bd. 3). Bern

Schwarz, N. (1985). Theorien konzeptgesteuerter Informationsverarbeitung in der Sozialpsychologie. In D. Frey & M. Irle (Hrsg.), *Theorien der Sozialpsychologie* (Bd. 3, S. 261–291). Bern.

Simon, F. B. (2004a/2019). *Gemeinsam sind wir blöd!? Die Intelligenz von Unternehmen, Managern und Märkten*. Heidelberg. 5. Aufl.

Simon, F. B. (2004b/2017). *Meine Psychose, mein Fahrrad und ich. Zur Selbstorganisation von Verrücktheit*. Heidelberg (1990). 17. Aufl.

Simon, F. B. (2013). *Radikale Marktwirtschaft. Grundlagen des systemischen Managements*. Heidelberg. 6. Aufl.

Simon, F. B., & Rech-Simon, C. (2013/2021). *Zirkuläres Fragen. Ein Lernbuch*. Heidelberg. 14. Aufl.

Watzlawik, P., Bavelas, J. B., Jackson, D. D. (1967/2012). *Menschliche Kommunikation: Formen, Störungen, Paradoxien* (10., unveränd. Aufl.). Bern. 12. Aufl.

4 Verhandlungen strategisch beeinflussen

Zusammenfassung

Das erwartet Sie in diesem Kapitel:

Sie erfahren, wie Sie eine Position aufbauen, die Sie von Ihrem Verhandlungspartner unabhängiger macht.

Sie bekommen Anregungen, mit Macht und Einfluss in Verhandlungen strategisch umzugehen – jenseits von Rhetorik und gesprächstaktischer Brillanz.

Sie lernen die positiven und negativen Facetten sowie die Kosten und Erträge von Macht kennen und sind für den Einsatz von Macht in Verhandlungen (Verhandlungsmacht) sensibilisiert.

Nach der Lektüre wissen Sie, aus welchen Quellen sich Verhandlungsmacht speist und kennen die Ansatzpunkte, um Ihre strukturelle und personale Macht auszubauen.

Sie wissen auch, wie Sie auf Verhandlungsmacht reagieren und sich gegen einen zu machtvollen Verhandlungspartner zur Wehr setzen können.

4.1 Macht und Einfluss in Verhandlungen

Wer verhandelt, für den sind viele Fragen offen: Halten sich alle an die Abmachungen? Wird mein Vertrauen belohnt? Spielen die anderen mit offenen Karten? Gibt es weitere Akteure, mit denen die andere Seite verhandelt – und wie stehen wir da im Vergleich mit denen?

Es gilt, eine Menge Unsicherheiten auszuhalten. Verhandlungssituationen und Verhandlungssysteme sind von Natur aus prekär. Konstruktive und destruktive Kräfte müssen in Balance gehalten werden.

U. Kreggenfeld, *Erfolgreich systemisch verhandeln*,
https://doi.org/10.1007/978-3-658-33906-7_4

Wer in eine Verhandlung einsteigt, hat also eine anspruchsvolle Aufgabe vor sich, der sich viele nur deswegen unterziehen, weil sie die Kooperation mit dem anderen Akteur brauchen, um die eigenen Ziele zu erreichen.

Es sei denn, wir haben Alternativen in peto, die uns ein kompetitives Auftreten erlauben.

Einfluss und Macht sind für diejenigen, die sich ihrer bedienen, Mittel, um diese Unsicherheiten und Unberechenbarkeiten auszuschalten oder zumindest drastisch zu reduzieren. Ob das dann tatsächlich gelingt, steht auf einem anderen Blatt.

4.1.1 Wer den anderen weniger braucht, hat die größere Macht

Die größte Macht auf dem freien Markt und damit auch in Verhandlungen hat derjenige, der den anderen weniger braucht als dieser ihn (Simon 2004). Darauf fußt die Macht der Monopolisten.

So war man bei der Deutschen Post früher kein Telefon-Kunde sondern ein Bearbeitungsfall. Seitdem die Verbraucher im Telekommunikationsbereich aber die Wahl zwischen mehreren, auch qualitativ guten Anbietern haben, hat sich deren Position und Verhandlungsmacht gegenüber der Deutschen Telekom erheblich verbessert. Die Folge: Kundenorientierung hat Einzug gehalten in den verstaubten Amtsstuben des einstigen Monopolisten.

► Wenn wir uns also mit dem Thema Verhandlungsmacht beschäftigen, geht es letztlich immer um die Frage: Was kann ich tun, um meine Austauschbarkeit zu verringern?

Alle, die schon einmal aus einer vermeintlich schlechten Ausgangsposition in eine Verhandlung gestartet sind, können sich auf eine Vielzahl hilfreicher Vorschläge freuen. Dabei werden wir sehen, dass der Aufbau von Verhandlungsstärke schon weit vor dem tatsächlichen Verhandlungstermin beginnt.

Verhandlungsmacht kann sich zwar auch aus gesprächstaktischer Brillanz und versierter Rhetorik speisen. Doch rücken diese Einflussgrößen nun zugunsten eher strategischer Kompetenzen in den Hintergrund. Es soll darum gehen, den Verhandlungsrahmen und das ganze Umfeld im Sinne desjenigen zu verändern, der Verhandlungsstärke und -macht aufbauen will.

► Macht wird im deutschen Wörterbuch definiert als „Herrschaft, Gewalt, Befehlsgewalt; Kraft, Stärke, Stoßkraft; Möglichkeit, Befugnis, seinen Willen durchzusetzen"

Wir können Machtstärke von Machtfülle unterscheiden (Popp 1988).

- Machtstärke beschreibt das Ausmaß, in dem ein Akteur mit Hilfe verschiedener Mittel der Einflussnahme seine Wünsche und Ziele erlangen kann.
- Ist ein Zulieferbetrieb beispielsweise von einem Kunden abhängig, hat dieser Kunde eine enorme Machtstärke – und solange der Zulieferer nicht mindestens einen zweiten

umsatzstarken Kunden aufgebaut hat, lebt er geradezu in einem Abhängigkeitsverhältnis.

- Machtfülle können wir daran messen, auf wie viele Akteure sich die Macht erstreckt und welche Bedeutung diese Akteure in den relevanten Systemen haben. So hatte ein großer Automobilproduzent im Süden Deutschlands mit wenigen Ausnahmen alle für das zweite Halbjahr 2009 geplanten Weiterbildungsveranstaltungen mit externen Beratern und Trainern abgesagt und angekündigt, dass auch 2010 allein mit internen Beratern und Trainern gearbeitet wird. Dieser Beschluss wirkt sich auf Dutzende Beratungsunternehmen aus und zeigt die Machfülle, die von einem großen Industriekonzern ausgehen kann.

Geht es beim kooperativen Verhandeln um gegenseitiges Abstimmen unterschiedlicher Interessen kommt mit dem Thema Macht der Versuch einer oder mehrerer Akteure ins Spiel, Interessen auch gegen Widerstand durchzusetzen.

Wir werden das mit dem Begriff Verhandlungsmacht umreißen, also die Macht, die sich im Rahmen von Verhandlungen auswirkt.

Verhandlungsmacht macht es möglich, einseitige Vorteile in Verhandlungen zu erlangen, was mittelbar auch zu einer vorteilhaften Übereinkunft führen kann.

Mit ihr können wir

- nachteilige Beeinflussungen durch den Gegner unterbinden – oder
- die Verhandlungssituation für uns vorteilhaft beeinflussen.

Unter einer eher juristischen Brille zeigt sich Verhandlungsmacht darin, dass ein Verhandlungspartner den Vertragsinhalt nach seinen Vorstellungen gestalten kann und dazu die Zustimmung seines Verhandlungsgegners erhält, ohne auf dessen abweichende Vorstellungen Rücksicht nehmen zu müssen (Pfeifer 2004).

Verhandlungsmacht äußert sich in wirtschaftlicher Stärke, hohem Drohpotenzial, einem umfangreichen Beziehungsgeflecht, Rückendeckung durch Autorität, fehlende Kontrollmöglichkeiten, Verhandlungsgeschick, Besitz von Informationen, vor allem aber durch das Vorhandensein von Verhandlungsalternativen.

Wer sich also nicht nur auf die Kooperationsbereitschaft seines Verhandlungspartners und sein Verhandlungsgeschick verlassen möchte, ist gut beraten, seine Position im Verhandlungsnetz zu stärken. Wie das funktionieren kann, erfahren Sie in Abschn. 4.1.4 unter der Überschrift „Woraus Macht resultiert".

4.1.2 Mehr Macht – mehr Unabhängigkeit? Oftmals ein Irrglaube!

Wer auf Einfluss, Macht und Manipulation baut, der zielt in der Regel darauf ab, sich nicht auf die Kooperationsbereitschaft seines Verhandlungspartners verlassen zu müssen. Er strebt danach, unabhängig von anderen zu sein oder den anderen zur Sicherung der eigenen Bedürfnisbefriedigung zu funktionalisieren (Pfeifer 2004). Und er glaubt dabei, sich dies leisten zu können.

Dies kann freilich auch ein großer Irrglaube sein. Jene, die Macht ausüben, überschätzen ihre Position leicht oder leiten aus der Überlegenheit einzelner Machtfaktoren eine generelle Dominanz ab.

Die Konflikte der Amerikaner im Irak und mittleren Osten machen deutlich, dass die Fokussierung auf die Überlegenheit – z. B. von militärischer Stärke im Sinne „klassischer Kriegsführung" – zu gravierenden Fehlschlüssen führen kann. So führten die Taliban den Amerikanern und uns mit ihren Anschlägen immer wieder vor Augen, dass die mit der militärischen Kapitulation des Staates Irak verbundene Aussicht auf Frieden lediglich eine Vision war, die zu viele Komponenten des Systems vernachlässigt hat.

Kein Machtfaktor führt zwangsläufig zu Verhandlungsmacht. Ein mächtiger Konzern muss nicht automatisch Tarifverhandlungen gewinnen. Die relativ kleine ‚Gewerkschaft Deutscher Lokomotivführer' (GDL) führt das der Deutschen Bahn immer wieder vor Augen. Mit den ersten flächendeckenden Lokführerstreiks in der Geschichte der Deutschen Bahn wurde der Konzern in die Knie gezwungen und musste einem eigenständigen Tarifvertrag für die Lokführer zustimmen.

Auch Porsche-Chef Wendelin Wiedeking hielt die Porsche AG und sich selbst für mächtig genug, um den Autoriesen VW zu übernehmen. Er glaubte, es sich leisten zu können, bis ihm klar gemacht wurde, dass für ihn in der neuen Organisation kein Platz mehr ist.

Macht wird nur in Beziehungen sichtbar. Sie entsteht nur dort, wo ein Interaktionspartner in der Lage ist, dem anderen einen Schaden zuzufügen (Crott et al. 1977; Simon 2004). Wenn man sagt, ein Akteur ist mächtig, meint man damit immer: mächtig im Vergleich zu anderen Akteuren. So ist ein Abteilungsleiter aufgrund seiner formalen Macht gegenüber seinem Teamleiter in der vermeintlich stärkeren Position. Unter dem gleichen Maßstab ist er seinem Bereichsleiter gegenüber in der schwächeren Position.

Ganz offensichtlich wird Macht deutlich in komplementären, und asymmetrischen Beziehungen: z. B. Chef/Mitarbeiter, Kunde/Lieferant, Lehrer/Schüler. Sichtbar wird dabei auch, dass keiner dem anderen ohne Gegenmittel ausgeliefert ist. Schüler können dem Lehrer das Leben zur Hölle machen, der Kunde ist zu einem gewissen Grad abhängig von seinem Lieferanten – und mit frustrierten Mitarbeitern kann auch der Chef keine Karriere machen.

Unter dem Strich müssen die Machtpositionen von beiden Akteuren akzeptiert oder zumindest geduldet werden. Solange der eine den anderen in seiner jeweiligen Funktion und Rolle nicht anerkennt, kann die Macht nur eingeschränkt oder gar nicht wirksam werden.

Was die Psychologie zum Einsatz von Macht und Einfluss sagt

Macht aufzubauen, um andere zu beherrschen, und sich gegen Macht zu wehren, um nicht selbst beherrscht zu werden, gilt in der Sozialpsychologie seit den 1950er-Jahren als menschliches Bedürfnis. Ein wichtiges Mittel dazu ist, Koalitionen zu bilden, durch die alle Beteiligten eine Verbesserung der bestehenden Kontrollverhältnisse anstreben. Beobachten lassen sich in erster Linie die beiden nachfolgenden Muster (Kreggenfeld 2009):

- Treffen zwei gleich starke Akteure mit einem schwächeren zusammen, versuchen beide, den schwächeren für sich zu gewinnen.
- Treffen zwei gleich schwache Akteure auf einen stärkeren, schließen sie sich zusammen, um der Dominanz des Stärkeren zu entgehen.

Das heißt nicht, dass die anderen Möglichkeiten nicht anzutreffen sind, allerdings sehr viel seltener:

- Treffen zwei gleich schwache Akteure auf einen stärkeren, verbündet sich einer der Schwächeren mit dem Stärkeren – diesem Opportunismus fällt dann der andere Schwächere zum Opfer.
- Treffen zwei gleich starke Akteure mit einem schwächeren zusammen, schließen sie sich zusammen, machen gemeinsame Beute und teilen die Ressourcen des Schwächeren untereinander auf.

Möglicherweise ist ein weiterer Grund für den Einsatz von Macht aber auch die Unfähigkeit zur Kooperation. Alfred Adler etwa, neben Sigmund Freud einer der führenden Psychoanalytiker des 20. Jahrhunderts, spricht bei einem überhöhten Geltungsstreben und dem „Willen zur Macht" von einer seelischen Überkompensation eines verstärkt erlebten Minderwertigkeitsgefühls.

Für Nietzsche hingegen, den nicht minder großen und markanten Philosophen des vorigen Jahrhunderts, ist der Wille zur Macht die eigentliche, wenn nicht einzige Möglichkeit zu einem selbstbestimmten Leben.

Entwicklungspsychologisch gesehen, gilt der Einsatz von Macht eher als ein Rückschritt. In seinem Modell der interpersonalen Verhandlungsstrategien sieht der amerikanische Psychologie-Professor Robert Selman viele Parallelen zwischen der Fähigkeit, die Perspektive eines anderen einzunehmen und der Verhandlungsfähigkeit. Sein Konzept des interpersonalen Verhandelns macht verschiedene Entwicklungsstufen sichtbar (Selman und Lynn 1990):

Zunächst besteht eine Unfähigkeit, die Perspektiven und Beweggründe des Verhandlungspartners als verschieden zur eigenen Position zu erkennen und dies in Verhandlungen zu berücksichtigen.

Dann werden die Positionen des Gegenübers zwar teilweise einbezogen, jedoch weiterhin die eigenen Ziele verfolgt.

Schließlich besteht die Fähigkeit, die eigene Position und die des anderen gleichzeitig einzunehmen, um im gegenseitigen Einvernehmen eine Lösung zu finden.

In diesem Modell, dargestellt in Abb. 4.1, werden die verschiedenen Verhandlungsstrategien auf Niveaustufen von null bis vier angesiedelt. Stufe vier ist die höchste und ermöglicht ein längerfristiges Kooperations- und Intimitätsverhältnis, wogegen Stufe null durch egozentrische Strategien unreflektierter Gewaltanwendung gekennzeichnet ist.

Den Verhandlungspartner qua Macht zu einer Übereinkunft zu bewegen, bedeutet in Abb. 4.1 über die Stufen 1 und 2 nicht hinauszukommen und Strategien einseitiger Machtausübung und der bewussten psychologischen Beeinflussung zu verwenden.

4.1.3 Die guten und die schlechten Seiten der Macht

Macht und ihrer rationalen Anwendung haftet ein negativer Beigeschmack an. Allein schon das Wort „Macht" scheint ein wenig verpönt, weswegen manche lieber von Einfluss sprechen. Das kommt ein wenig neutraler daher. Um eine Einflussnahme handelt es sich etwa, wenn die Geschäftsführung dem Abteilungsleiter signalisiert, dass sie sehr viel von Frau Grabowski halte, die als eine der drei Kandidatinnen für die neue Besetzung der Teamassistenz gilt.

Niveau 4:

vertiefend/intim

individuelle und soziale Einflussfaktoren werden gleichzeitig berücksichtigt, um ein längerfristiges Kooperations- und Intimitätsverhältnis zu ermöglichen und aufrechtzuhalten

Niveau 3:

dritte Person/wechselseitig

Aus der Zusammenarbeit entstehende Konfliktlösungen tragen den wechselseitigen Bedürfnissen und gemeinsamen Beziehungen Rechnung

Niveau 2:

selbstreflexiv (zweite Person)/reziprok

Strategien der bewussten psychologischen Nachgiebigkeit, um die eigenen Absichten zu ändern austauschen, sich anschließen, nach einem Grund fragen	Strategien der bewussten psychologischen Nachgiebigkeit, um die eigenen Absichten zu ändern, z. B. beeinflussen, bestechen, tauschen, vorangehen, einen Grund angeben

Niveau 1:

differenziert/subjektiv

Strategien ‚willenloser' Unterwerfung unter die Wünsche des anderen, z. B.: gehorchen, klein beigeben, hilflos sein, auf Hilfe warten sich behaupten, tyrannisieren	Strategien einseitiger Machtausübung, um den anderen um der eigenen Ziele willen zu kontrollieren, z. B.: befehlen, auf etwas bestehen,

Niveau 0:

undifferenziert/egozentrisch

Strategien des unreflektierten impulsiven Rückzugs oder Gehorsams, um sich zu schützen, z. B. jammern, ignorieren, fliehen, sich verstecken	Strategien unreflektierter Gewalt, um die eigenen Ziele zu erreichen, z. B. kämpfen, zuschlagen, etwas an sich reißen
Orientierungsmodus der Selbstveränderung	**Orientierungsmodus der Veränderung des anderen**

Interpersonale Orientierung im Umgang mit Ungleichgewichten

Abb. 4.1 Die Niveaus der interpersonalen Verhandlungsstrategien nach Selman und Lynn (1990)

Mehr Druck bzw. Zwang kommt ins Spiel wenn etwa der Mitarbeiter seinem Chef Doppelfuchs damit droht, dessen neulich versehentlich am Kopierer liegen gelassene Bewerbung bei dem wichtigsten Mitbewerber gegenüber der Geschäftsführung zu erwähnen. Die Loyalität von Doppelfuchs seinem jetzigen Arbeitgeber würde dadurch erheblich in Zweifel gezogen und falls seine Bewerbung bei der Konkurrenz nicht erfolgreich wäre, müsste er damit rechnen, bei den nächsten Beförderungsrunden außen vor zu bleiben.

Das Spektrum von Einflussnahmen reicht also vom leichten „Anschubsen" über Zwang und Abhängigkeit bis hin zu einer bewussten und unbewussten Kontrolle. In allen Fällen ist ein Akteur in der Lage, Aktionen auszulösen, die es in seinen Augen wahrscheinlicher machen, dass ein anderer Akteur sich in eine gewünschte Richtung bewegt.

Wenn wir in diesem Kapitel den Fokus auf Themen wie Einfluss und Macht und im nächsten Kapitel auf Manipulation legen, richten wir den Blick ganz bewusst nicht auf Übereinkünfte, die alle Verhandlungspartner befriedigen, oder auf rechtliche Standards oder Fairness, etc. Vielmehr schauen wir jetzt darauf, nach welchen Regeln es funktioniert, andere Akteure zu bestimmten Aktionen zu bewegen.

Dass das aus Sicht derjenigen, die mit der Macht konfrontiert werden, unangenehm ist, ist so zutreffend wie nachvollziehbar. Besonders gilt das für Situationen in denen die mächtigere Seite den Verhandlungspartner zu einer Übereinkunft zwingt, und diese dann später euphemistisch als faire Verhandlungslösung „verkauft". Gut zu beobachten ist das, wenn totalitäre Regime Einigungen mit Regimekritikern verkünden.

Dass Freiwilligkeit gemeinhin als ein Kriterium für Verhandlungen in der Praxis angesehen wird, kann also durchaus einen zynischen Beigeschmack haben. In manchen Situationen wäre es wohl zutreffender, von einer „unter Zwang herbeigeführten Freiwilligkeit" zu sprechen.

Unbestritten bringt das Ausüben von Macht eine Reihe von negativen Implikationen mit sich. Vor allem bezogen auf die Beziehung zwischen dem, der sie ausübt und dem, der sich ihr beugt: Machtausübung zementiert die Ungleichheit, die Asymmetrie.

Wenn der Automobilkonzern seinem Lieferanten trotz jahrzehntelangen guten Geschäftsbeziehungen die Daumenschrauben anlegt und von einem bereits fertig ausgehandelten Angebot noch einmal sechs Prozent abziehen will, und dabei auf Angebote von den Mitbewerbern verweist, wird (vermeintlich) klar, wer der Koch und wer den Kellner ist.

Aber: Macht ist nicht nur negativ. Macht kann nötig sein, um sich gegen Macht zu wehren. So hatte Bundeskanzler Helmut Schmidt Ende der 1970er-Jahre mithilfe der Nato zielstrebig den Aufbau von militärischer Stärke betrieben, um den Sowjets Paroli bieten zu können.

Macht, die darin besteht, auch jenseits des konkreten Verhandlungsgesprächs Optionen zu haben (BATNA), kann dazu führen, erst einmal auf gleiche Augenhöhe mit dem vermeintlich mächtigeren Verhandlungspartner zu kommen. Wenn der oben beschriebene Lieferant hinreichende Alternativen zu dem Kunden hat, der ihn hier unter Druck setzt, wird er freier und souveräner weiterverhandeln können, als wenn dies sein einziger Kunde ist.

Auch in hierarchisch organisierten Unternehmen wird die positive Seite der Macht, genauer gesagt, der Entscheidungsmacht, deutlich. Wenn im Team unterschiedliche Meinungen herrschen, braucht es den Chef, der eine Entscheidung fällt. Damit die Organisation handlungsfähig bleibt und im Team wieder Ruhe herrscht. Denn das ist die vielleicht wichtigste Führungsfunktion: Entscheidungen herbeizuführen, zu treffen, sie um- und durchzusetzen.

Nutzt der Chef seine Machtposition, kann er nicht enden wollende Verhandlungsrunden zu Ergebnissen führen. Auch in Situationen, in denen schnelle Entscheidungen vonnöten sind, ist der Einsatz von Entscheidungsmacht angezeigt.

So macht es bei einem Großbrand in einer Raffinerie wenig Sinn, zunächst alle Löschkräfte zu einem Brainstorming darüber zusammenzurufen, wie man jetzt am besten vorgeht. Denn vermutlich sind die Tanks nach dem sorgfältigen Ausloten der Situation längst explodiert.

Macht kann ferner ein probates Mittel sein, um den anderen an den Verhandlungstisch zurückzuholen und damit den Boden für kooperatives Verhandeln überhaupt zu bereiten. So ist es in Regierungskoalitionen immer wieder zu beobachten, dass Minister unterschiedlicher Fraktionen aneinandergeraten und sich öffentlich derbe Verbalgefechte leisten. Dann braucht es ein Machtwort der Führungsspitze, um die Streithähne wieder an die gemeinsamen politischen Ziele zu erinnern.

► Wie so oft: Auf den Kontext kommt es an!

Wie eigentlich immer, so kommt es auch bei der Anwendung und der Bewertung von Macht auf den Kontext an: Wer setzt sie auf der Basis welcher Werte, wie, wem gegenüber, mit welchen Zielen und Erwartungen und aufgrund welcher Erfahrungen und Geschichte ein? Und geschieht der „Einsatz" probat und dosiert und erlaubt es der unterlegenen Seite, ihr Gesicht zu wahren – oder grob und hart unter Inkaufnahme des Gesichtsverlusts?

Für den ein oder anderen und nicht nur für masochistische Charaktere kann es durchaus attraktiv sein, sich einer Macht unterzuordnen. Steht der Nutzen, der für einen Akteur aus der Unterordnung unter die Macht resultiert, in einem stimmigen Verhältnis zu den daraus entstehenden Kosten, ist damit zumindest aus austauschtheoretischer Sicht nichts einzuwenden (Fischer und Wiswede 2009).

Letztlich beugt sich jeder, der in eine Organisation eintritt, einer organisationalen Macht. Ab jetzt wird die Arbeitszeit, der Dresscode, die Do's und Don'ts von der Firmenkultur und von den Vorgesetzten bestimmt. Stimmt der Gehaltscheck, scheint es aber für alle Beteiligten eine lohnende Sache zu sein.

Unter dem Strich beugen wir alle uns der Staatsmacht, wir zahlen Steuern und erkennen das Gewaltmonopol an. Unser innerer Kaufmann scheint damit gut klar zu kommen. Der Gegenwert, z. B. ein intaktes Gemeinwesen oder keine Angst vor dem Schusswechsel mit dem Nachbarn, scheint die Einschränkungen wett zu machen.

4.1.4 Woraus Macht resultiert

Wie wird man mächtig?

- Die Quellen der Macht speisen sich aus allem, was einen Akteur weniger austauschbar macht als den anderen. Das sind in der Regel bestimmte Funktionen in Organisationen, spezielle Fertigkeiten und Fähigkeiten oder auch ein spezielles Wissen.

So erzählte unlängst eine Führungskraft im Seminar von einem Mitarbeiter, der als einziger wisse, wo bestimmte Versorgungsleitungen in einem älteren Produktionsbetrieb verlegt seien – und der sich mit „Zähnen und Klauen" weigere, sein (Herrschafts-)Wissen preiszugeben.

- Machtquellen sind darüber hinaus alles, mit dem ein Akteur seinen Gegenspieler belohnen oder „negativ sanktionieren", sprich: bestrafen kann, um ein für ihn angenehmes Ergebnis zu erzielen.

Das funktioniert im Falle der Belohnung über den Zugriff bzw. die Ankündigung auf Ressourcen: also Geld, Zeit, Tauschmittel, Dienstleistungen und Güter aller Art (materielle Ressourcen) oder auch Zuwendung, Wertschätzung, Aufmerksamkeit und Liebe (immaterielle Ressourcen). Beim „negativen Sanktionieren" werden diese Ressourcen verweigert bzw. entzogen oder es wird angekündigt, dass sie verweigert bzw. entzogen werden. Abb. 4.2 verdeutlicht die Grundlagen, wie soziale Macht funktioniert.

In unseren Breitengraden ist die physische Macht in geschäftlichen Zusammenhängen zum Glück selten. Physische Macht ist unter dem Strich nichts anderes als Gewalt. Die Schutzgeldmethoden der Mafia oder auch militärische Macht sind Beispiele dafür.

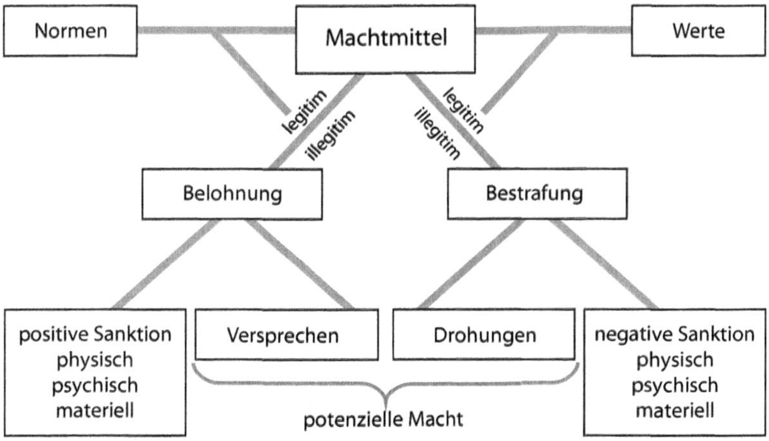

Abb. 4.2 Die Grundlagen soz. Macht – nach Fischer und Wiswede 2009

Wir können die folgenden Machtquellen voneinander unterscheiden (Kreggenfeld 2009; Fischer und Wiswede 2009; Fisher et al. 2013):

- **Regulationsmacht** bezeichnet im weiteren Sinne die Machtkompetenz, in Organisationen Regeln und Strukturen in Organisationen einzuführen, zu überwachen und bei Regelverstößen einzuschreiten. Dazu gehört etwa die Arbeitszeit festzulegen, den Dienstweg einzurichten und zu beschreiben oder Urlaubsregelungen festzulegen.
- **Legitimationsmacht** beruht auf der Anerkennung von Funktionen wie der des Chefs in der Firma, des Richters vor Gericht oder des Arztes im Krankenhaus. Sie geht häufig einher mit der Entscheidungsmacht, der finalen Entscheidungskompetenz in Organisationen. Manche Menschen sind gegenüber diesen Funktionen regelrecht hörig und folgen ihnen blind.
- Ein erschreckendes Beispiel dafür liefern die berühmten Milgram-Experimente. Verkürzt gesagt fügten dabei Probanden anderen Menschen auf Anweisung und unter Anleitung von (scheinbaren) Ärzten (scheinbare) Stromstöße zu. Das Vertrauen in die Autorität des Arztes ließ die Probanden die Stromstöße (scheinbar) selbst dann noch steigern, als die Versuchspersonen (scheinbar – sie wurden von Schauspielern gespielt) schon ohnmächtig waren.
- **Statusmacht** zeigt sich in allgemein akzeptierten Titeln, wie Professor oder Doktor, die in bestimmten Zusammenhängen das Ansehen von Personen erhöhen können. aber auch darin, dass ältere, würdevolle oder besonders attraktive Personen ebenso wie Vorstände und Chefs, andere Führungskräfte aber auch Künstler und Politiker je nach Kontext bevorzugt behandelt werden
- **Identifikationsmacht** ist die Macht, die von einem Menschen ausgeht, mit dem sich ein anderer identifiziert oder auf den er besondere Eigenschaften projiziert. Sie kann beispielsweise die Folge einer charismatischen Ausstrahlung sein, die jemand auf einen anderen ausübt. Sie kann aber auch von besonderen Aktionen herrühren, die eine Person geleistet hat und die andere beeindrucken. Helmut Schmid etwa zehrt seit mehr als 50 Jahren von dem Nimbus, den er sich während der Sturmflut in Hamburg 1962 als entschlossener und kompetenter Krisenbekämpfer erarbeitet hat. Häufig entsteht bei anderen Menschen der Wunsch oder das Bedürfnis, so zu sein und sich so zu verhalten, wie die verehrte oder auch angehimmelte „Machtquelle".
- **Expertenmacht** beruht auf besonderen Fähigkeiten, wie z. B. dem Talent, mehrere Sprachen zu sprechen, oder Zusammenhänge schnell zu erfassen und so fundierte Entscheidungen zu treffen. Expertenmacht resultiert generell aus speziellen Kenntnissen in relevanten Bereichen. Je nach Kontext hat ein Experte so ein beträchtliches Maß an Macht, wie z. B. ein ausgewiesener Experte für Strahlungssicherheit in einer Anhörung zu Fragen der Kernenergie. Oder wer diskutiert schon mit einem Netzwerkadministrator, ob es wirklich Sinn macht, die neuen Router anzuschaffen, die den Datenverkehr regeln – wo doch die meisten schon nicht einmal wissen, was so ein Ding überhaupt ist.
- **Informationsmacht**. Wer einen besonderen Zugang zu Informationen oder Informationsmitteln hat und über die richtigen Kommunikationskanäle verfügt, hat in aller

Regel einen Vorsprung vor anderen und besitzt damit Informationsmacht, in anderen Zusammenhängen auch „Herrschaftsmacht" genannt. Das klassische Beispiel hierfür ist die Chefsekretärin, die durch den Zugang zum Terminkalender des Chefs und durch allerlei ungewollt aufgeschnappte Kommunikationen im Allgemeinen ein beträchtliches Maß an Informationsmacht hat. Informationsmacht geht häufig einher mit der Macht durch Nähe zur Macht. Wer häufig Kontakt zu den Mächtigen hat, weiß, wie sie denken, was sie planen etc. und hat dadurch einen erheblichen Ressourcenvorsprung gegenüber anderen.

- **Ökologische Macht** ist Macht, die von bestimmten Umweltmerkmalen ausgeht, z. B. ein Sitzplatz in der Nähe eines Mikrofons, ein günstiger Platz in der Sitzordnung, der Schlange etc.
- **Emotionale Macht** geht von Menschen aus, die bei anderen Menschen Schuldgefühle hervorrufen können. Diese können daraus resultieren, dass ein Akteur A einen anderen Akteur B aktiv geschädigt hat und sich nun schlecht fühlt und Schuldgefühle entwickelt, die er durch Wiedergutmachungen abbauen möchte. Möglich ist es auch, dass aus vielerlei Gründen, mit denen ein Akteur A nichts zu tun hat, B schlechter gestellt ist als A. Dennoch versucht B bei A Schuldgefühle zu erzeugen und dazu zu provozieren, diese Ungleichheiten zu kompensieren.
- **Macht durch Kenntnis über Beeinflussungs- und Manipulationstechniken**, wie wir sie im 5. Kapitel vorstellen.

► Wer Ansatzpunkte sucht, die eigene Machtposition zu definieren und auszubauen, hat also viele Möglichkeiten. Dabei wird deutlich: Die verschiedenen Machtquellen lassen sich nicht immer trennscharf auseinanderhalten.

So beruht Regulationsmacht in der Regel auf Legitimationsmacht und die geht häufig einher mit Statusmacht.

Bei der Aufzählung beanspruche ich keine Vollständigkeit. Spieltheoretiker z. B. führen noch weitere Machtquellen an, wie etwa Macht durch Geduld und Risikobereitschaft (Pfeifer 2004; Brandenburger und Nalebuff 2007). Unter dem Strich können wir mit einer sehr offenen Herangehensweise an das Thema wohl alles als Quellen der Macht bezeichnen, was einem Akteur Vorteile gegenüber einem anderen Akteur verschafft, was ihn in die Lage versetzt, eine Übereinkunft zu seinen Gunsten zu beeinflussen.

Dabei macht es durchaus Sinn, in „personale" und „strukturelle" Machtquellen zu unterscheiden (Besemer 1999).

4.1.5 Strukturelle und personale Machtquellen

Wer die Möglichkeit besitzt, eine Struktur zu schaffen, in der andere sich bewegen müssen, verfügt über strukturelle Macht. Die Quellen dafür liegen in Hierarchien und Funktionen und in einer Verfügungsgewalt über äußerliche Mittel wie Geld, Dienstleistungen oder Güter. Strukturelle Macht wird in der Regel als so selbstverständlich wahrgenommen, dass sich kaum einer Gedanken über sie macht.

Die Regulationsmacht gilt als klassische strukturelle Machtquelle. Sind Zeiterfassungssysteme oder Dienstwege erst einmal eingerichtet, müssen sie nicht mehr persönlich kontrolliert werden. Wir sprechen hier von depersonalisierten Strukturen.

Über strukturelle Macht verfügt auch, wer einen anderen mit dem Zugriff oder der Verweigerung auf materielle Ressourcen belohnen oder bestrafen kann. Auch die Macht durch Legitimation und ökologische Macht können als strukturelle Machtquellen bezeichnet werden.

Strukturelle Macht drückt sich ferner in der Struktur einer Verhandlungssituation aus. Der Verhandlungsort, Verhandlungszeiten, die Anzahl der Verhandelnden auf jeder Seite, Bestimmungen der Verhandlungsgenstände, Kriterien, nach denen Verhandlungsergebnisse beurteilt werden, festgelegte Tagesordnungen – all das gehört dazu. Zwar müssen diese Punkte irgendwann einmal persönlich ausgehandelt werden, danach aber wirken die entsprechenden Strukturen depersonalisiert (darin liegt ihr Charme): Einzelne Akteure müssen nicht mehr in Erscheinung treten. Die sonst hohen Kosten für Machtausübung und Machterhalt entfallen, es müssen keine weiteren Ressourcen aufgewendet werden, um sie durchzusetzen.

Mit personaler Macht ist persönliche Stärke gemeint, die auf Eigenschaften, Fähigkeiten und Kenntnissen beruht, die in der eigenen Person begründet sind und nicht von außen zur Verfügung gestellt werden. Dazu gehören: Experten- und Informationsmacht ebenso wie die Macht durch Emotionen, Macht durch die Kenntnis von Beeinflussungs- und Manipulationstechniken oder die Nähe zur Macht. Sicher auch Ausstrahlung und Charisma, Klugheit, Überzeugungskraft, Selbstsicherheit, Ausdauer, Kreativität etc.

Wenn jemand persönliche Autorität ausstrahlt, sind die daraus erwachsenen Machtmittel naturgemäß immer an diese ganz bestimmte Person gebunden. Personale Macht wirkt also unmittelbar und braucht sich nicht gewissermaßen durch den Rückgriff auf formale Strukturen zu legitimieren. Dies ist besonders wirkungsvoll im Fall der sogenannten „Informellen Führung". Jenseits aller organisationalen Strukturen kann ein informeller Führer qua seiner persönlichen Autorität großen Einfluss ausüben und oft auch ein Gegengewicht gegenüber der strukturellen Macht bilden. Zu starke personale Macht kann den Inhaber struktureller Macht dann dazu reizen, seine strukturelle Macht einzusetzen.

Bei der Analyse von Verhandlungssystemen ist es also wichtig, auf der jeweiligen Gegenseite die informellen Führer zu identifizieren, da deren Einfluss auf Verhandlungsinhalte und -verlauf maßgebender sein kann als die Aktionen von ranghohen Verhandlungsteilnehmern.

Personalisierte Werkzeuge der Macht kann man unterscheiden in direkte, indirekte und geheime Werkzeuge und zudem in legale und illegale sowie in ethisch vertretbare und ethisch anrüchige (Kreggenfeld 2009).

Zu den direkten Werkzeugen gehört es, Belohnungen und Bestrafungen anzukündigen oder durchzuführen. Sei es in Form von verbalen Äußerungen oder/und dem nicht anonymisierten Einsatz struktureller Macht, indem Geld, bestimmte Werte, Rechte oder Freiheiten gewährt oder entzogen werden. Auch die direkte Bitte und der Appell zu einer bestimmten Handlung gehören hierzu. Überzeugt z. B. ein Chef seinen Mitarbeiter über eine attraktive Gehaltszulage, für 18 Monate ein Industrieprojekt im Irak zu betreuen, hat er auf sehr direkte Weise seine Position ausgespielt.

Zu den indirekten Werkzeugen zählen wir den Einsatz von Manipulations- und Beeinflussungstechniken. Hier kommen die Mittel zum Tragen, die wir uns im nächsten Kapitel genau anschauen werden. Das Einbeziehen Dritter, die quasi als Agenten des Machtausführenden unterwegs sind und versuchen, das „Machtziel" in eine bestimmte Richtung zu beeinflussen, können wir ebenso dieser Kategorie zuordnen wie das „Schmieden" von Allianzen.

Im betrieblichen Alltag erleben wir das Schmieden von Allianzen häufig, wenn es darum geht, Mehrheiten für strategische Entscheidungen zu gewinnen. Auch beim Thema Mobbing werden Manipulations- und Beeinflussungstechniken gezielt gegen eine Person eingesetzt, was zu den „geheimen" und verborgenen Mitteln überleitet.

Darunter sollen hier diejenigen Werkzeuge verstanden werden, die das Licht der Öffentlichkeit scheuen, dem Machtsuchenden aber nach seinem Dafürhalten Vorteile verschaffen. In seiner „Psychologie der organisationalen Macht" führt der Kölner Soziologe Günter Wiswede (2012) dazu folgende Aktivitäten auf:

> schikanieren, kalt stellen, unterlaufen, schleimen, mauscheln, klüngeln, bestechen, abschieben, verschleiern, verharmlosen, usw.

Sämtliche derartigen Aktivitäten stellen in Verbindung mit allen Mitteln der unlauteren Informationsbeschaffung Techniken dar, um Macht zu erweitern und zu nutzen, sich fremder Kontrollen zu entziehen und gleichzeitig Kontrolle über andere zu erhalten. Forschungsversuche im Zusammenhang mit Mobbing, das ja auch eine Form der Machtausübung darstellt, machen deutlich, dass sich diese machtpolitischen Aktivitäten dem wissenschaftlichen Zugriff weitestgehend entziehen.

> Niemand im Unternehmen – mit Ausnahme der negativ Betroffenen – ist sonderlich daran interessiert, dass mikropolitische ‚Machenschaften', an denen man vielleicht selbst beteiligt ist, aufgedeckt werden. Sofern die subkutane Realität nicht schlichtweg geleugnet wird, so könnte man doch zumindest befürchten, dass der gute Ruf des Unternehmens darunter leidet. (Wiswede 2012)

Wie über lange Jahre auch erfolgreich mit diesen Machtmitteln gearbeitet werden kann, zeigt etwa die VW-Affäre, die im Juli 2005 bekannt wurde. Aus der Firmenleitung des Volkswagen-Konzerns heraus wurden Mitglieder des Betriebsrates mit finanziellen Zuwendungen, Luxusreisen und Dienstleistungen von Prostituierten bestochen und in ihren Entscheidungen korrumpiert.

Mit den hier aufgeführten Techniken sind die Grenzen zwischen den legalen und illegalen sowie zwischen den ethisch vertretbaren und ethisch unsauberen Mitteln bereits überschritten bzw. verschwommen. Machtausübende scheinen hier nicht immer trennscharf zu agieren. Diese Praxis bestätigt die Definition Max Webers, dem Begründer der wissenschaftlichen Soziologie:

> Macht bedeutet jede Chance, innerhalb einer sozialen Beziehung den eigenen Willen auch gegen Widerstreben durchzusetzen, gleichviel worauf diese Chance beruht. (Weber 1990/ Original 1922)

Personale Macht kann also ein Gegengewicht zur strukturellen Macht schaffen. Zu starke personale Macht kann den Inhaber struktureller Macht dazu reizen, seine strukturelle Macht einzusetzen.

Amerikanische Verhandlungsforscher haben herausgefunden, dass, wer Macht hat, sie auch anwendet (Kreggenfeld 2009; Deutsch 1977). Offensichtlich verleitet die Verfügungsgewalt dazu, sie auch einzusetzen. Die meisten Verhandlungspartner reagieren darauf ablehnend, kompetitive Tendenzen stellen sich ein – und gute sachliche Lösungen verschwinden am Horizont.

Gleichzeitig kam eine andere Forschergruppe zu dem Schluss, dass es nicht generell empfehlenswert ist, bei gleichem Droh- und Bestrafungspotenzial gänzlich auf den Einsatz entsprechender Machtwerkzeuge zu verzichten. Denn das wird häufig als Schwäche ausgelegt. Ich gehe davon aus, dass dieses „Säbelrasseln" für bestimmte Charaktere dazugehört, bevor beide Seiten dann zu einem konstruktiven Klima zurückfinden.

Fragen Sie sich doch einmal, wie Ihr persönliches Machtprofil aussieht. Wo sind sie gut aufgestellt? Wo haben sie noch Handlungsbedarf? Welche Fähigkeiten werden in ihrer Organisation hoch gehandelt?

4.1.6 Macht ist nicht umsonst zu haben

Macht kostet. Und zwar häufig so viel, dass es für den Machtausübenden sehr unattraktiv wird, sie auszuspielen (Fischer und Wiswede 2009). Nicht eingehen möchten wir hier auf den Lustgewinn, den sogenannte „machiavellistische Persönlichkeiten" daraus ziehen, ihre Macht anzuwenden.

Die Kosten der Macht zeigen sich extrem auf der politischen Bühne. Der Einmarsch in den Irak hat zwar kurzfristig gezeigt, wer der im klassischen militärischen Sinne Mächtigere ist. Daneben brachte er aber den USA gigantische monetäre Kosten und der Bush-Administration einen unrühmlichen Abgang ein und verspielte die Reputation im Nahen Osten.

Ein Vorgesetzter steht im Prinzip vor ähnlichen Problemen: Muss er einen Mitarbeiter zu einer Abmachung zwingen, beispielsweise ihm einen anderen Aufgabenbereich zuweisen, besteht die nahe liegende Gefahr von Frustration, schlechter Leistung und Unzufriedenheit. Dramatischer wird es, wenn es zur inneren Kündigung, zum Dienst nach Vorschrift und ähnlichen Phänomen kommt. Dann nämlich entstehen auch noch Kontrollkosten, denn es muss ja überprüft werden, ob die Aufgaben auch entsprechend ausgeführt werden. Läuft es richtig schlecht, sieht sich der Vorgesetzte auch noch allerlei negativen Gefühlen und Aggressionsneigungen ausgesetzt und kann zudem davon ausgehen, dass für den Mitarbeiter Alternativen jenseits oder außerhalb des aktuellen Systems attraktiver werden. Das heißt: Bei dem nächsten einigermaßen passenden Angebot kündigt er.

All das sind sogenannte negative Sanktionskosten. Sie werden auch als Kosten der Bestrafungsmacht bezeichnet. Sie treten immer dann auf, wenn der Machtanspruch gegen Widerstand durchgesetzt wird.

Auf der anderen Seite stehen die Kosten, die anfallen, wenn ein Akteur in der Lage ist, einen anderen Akteur zu belohnen. Sei es monetär, mit einem Dienstwagen oder einem erhöhten Zuschuss, sei es nicht-materiell mit anderen und als besser empfundenen Aufgaben, mehr Wertschätzung etc.

Diesen sogenannten Belohnungskosten ist es zu eigen, dass sie sehr sättigungsanfällig sind und nur unter bestimmten Bedingungen vermehrte Leistungen zur Folge haben. Auch kann innerhalb von Organisationen schnell die Haltung entstehen, dass jedes Engagement extra belohnt werden muss.

Alles in allem wird der Machthabende seine Macht dann einsetzen, wenn er wähnt, dass es sich für ihn um ein gutes Geschäft handelt – oder wenn er keine andere Wahl für sich sieht. Kann ein Akteur auf mehrere alternative Machtressourcen zugreifen, wird er diejenige wählen, die für ihn am kostengünstigsten ist. Dahinter steht der alte kaufmännische Grundsatz, dass die Kosten nicht höher als der Ertrag sein dürfen.

Unter dem Strich ist es auf jeden Fall eine kostspielige Angelegenheit, andere zu belohnen oder sie negativ zu sanktionieren.

Auf der anderen Seite aber scheint Macht ihre tatsächliche Beweiserbringung nicht zu brauchen, um dennoch zu wirken. Neben der aktualisierten und tatsächlich spürbaren Macht sollen hier zwei weitere Machtformen vorgestellt werden: die potenzielle und die wahrgenommene Macht (Kreggenfeld 2009; Popp 1988).

> ▶ Denn: Macht haben, Macht ausüben und als Macht-Habender wahrgenommen zu werden, sind drei verschiedene Dinge.

Potenzielle, tatsächliche und wahrgenommene Macht

- **Potenzielle Macht**

  Potenzielle Macht beschreibt die Summe der Machtmittel und Ressourcen, die der machtausübende Akteur in Richtung des anderen Akteurs, dem sogenannten „Machtziel" aktivieren kann, um seine Ziele zu erreichen. Oder etwas anders formuliert umfasst sie das Ausmaß, in dem A die Ergebnisse von B im Sinne seiner Zielsetzungen verändern kann.

  Die potenzielle Macht beschreibt insofern Möglichkeiten. Ob sie genutzt und aktualisiert werden, ist damit noch nicht gesagt.

- **Tatsächliche Macht**
  Die tatsächliche Macht ist die, die der Machtinhaber in einer konkreten Situation „ins Gefecht führt“ – oder, die er bereit ist, anzuwenden.
  Unterstellen wir einmal, dass es den verhandelnden Akteuren auf die Optimierung des individuellen Gewinns ankommt, dann bemisst sich die tatsächliche Macht eines Verhandelnden A danach, inwieweit sein Gegenspieler B von der Beziehung mit A abhängig ist. Diese Abhängigkeit ist umso größer, je lohnender die Ergebnisse sind, welche B in Interaktion mit A im Vergleich zu Ergebnissen in verfügbaren alternativen Beziehungen erzielen kann.
  Solange der Gewinn in einer aktuellen (Geschäfts-)Beziehung höher ist als bei verfügbaren Alternativen, wird B die Beziehung – sprich die Verhandlung – nicht verlassen.
- **Wahrgenommene Macht**
  Macht muss nicht zwingend auf realen Machtmitteln beruhen. Oft genügt der pure Schein. Die wahrgenommene Macht resultiert dann lediglich aus der subjektiven Vorstellung eines Akteurs (hier: dem Machtziel), die eigenen Ziele nur – oder am besten – mit dem anderen Akteur (hier: der Machtquelle) erreichen zu können.
  Die wahrgenommene Macht ist insofern die unsicherste Macht, da sie auf Täuschungen oder Bluff, Fehleinschätzungen, Manipulations- und Beeinflussungstechsniken beruhen kann, die wir uns noch genauer anschauen werden.
  Von der Kostenseite her betrachtet, ist die wahrgenommene Macht natürlich die günstigste der drei Varianten. Denn sowohl das Beschaffen von realen Machtmitteln als auch die tatsächliche Ausübung von Macht in Form von Sanktionen oder Gratifikationen kann mit erheblichen Aufwendungen verbunden sein kann. Da ist es billiger, den Anschein von Macht zu erwecken.
  Aber Vorsicht: Eine Täuschung oder ein Bluff funktionieren nur so lange, bis ein notwendig gewordener Machtbeweis erbracht werden muss. Bleibt er aus, verliert der Betreffende nicht nur sein Gesicht, sondern vielleicht auch die Verhandlung.
  Wahrgenommene Macht hat viele Facetten, immer aber beruht sie auf der subjektiven Einschätzung, welche Ressourcen der andere Akteur hat und wie hoch seine Bereitschaft ist, diese auch einzusetzen bzw. auszuführen. Diese Einschätzung ist abhängig von
  – der Sichtbarkeit der Machtressourcen,
  – dem Kontext der Situation im Hinblick auf den Einsatz der Ressourcen,
  – der Häufigkeit und dem Erfolg der Machtausübung in der Vergangenheit.

4.1.7 Auf Macht reagieren

Macht und Einfluss ausüben ist die eine Seite der Medaille, auf Macht zu reagieren die andere. In der Politik können wir das immer wieder neu beobachten. So hat der deutsche Außenminister im Kabinett und in der Öffentlichkeit traditionell eine starke Position. Dies führte in der Geschichte der Bundesrepublik in jeglichen Regierungskoalitionen stets zu Differenzen. Die meisten Bundeskanzler haben auf die Profilierungsversuche ihrer Außenminister mit ihrem Machtanspruch reagiert und in der Regel die bedeutenden Themen oder die Wahrnehmung wichtiger außenpolitischer Termine kurzerhand zur Chefsache erklärt. Das Arbeitsverhältnis zwischen Kanzleramt und Auswärtigem Amt wurde dadurch immer wieder von Machtkämpfen beeinflusst. Welche Möglichkeiten haben nun Akteure auf Macht zu reagieren, die von der anderen Seite ausgeübt wird? Im Folgenden sollen drei Reaktionsmöglichkeiten näher betrachtet werden: Akzeptanz, Complianz (Compliance) und Reaktanz (Fischer und Wiswede 2009).

- **Akzeptanz**: Ein von Machtausübung Betroffener sieht es ein oder nimmt es hin, dass der andere stärker ist. Letztlich kann er die Situation instrumentalisieren, sein Unterordnen also für die eigenen Ziele nutzbar machen und die Situation auf diesem Wege unter dem Strich noch als gutes Geschäft betrachten.

  Kommt etwa die klare Ansage Ihres Chefs, dass der Marketingplan, für den Sie sich stark gemacht haben nicht umgesetzt wird, können Sie sich sagen:

  Gut, ich habe gekämpft wie ein Löwe – und verloren. Aus Loyalität zur Organisation trage ich jetzt die andere Lösung mit. Außerdem, sollte der andere Marketingplan schiefgehen, stehe ich hinterher als der strahlende Sieger da.

- **Compliance**: Vor dem Hintergrund der Einsicht, die bestehenden Machtverhältnisse nicht ändern zu können, fügt sich der Betroffene und passt sein Verhalten den aktuellen Machtverhältnissen an.

  Auch hier kann versucht werden, diese Unterordnung für eigene Ziele zu instrumentalisieren. Etwa, indem sich Betroffene als faire Verlierer präsentieren, die auch vormalige „Gegner" unterstützen und auf diesem Wege bei sozialer Kompetenz und Unternehmensloyalität punkten.

  Schalten Sie dagegen auf Dienst nach Vorschrift, kann es sein, dass Sie die Aufforderung

  „Verfassen Sie bitte ein Angebot für den Kunden"

  zwar ausführen, die Offerte dem Kunden aber nicht zukommen lassen – da es Ihnen nicht ausdrücklich angetragen wurde.
- **Reaktanz** ist die aktive Gegenwehr, der Widerstand oder auch die Flucht aus dem jeweiligen System. Dazu gibt es eine Reihe von Möglichkeiten:
  - das Machtgefälle thematisieren und an eine interessenorientierte Einigung appellieren,
  - mit anderen und dritten Akteuren Koalitionen bilden,
  - einen Schlichter anrufen,
  - rechtlichen Schritte prüfen,
  - auf abweichende und übliche Aufteilungsregeln und dem Machtausübenden dienenden Werte verweisen,
  - eigene Machtquellen aufbauen, um sich später zu „rächen",

– alle anderen oben beschriebenen Werkzeuge anwenden – inklusive des Täuschens und Bluffens.

Wahrscheinlich können wir davon ausgehen, dass die Mittel, die der vermeintlich Unterlegene auswählt, umso verdeckter und „geheimer" sein werden, desto größer die strukturelle und/oder personale Überlegenheit des Verhandlungspartners zu sein scheint oder desto größer er sie wahrnimmt.

Dahinter steht die Hypothese, dass derjenige, der sich einer Macht offiziell nicht widersetzen kann, inoffiziell einen Weg zu finden versucht, zu „seinem Recht" zu kommen. Das zeigt sich beispielsweise in Fällen, in denen Mitarbeiter die eigene Firma bestehlen, weil sie sich schlecht oder ungerecht behandelt fühlen.

Verlierer zu produzieren, kann sehr kostspielig sein und schnell eine Eskalationsspirale nach unten nach sich ziehen. Wer sich machtlos und dann auch noch ungerecht behandelt fühlt, hat möglicherweise auch nicht mehr viel zu verlieren und sucht Wege, den mit Machtanspruch ausgestatteten Gegenspielern zu schaden.

Zusammenfassend lässt sich sagen: Haben Verhandlungspartner die gleiche Macht, müssen sie versuchen, sich „vernünftig" zu einigen. Ist die Macht unterschiedlich verteilt (d. h. braucht der eine den anderen mehr als umgekehrt), kann im Zweifel der Mächtigere – unter Abwägung der dadurch entstehenden Kosten – seine Forderung durchsetzen. Der Unterlegene wird entscheiden, ob er sich fügt, abhängig von den Alternativen, die ihm zur Verfügung stehen – und abhängig von dem Nutzen, den er aus der Beziehung mit dem Mächtigeren zieht.

4.1.8 Zusammenfassung

Die größte Macht auf dem freien Markt und damit auch in Verhandlungen hat derjenige, der den anderen weniger braucht als dieser ihn. Generell kann man sagen: Haben Verhandlungspartner die gleiche Macht, müssen sie sich vernünftig einigen. Ist die Macht unterschiedlich verteilt (d. h. braucht der eine den anderen mehr als umgekehrt), kann im Zweifel der Mächtigere – unter Abwägung der entstehenden Kosten – seine Forderung durchsetzen. Der Unterlegene wird entscheiden, ob er sich fügt. Abhängig von den Alternativen, die ihm zur Verfügung stehen – und abhängig von dem Nutzen, den er aus der Beziehung mit dem Mächtigeren zieht.

Verhandlungsmacht macht unabhängig von der Kooperationsbereitschaft des Verhandlungspartners, lenkt den Fokus allerdings von gegenseitig befriedigenden Übereinkünften hin zu erzwungenen Zugeständnissen. Machteinsatz zementiert die Ungleichheit in einer Beziehung.

Verhandlungsmacht ist kein punktuelles Ereignis, sondern eine Kraft, die kontinuierlich auf- und ausgebaut werden will und kommunikativer, kognitiver und strategischer Fähigkeiten bedarf.

Macht existiert „nur“ in Beziehungen; deswegen lohnt es sich als Verhandelnder danach Ausschau zu halten,

- wie man sich eine Stellung im Verhandlungssystem aufbauen kann, die einen weniger austauschbar als den Verhandlungspartner macht,
- wo der Markt ist, in dem man das, was man ins Verhandlungssystem einbringt, sehr gefragt ist,
- wie und wo man dem Verhandlungspartner etwas Gutes tun kann und wodurch man ihn seinen eigenen Nutzen spüren lassen kann.

Macht gilt als menschliches Bedürfnis, entwicklungspsychologisch ist sein Einsatz eher ein Rückschritt.

Folgende Machtquellen lassen sich unterscheiden: Regulationsmacht, Legitimationsmacht, Statusmacht, Identifikationsmacht, Expertenmacht, Informationsmacht, ökologische Macht. Macht durch Emotion, Macht durch Kenntnis über Beeinflussungs- und Manipulationstechniken, auch: Macht durch Geduld und Risikobereitschaft.

Wir unterscheiden strukturelle und personelle Macht. Strukturelle Machtquellen fußen auf Hierarchien sowie Funktionen und auf Verfügungsgewalt über äußerliche Mittel (Geld, Dienstleistungen, Güter etc.). Mit personaler Macht ist quasi persönliche Stärke gemeint, die auf Eigenschaften, Fähigkeiten und Kenntnisse beruht, die in der eigenen Person begründet sind und nicht von außen zur Verfügung gestellt werden:

Die positive Seite der Verhandlungsmacht: Sie ermöglicht Entscheidungen, kann Verhandlungsunwillige an den Verhandlungstisch zurückholen, und erlaubt es, die eigenen Vorstellungen auch ohne Konsenspflicht durchzusetzen.

Die negative Seite der Verhandlungsmacht: Sie kann im Sinne einer besten Lösung notwendige Diskussionen unterdrücken, zementiert eine Oben-Unten-Beziehung und ist deswegen potenziell mit Gesichtsverlust der anderen Seite verbunden.

Entscheidend ist: Wer setzt sie auf der Basis welcher Werte wie und wem gegenüber mit welchen Zielen und Erwartungen und aufgrund welcher Erfahrung und Geschichte ein? Wird darauf geachtet, dass die unterlegene Seite ihr Gesicht wahren kann?

Der hohen Kosten wegen, die mit dem Ausüben von Macht verbunden sind, ist es für den potenziell Machtausübenden attraktiv, die Macht nur als „Schatten der Zukunft“ vage anzudeuten. Möglicherweise deswegen wird ein Großteil der Macht über depersonalisierte Kontrollinstrumente ausgeübt wie Zeiterfassungssysteme, Beurteilungskriterien, Qualitätskontrollen.

4.2 Manipulation in Verhandlungen

Das erwartet Sie in diesem Kapitel
In diesem Kapitel erfahren Sie, was Ihr Kopf alles anstellt, um Sie selbst auszutricksen – und wie Ihre Verhandlungspartner versuchen, Sie mit Mechanismen der Überzeugungs- und Manipulationspsychologie für ihre Ziele zu gewinnen.

Sie bekommen Einblick darin, wie Sie sich Ihre weiche Realität, Ihr ganz persönliches Bild von der Wirklichkeit „zurechtzimmern" und nach welchen Prinzipien unser Gehirn Informationen aufnimmt oder ausblendet.

Außerdem lernen Sie die wichtigsten verhandlungsrelevanten Fehlwahrnehmungen kennen und wissen am Ende des Kapitels, wie Sie sich davor schützen können.

4.2.1 Was Manipulation ist – und was nicht

Manipulation ist ein Begriff aus Psychologie, Soziologie und Politik und bedeutet gemeinhin: gezielt und verdeckt Einfluss zu nehmen. Es geht also um sämtliche Prozesse, welche auf eine Steuerung des Erlebens und Verhaltens von Einzelnen und Gruppen zielen und diesen verborgen bleiben sollen.

Praxisbeispiel

Fragen Sie in einem Lederfachgeschäft nach einer Aktentasche und die Verkäuferin zeigt Ihnen als erstes Exemplar eine Variante für 580 €, erscheint Ihnen eine Variante für 270 € schon vergleichsweise günstig – obschon Sie ursprünglich lediglich 200 € als oberste Ausgabegrenze im Kopf hatten. Dadurch, dass sie geschickt einen hohen ersten Referenzpunkt setzte, hat die Verkäuferin Sie (unbewusst) beeinflusst. ◀

Sollte man ihr das verübeln? War es eine bewusste Handlung – wohlmöglich eingeübt in Verkaufsschulungen? Dafür würde zumindest sprechen, dass diese Technik zum gängigen Repertoire solcher Trainings gehört. Auf jeden Fall hat sie Einfluss genommen auf Ihre Wirklichkeitskonstruktion und damit auf die weiche Realität in der Verkaufssituation.

„Weiche" Realität deshalb, weil wir eine solche Verkaufs- oder Verhandlungssituation niemals „objektiv", sondern immer subjektiv und selektiv wahrnehmen, ihr individuell Bedeutung zuschreiben und sie individuell bewerten, sie also weitestgehend selbst konstruieren (siehe dazu auch Abschn. 3.1.3).

Und um diese Beeinflussung der weichen Realität soll es in diesem Kapitel gehen. Dazu möchte ich Ihnen aufzeigen, wie andere Sie beeinflussen können. Zuvor sollten wir aber auch klären, wie wir uns selbst laufend manipulieren, beschränken und selbst „programmieren". Auf diese Weise bekommen Sie die Wahl, Ihre eigene weiche Realität selbst zu gestalten.

Natürlich kann auch die harte Realität manipuliert werden. In unserem Aktentaschenbeispiel wäre das möglich, indem das Markenprodukt für den Käufer nicht erkennbar durch ein Plagiat mit Markenlabel ersetzt – der Markenpreis aber beibehalten wird. Das Problem bei der Manipulation harter Realitäten ist: Man macht sich strafbar. Und der gute Ruf als ehrbarer Geschäftsmann und Verhandlungspartner ist schnell dahin.

Bei der Manipulation der weichen Realitäten können sich die Akteure – sofern es überhaupt auffällt – hingegen immer herausreden. So hätte es ja auch reiner Zufall sein können, dass die Verkäuferin mit der Präsentation der hochpreisigen Tasche beginnt.

Die drei Manipulationsschleusen: Wahrnehmen, Benennen, Bewerten

Manipulation ist überall da möglich, wo wir unsere Wirklichkeit konstruieren. Schon unsere Wahrnehmung ist manipulationsanfällig (in der Aufnahme bzw. Nicht-Aufnahme der Information). Auch wie wir das Wahrgenommene bezeichnen, wirkt in verschiedener Weise beeinflussend. So ist es durchaus ein Unterschied, ob ich einem Immobilieninteressenten ein Produktions- und Dienstleistungsareal als Industriepark anpreise oder banal als Gewerbegebiet verkaufe. Und schließlich lässt sich auch die Bewertung von Ereignissen manipulieren, wie wir das meist nach Wahlen erleben dürfen, wo sich manch eine Partei die Wahlniederlage schön redet.

Wahrnehmung und Bewertung spielen in Verhandlungen auch deshalb eine entscheidende Rolle, weil alles Äußere zunächst wahrgenommen und bewertet werden muss, bevor es das Verhandlungsverhalten beeinflussen kann (Pfeifer 2004).

Für Verhandelnde ist es wichtig, die manipulative Beeinflussung der Wirklichkeitskonstruktionen zu erkennen. Besonders in nur einmalig aufscheinenden Verhandlungssystemen.

Deswegen können Verbraucher beispielsweise solange von Haustürgeschäften zurücktreten, bis sie schriftlich über ihr Rücktrittsrecht informiert worden sind. Ab diesem Zeitpunkt haben Sie ein zweiwöchiges Rücktrittsrecht. In diesen vierzehn Tagen können Sie noch einmal in aller Ruhe prüfen, ob sie das Produkt oder die Dienstleistung tatsächlich brauchen – oder ob es der Verkäufer/die Verkäuferin geschickt verstanden hat, ihre Wahrnehmung auf einen Punkt zu richten, der ihr (mangelndes) Kaufbedürfnis überdeckt.

Lassen Sie uns deswegen jetzt den Fokus darauf richten, wie die von unseren Wahrnehmungsorganen aufgenommenen Informationen in Verhandlungen verarbeitet und welche Ergebnisse dabei erreicht werden.

Und obschon wir in Abschn. 3.1.3 gesagt haben, dass personale Systeme struktur- bzw. innengesteuert sind, wir also keinen Einfluss darauf haben, ob eine von uns initiierte Kommunikation beim anderen die Wirkung auslöst, die wir beabsichtigt haben oder nicht, so können wir doch mit Hilfe der Kognitionsforschung einige Aussagen darüber machen, was wahrnehmungsorganisatorisch passieren muss, damit Kommunikationen und Reize als relevant wahrgenommen werden.

Aber Vorsicht: Der Mensch ist kein Computer, die menschliche Kognition ist keine Problemverarbeitungs- und Lösungsmaschine, die sich im Voraus berechnen ließe. Wir sollten nie der Illusion erliegen, dass das, was im Kopf des anderen (und auch in unserem eigenen) geschieht, eins zu eins vorausberechnet werden könnte.

4.2.2 Die äußeren Faktoren: Die Informations- oder Reizintensität und Reiz-Eindeutigkeit

Bei der Menge an Informationen und Reizen, die uns in jeder Sekunde umgeben, sind unsere Sinnesorgane die erste Schranke, durch die etwas hineinkommt – oder eben nicht. Um den Wahrnehmungsprozess zu veranschaulichen, wird in diesem Zusammenhang gerne das in Abb. 4.3 gezeigte Bild vom Flaschenhals benutzt.

Abb. 4.3 verdeutlicht, dass wir von der unglaublichen Menge an Informationen, die auf uns einströmen, nur einen vergleichsweise kleinen Teil aufnehmen bzw. aufnehmen können. Welche Informationen wir bewusst oder unbewusst aufnehmen – und welche nicht – und wie wir sie dann später verarbeiten, wird sowohl von unserer Umwelt (äußeren Faktoren) als auch von uns selbst bestimmt (den kognitiven Strukturen, unserer individuellen Innensteuerung).

Zunächst einmal müssen die Informationen bzw. Reize die individuellen Wahrnehmungsschwellen überschreiten. Was nicht auffällt, wird nicht ins System eingespeist und kann auch keine Wirkung erzielen. Dabei gilt: Je intensiver der Reiz, desto größer ist auch die Wahrscheinlichkeit, dass er bewusst erfasst wird. Viele von uns kennen dieses Phänomen im Zusammenhang mit den Zähnen. Da taucht irgendwann einmal ein kleiner Schmerzimpuls auf. Wir sind überrascht und erstaunt. Unweigerlich kommen Er-

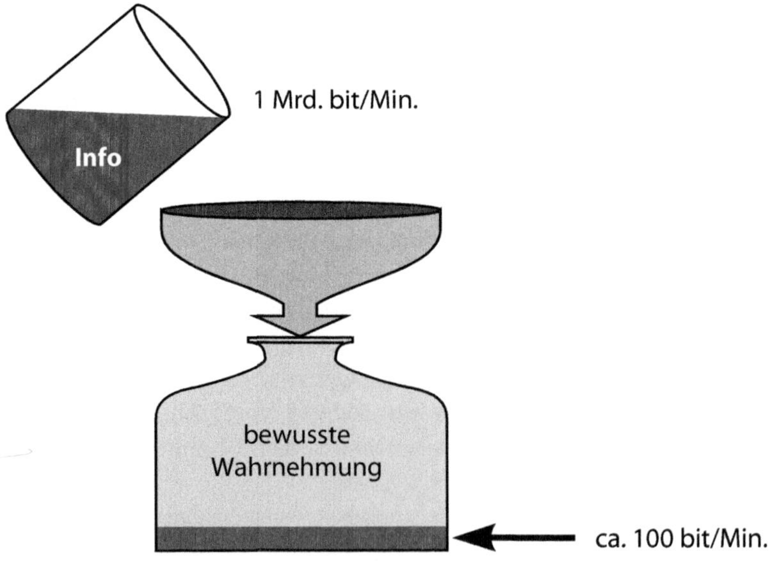

Abb. 4.3 Flaschenhalsmodell der Wahrnehmung (nach Kanning 1999)

innerungen an schmerzhafte Zahnarztbesuche und möglichst schnell vergessen wir den Schmerz. Der aber vergisst uns nicht. Wahrscheinlich an einem Wochenende oder im Urlaub oder sonst einer äußerst ungünstigen Situation setzt er uns außer Gefecht, macht durch seine Intensität alle anderen Aktionen mit einem mal unwichtig und bringt uns dazu in die Notfallpraxis zu fahren. Klüger wäre es, schon beim ersten, noch harmlosen Reiz sofort zum Zahnarzt zu gehen.

Übertragen auf Verhandlungsgespräche bedeutet dies, dass wir die Wahrnehmungsschwelle unseres Verhandlungspartners überschreiten können durch

- besondere Aktionen (Visualisieren der Angebote am Flipchart),
- hervorstechende Persönlichkeitsmerkmale (etwa eine besonders angenehme sonore Stimme) oder
- ungewöhnliche Verhaltensweisen (ein Zugeständnis machen, mit dem der andere nicht rechnet).

In männlich besetzten Verhandlungsteams kann schon die Anwesenheit eines attraktiven weiblichen Mitglieds erhebliche Aufmerksamkeit der anderen Seite nach sich ziehen. Hier ist die Ablenkung zwar sehr offensichtlich – verfehlt seine Wirkung aber selten. Übrigens auch im negativen Sinne: Unlängst erzählte mir ein Kunde von Akquisitionsgesprächen, die abgebrochen wurden, weil der von der weiblichen Begleitung nach Wahrnehmung des Kunden gewollt ausgehende Sex-Appeal zu offensichtlich war.

Zweideutigkeit kann Verhandlungen schwierig machen
Je komplexer eine übermittelte Information gedeutet werden kann, desto weniger wahrscheinlich wird es, dass sie im Sinne des Absenders wahrgenommen und verstanden wird. Wir kennen dieses Phänomen von den sogenannten Kippbildern: Abbildungen, die zwei völlig unterschiedliche Interpretationen zulassen. Der eine Betrachter erkennt darin etwa eine junge, der andere eine alte Frau, in weiteren Abbildungen eine Vase oder ein Gesicht u. a.

In der Kommunikationspsychologie drückt sich dies in den Deutungsmöglichkeiten des mittlerweile legendären Satzes „Es ist kalt" von Schulz von Thun aus. Dieser kann als sachliche Feststellung der Temperatur oder als Appell („Drehen Sie doch bitte die Heizung höher") oder als Kombination von beidem aufgefasst werden. Ohne weitere Informationen ist der Sinn nicht einwandfrei zu erschließen.

Deswegen ist es in Verhandlungen so wichtig, klar zu benennen, was Sie vorhaben und wie Sie Ihre Meldungen verstanden haben möchten. Ein heiser dahin gehauchtes „Ich mache Ihnen ein Angebot, dass Sie nicht ablehnen können" ist da in der Regel zu wenig.

Verhandlungen im richtigen Kontext verstehen
Wie intensiv wir einen Reiz wahrnehmen, hängt erheblich von anderen, alternativen Reizen in der unmittelbaren Umgebung ab – dem Kontext eben.

So kann ein Projektmitarbeiter in dem einen Projekt als extrovertierte Persönlichkeit erscheinen – und in einem anderen als graue Maus untergehen. Man könnte in diesem Zusammenhang gar von einer kontextuellen Persönlichkeit sprechen: Je nach Umgebung – und je nach Menschen, mit denen wir zusammen sind, blühen wir auf oder gehen wir unter.

Wir können den Reizkontext auch etwas allgemeiner als Kommunikationskontext beschreiben. Im Kontext Kabarett weiß man, dass Vieles nicht ernst sondern vielmehr satirisch gemeint ist. Die gleiche Bemerkung, der gleiche Witz kann dagegen in einer Verhandlung eine völlig andere Wirkung haben.

Wenn Sie also in Verhandlungsgesprächen eine scherzhafte Bemerkung machen und der einzige sind, der darüber schmunzelt, haben Sie entweder einen schlechten Witz gemacht – oder Ihre Gesprächspartner signalisieren damit die ernsthafte Bedeutung, die sie der Verhandlung beimessen.

4.2.3 Innere Faktoren: Entscheidend ist die Aufmerksamkeit

Aufgrund der „naturbedingten Ausstattung" unserer Wahrnehmungsorgane können wir also nur einen Bruchteil der Wirklichkeit aufnehmen, die uns umgibt. Und auch von diesem Bruchteil dringt nur ein Ausschnitt in uns ein. Welcher Ausschnitt das ist, dass bestimmen wir bewusst oder unbewusst mit unserer Aufmerksamkeit. Sie entscheidet darüber, wem oder was wir Beachtung schenken – und wem oder was nicht.

Die Bedeutung der Aufmerksamkeit für die kognitiven Prozesse können wir besonders gut am sogenannten „Cocktailparty-Phänomen" veranschaulichen:

Obschon laute Musik spielt und möglicherweise viele Menschen gleichzeitig und durcheinander sprechen, sind die Gäste einer Party in der Lage, sich auf ein Gespräch zu konzentrieren – sei es ihr eigenes, das sie führen oder ein anderes, das sie belauschen. Es kommt auch vor, dass jemand so in ein Gespräch vertieft ist, dass er um sich herum kaum noch etwas wahrnimmt. Bis zu dem Moment, in dem in nicht allzu weiter Entfernung sein Name ausgesprochen wird. Jetzt wird er hellhörig und schaut sich um. Warum? Für viele Menschen ist nichts wichtiger als sie selbst – und da will man natürlich mitbekommen, was da gegebenenfalls über einen gesagt wird (Kanning 1999).

Auch in Verhandlungen richten wir unsere Aufmerksamkeit auf die Sachen, die wir uns wünschen oder vor denen wir uns fürchten. Sind wir misstrauensgesteuert, werden wir mit größter Wahrscheinlichkeit dafür Hinweise bei unserem Verhandlungspartner finden, die unsere Skepsis bestätigen – unabhängig davon, ob unser Misstrauen gerechtfertigt ist oder die Deutung der Hinweise korrekt ist. Ein schneller Wechsel in der Mimik oder ein verstohlener Blick auf die Uhr können da schon reichen.

Häufig wird unsere Aufmerksamkeit geprägt durch frühere Erfahrungen und wahrnehmungsrelevante Gedächtnisinhalte. Und so wie jemand, der einmal von einem Hund gebissen wurde, Vierbeinern in Zukunft vorsichtiger begegnet und mehr Abstand hält, wird ein anderer, der einmal in einer Verhandlung über den Tisch gezogen wurde, wahrscheinlich zurückhaltender und misstrauischer sein oder er durchläuft gar die Metamorphose vom Opfer zum Täter (Gigerenzer 2002).

Den Bezug nicht vergessen oder alles ist doch relativ
Ob wir einen Reiz als leicht oder schwer wahrnehmen hängt davon ab, welchen Bezugspunkt wir für unser Urteil wählen. So erscheint uns ein Kasten Mineralwasser nach einem anstrengenden Umzug deutlich leichter als nach einem Tag im bequemen Bürostuhl.

In Bieterverhandlungen ist es enorm schwer, sich mit seiner qualitativ guten aber anspruchsvollen Lösung Gehör zu verschaffen, wenn unmittelbar vorher ein Lohndumper gesprochen hat, der mit einem „Kampfpreis" versucht, sich Eingang in den Markt zu verschaffen.

Stellen wir uns vor, Sie sind zu internen Budgetverhandlungen verabredet. Wenn im Meeting davor der Controller die miesen Zahlen der letzten beiden Quartale vorgestellt hat, sich also alle Akteure im sogenannten Verlustkontext wähnen, kann der Posten über 8000 €, den Sie einfordern und der gestern noch durchgewunken worden wäre, heute Gegenstand einer einstündigen Diskussion mit negativem Abschlussbescheid werden.

Nach einer Reihe von sehr positiven Ergebnissen wird ein – objektiv betrachtet – durchschnittliches Ergebnis als ausgesprochen schlecht kritisiert. Nach einer Reihe von negativen Ergebnissen wird ein – objektiv betrachtet – durchschnittliches Ergebnis als sehr gut gelobt.

Deswegen ist es so wichtig zu erfahren, auf welchen Kontext Sie treffen, was vorher war, was nachher kommt. Wenn Sie den Rahmen der Kommunikation kennen, haben Sie die Chance Ihr Anliegen so vorzustellen, dass es auf einen guten Boden fallen wird.

4.2.4 Trotz Informationsflut handlungsfähig bleiben – mit Heuristiken

Informationen aufzunehmen und zu verarbeiten – wenn wir genau hinschauen, ist das ein sehr komplexer Prozess. Und mit allem, was dazugehört, den vielen im Alltag anstehenden Entscheidungen gar nicht immer durchzuführen: Informationen gewinnen und abwägen, neue Sichtweisen einholen, vergleichen, gewichten und anderes mehr überfordert uns in einer Welt der Informationsflut (Cialdini 2013).

Deswegen neigen immer mehr Manager bewusst und unbewusst dazu, Entscheidungsregeln einzusetzen, die den Prozess der Entscheidungsfindung deutlich abkürzen. Diese Entscheidungsregeln bezeichnen wir als Heuristiken. Heuristiken sind „kognitive Werkzeuge" (Strack und Deutsch 2002). Mit ihrer Hilfe können wir interne und externe Informationen schnell verarbeiten und bewerten – und das auch unter schwierigen Bedingungen. Ihr unschlagbarer Vorteil: Wer sie anwendet, spart Zeit und mentale Ressourcen. Dies verdeutlicht Abb. 4.4.

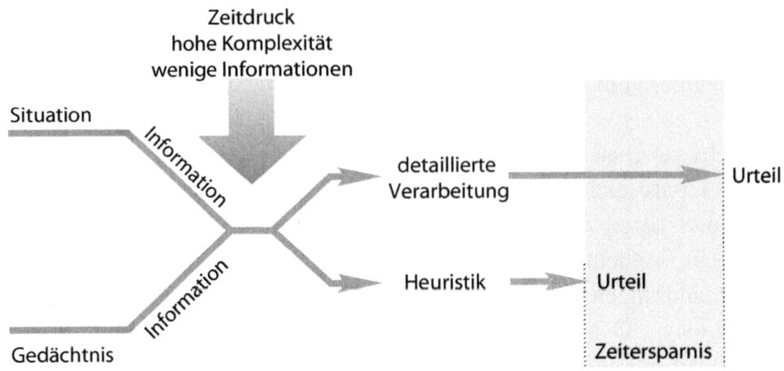

Abb. 4.4 Einsatz und Funktion von Heuristiken (nach Kanning 1999)

Die wichtigsten Heuristiken, die auch in Verhandlungen zum Tragen kommen, sind die folgenden:

- Verfügbarkeitsheuristik
- Repräsentativitätsheuristik
- Heuristik der Verankerung und Anpassung
- Simulationsheuristik

Alle vier sind nicht immer leicht auseinander zu halten. Gemeinsam aber ist ihnen, dass sehr wenig Input, oft sogar nur eine Information ausreicht, um den Analyse- und Entscheidungsprozess trotz komplexer Informationslage auf ein Minimum zu reduzieren (Tversky und und Kahneman 1974).

Die Verfügbarkeitsheuristik

Der Verfügbarkeitsheuristik zufolge orientieren wir uns beim Einschätzen von Wahrscheinlichkeiten und Häufigkeiten daran, was bezogen auf unsere Gedächtnisinhalte für uns am greifbarsten und am leichtesten abzurufen ist (Kanning 1999). Das künftige Verhalten von Menschen zum Beispiel wird sehr negativ eingeschätzt, wenn die bestimmte Person immer oder besonders häufig in negativen Situationen erlebt wurde. Persönliche Urteile orientieren sich auch daran, was wir uns vorstellen können, was wir zuletzt oder besonders oft gehört haben und wofür wir praktische Beispiele haben:

Fragt man Menschen etwa nach der häufigsten Todesursache, kommen als Antworten häufig Krebs, Aids oder Autounfälle, weil Informationen darüber aufgrund der medialen Berichterstattung am leichtesten abrufbar – sprich verfügbar – sind. Tatsächlich aber sind konventionelle Herzerkrankungen die häufigste Todesursache (Montana und Kals 2001).

Die Tragweite der Verfügbarkeitsheuristik zeigt sich in verschiedenen Versuchen, in denen zwei Gruppen Namen vorgelesen wurden. Die Gruppen sollten dann schätzen, ob sie mehr männliche oder mehr weibliche Namen gehört haben. Die Namenslisten waren durchsetzt mit prominenten Namen. Das Geschlecht der Prominenten hatte einen durchschlagenden Einfluss auf die abgegebene Schätzung – eben weil es leichter abzurufen war! (Neil und Bazermann 1991)

Bezogen auf Verhandlungen ist es hier auch wichtig, welche Informationen wie, in welcher Häufigkeit, mit welchen Konsequenzen „verfügbar" gemacht werden – und was explizit nicht angesprochen wird. Und generell ist zu überprüfen, auf welche Ereignisse und Themen die Aufmerksamkeit gesteuert wird.

Die Gefahr besteht darin, dass die Informationen, die leicht verfügbar sind oder leicht verfügbar gemacht werden, einen überproportional großen Einfluss auf die Verhandelnden haben.

Clevere Verhandelnde und Verkäufer nutzen dies, indem sie die Informationen verfügbar machen, die für sie nützlich sind. Zum Beispiel, indem sie sich in ihrer Argumentation auf ausgewiesene Autoritäten – bezogen auf den Verhandlungsgegenstand oder das Verhandlungssystem – berufen, die in ihrem Sinne Stellung bezogen haben, oder auch, indem sie darauf verweisen, dass sich die von ihnen angestrebte Lösung in für den Verhandlungspartner relevanten Sozialbezügen bereits bewährt hat.

Aus der sogenannten „Psychologie der Überzeugung" wissen wir, dass Menschen besonders anfällig sind, den Urteilen von Autoritäten zu folgen und sich in unsicheren Situationen häufig dafür entscheiden, was andere Menschen bereits vorgemacht haben (Cialdini 2013).

Warren Buffet, der amerikanische Milliardär und Finanzberater, ist ein Beispiel für so eine Autorität. Ganze Banker-Generationen orientieren sich an seinen Empfehlungen und vertrauen ihm blind. Bis jetzt erfolgreich. Bernhard Madoff, legendärer Broker an der Wallstreet in New York, genoss ein ähnliches Ansehen – bis heraus kam, dass er seine Kunden um sagenhafte 50 Milliarden Dollar geprellt hatte und im Juni 2009 als 70-Jähriger zu einer Haftstrafe von 150 Jahren verurteilt wurde. Es kann auch fatal sein, einer Autorität zu folgen.

Das Pendant zur Autorität ist der „Herdentrieb". Wissen wir nicht, was wir tun sollen, laufen wir in die gleiche Richtung wie alle anderen (Levine 2003). Denn: So viele Menschen können nicht irren. Solch ein Verhalten hat auch das Entstehen der jüngsten Finanzmarktkrise beschleunigt. Ohne das Phänomen des Herdentriebs wäre es wohl nie zu dieser globalen Massenspekulation gekommen. Doch weil der gut ausgebildete Banker genauso handelte wie der unbedarfte Kleinanleger und Millionen von Teilnehmern nur die Rendite im Auge hatten, ohne die Risiken zu sehen, musste der Karren früher oder später an die Wand fahren. Die Weltwirtschaft stand für Monate vor dem Abgrund mit lang anhaltenden Folgen.

Repräsentativitätsheuristik

In den USA geben die Ausbilder von Lehrern Einschätzungen darüber ab, wie sich ein Lehrer in den kommenden fünf Jahren entwickeln wird – und das, nachdem sie nur eine einzige Teststunde eines Referendars gesehen haben (Kreggenfeld 2009).

Das ist ein Beispiel dafür, wie Repräsentativitätsheuristik funktioniert: Man hat nur eine – oder wenige Informationen – und macht Aussagen über ein ganzes System. Aus einer geringen Datenmenge werden also möglichst maximale Aussagen für die Zukunft abgeleitet.

Im Grunde tun dies auch Vorgesetzte, die aufgrund von gelegentlichem Zuspätkommen eines Mitarbeiters auf eine generell nachlässige Arbeitshaltung schließen.

Und obschon es eine Binsenweisheit ist, dass Menschen sich lieber der Meinung von Menschen anschließen, die ihnen sympathisch sind, ist es doch erschreckend, wie stark das Merkmal Sympathie wirkt. So ist es in der US-amerikanischen Urteilsforschung belegt, dass Angeklagte, die aufgrund von gängigen Merkmalen als attraktiv und damit als potenziell sympathisch eingeschätzt werden, vor Gericht geringere Strafen erhalten haben, als solche, die den Attraktivitätskriterien nicht entsprechen (Cialdini 2013).

Die Schwäche dieser Heuristik für Verhandlungssituationen wird offensichtlich, wenn man sich die Problematik der Risikoeinschätzung vor Augen führt. Wird zum Beispiel der Transport eines Verhandlungsguts per LKW verabredetet, weil das bei einer anderen Ware funktioniert hat, sagt das noch gar nichts darüber aus, ob diese Transportart für das jetzt zu transportierende Gut und unter anderen Markt- und Rahmenbedingungen ebenfalls geeignet ist.

Ein Phänomen, das sich in der Praxis auch beobachten lässt: Mitarbeiter, die wenig und womöglich negative Verhandlungserfahrungen gemacht haben, werden immer wieder auf diese in der Gesamtzahl geringen Erfahrungen zurückgreifen und daher Verhandlungen eher als etwas Schwieriges und Problematisches ansehen.

Heuristik der Verankerung und Anpassung

Diese Heuristik beschreibt das Phänomen, das schon die erste verfügbare Information den Rahmen für die Beurteilung aller nachfolgenden Informationen festlegen kann. Der englische Volksmund drückt das in dem Sprichwort aus:

> You never get a second chance to make a first impression

– und hier zeigen sich deutliche Parallelen zum sogenannten Priming-Effekt: Der erste Eindruck, die erste Information kann sehr prägend sein und eine anstehende Beurteilung wesentlicher und deutlicher beeinflussen als alle nachfolgenden Informationen. Um beispielsweise einen ersten negativen Eindruck wieder auszumerzen, bedarf es vieler und starker positiver Interventionen (Kanning 1999).

Besonders prägende und dominante Wirkungen gehen von körperlichen Merkmalen wie auffallende Schönheit oder körperliche Behinderungen aus.

Auch die Erwartungen des Beobachters verstärken den ersten Eindruck. Beispiele dafür sind Aussagen wie

> Manager haben wenig Zeit.
> Oder
> Professoren sind besonders intelligent.

Attribute, die den Bedürfnissen des Beobachters entsprechen, prägen die Wahrnehmung ebenso stark: Liebe ich eine Person, werde ich in ihrem Verhalten auch Hinweise finden, an denen ich erkennen kann, dass ich auch geliebt werde.

Wegen des Priming-Effekts wird wohl auch in diverser Ratgeberliteratur gerne betont, wie wichtig ein gepflegtes Äußeres und ein korrektes Auftreten ist. Auch Empfehlungen wie „Suchen Sie nach Gemeinsamkeiten!“ und „Vermeiden Sie offenen Widerspruch!“ dienen letztlich dazu, einen guten ersten Eindruck zu machen – und diesen auch dauerhaft aufrechtzuhalten.

Parallelen zeigen sich auch in Empfehlungen zu Preisverhandlungen. So ist es eine gängige Strategie, der Bitte, den Preis zu nennen, auszuweichen bzw. eine Antwort zurückzustellen, um zunächst den Wert und den Nutzen des Produkts darzustellen. So kann der Kunde den Preis richtig einordnen. Ist der Preis dagegen schon gleich zu Beginn der Verhandlung offenbart, so wird befürchtet, dass der Kunde geschockt sein könnte und ein vermeintlich zu hoch eingeschätzter Preis die weitere Verhandlung negativ beeinflussen könnte (Thieme 2005).

Menschliche Einschätzungen orientieren sich an einem so gesetzten Bezugspunkt offenbar auch dann, wenn dieser keinerlei Beziehung zu der zu beurteilenden Sache hat oder in Bezug auf die zu lösende Aufgabe irrelevant ist. Ein eindrücklicher Beleg dazu ist das sogenannte Glücksrad-Experiment. Dabei sollten die Versuchsteilnehmer – alles Studierende mit hervorragenden Noten – ausgehend von dem Ergebnis einer Glücksraddrehung (mit Zahlen von 0–100) beurteilen, ob der Prozentsatz der afrikanischen Nationen in der UNO größer oder kleiner als die Zufallszahl war, und daraufhin den genauen Prozentsatz schätzten. Diese Schätzungen variierten ganz erheblich in Abhängigkeit von der jeweiligen Zufallszahl (zeigte das Glücksrad 65, wurden 45 % geschätzt, bei einer Zahl von 10 nur 25 %), obwohl jedem Probanden klar war, dass ein Glücksrad nichts über diesen Prozentsatz aussagen konnte (Pfeifer 2004; Tversky und Kahneman 1974).

Dieser Punkt ist bei Verhandlungen deswegen von besonderer Bedeutung, weil das erste Gebot in einer Verhandlung zum Bezugspunkt für den ganzen weiteren Prozess werden kann. Wie sich ein hohes Einstiegsgebot auf die Verhandlung auswirkt, haben wir im Kapitel kompetitives Verhandeln ausgeleuchtet.

Simulationsheuristik

Stehen keine oder nur wenige Informationen zur Verfügung, greift bei der Urteilsbildung die Simulationsheuristik, deren Grundlage die eigene Vorstellungskraft ist. Sie ergibt sich u. a. aus dem Phänomen, dass Menschen Dinge, Wesen oder Situationen, die sie nicht kennen und auch noch nie gesehen oder erlebt haben, ähnlich auffassen wie ihnen bekannte Phänomene. So beschreiben Personen, die behaupten, Außerirdische gesehen zu haben, diese häufig als menschenähnliche Wesen

Uwe-Peter Kanning, Professor auf dem Gebiet der Wahrnehmungsforschung aus Münster, sagt dazu:

> Eine Erklärung liegt darin, dass sich die betroffenen Personen, der Simulationsheuristik folgend, nur schwer ein intelligentes Wesen vorstellen können, dass dem intelligentesten Wesen auf der Erde, dem Menschen, völlig unähnlich sieht. Die Fantasie hat ihre Grenzen. Intelligente Wesen, die uns Menschen überlegen sind, können wir uns nur schwer als Qualle oder

als gasförmiges Etwas denken. Wir sind hier offenbar stark an unsere bestehenden Gedächtnisinhalte gebunden. (Kanning 1999)

Sehr vereinfacht besagt die Simulationsheuristik auch, dass wir das leichter bejahen, was wir kennen. Oder als Sprichwort ausgedrückt: „Was der Bauer nicht kennt, das isst er nicht".

Deswegen lohnt es sich in Bildern zu sprechen, die unseren Verhandlungspartnern vertraut sind. In Verkaufsverhandlungen über Server und IT-Lösungen passt als Bild der Vergleich mit einer Zentralheizung zuhause sehr gut.

> … und so wie es keinen Sinn macht, die Dimension des Heizkessels an Jahresdurchschnittstemperaturen auszurichten, weil sie dann im Kalten sitzen, wenn wir im Winter mal minus 20 Grad haben, so macht es auch keinen Sinn, bei der Auswahl eines Servers die durchschnittlichen Zugriffszahlen zugrunde zu legen. Dann nämlich haben sie zu Spitzenzeiten regelmäßig einen Systemzusammenbruch. Unterschreiben Sie deswegen am, besten sofort – dort unten rechts!

► Heuristiken helfen, Komplexität zu reduzieren, bergen aber auch die Gefahr der Manipulation. Um der Gefahr zu entgehen, dass Ihr Verhandlungspartner für Sie problematische Sachverhalte durch vorgeschobene positive Aspekte überstrahlt, einen für Sie ungünstigen Fokus ausblendet oder Ihnen mit vertrauten Bildern den kritischen Blick verstellt, lohnt sich die Beschäftigung mit folgenden Fragestellungen:

- Woran haben wir uns bei der Entscheidung, dem Urteil orientiert?
- Wo haben wir hingeschaut – und wo nicht?
- Welche Aspekte sollten wir jetzt noch in Augenschein nehmen?

4.2.5 Im Schnellschuss-Verfahren zu (vor-)schnellen Entscheidungen

Bisher haben wir vor allem die Risiken betont, die sich aus den Heuristiken ergeben.

Allerdings bringen sie auch einen großen Vorteil mit sich: Sie führen uns zu Entscheidungen, helfen uns, handlungsfähig zu bleiben. Und das ist bei der Menge der auf uns einströmenden Informationen auch dringend nötig. Der amerikanische Psychologe Robert Cialdini beschreibt in seiner Psychologie des Überzeugens, dass die meisten Informationen, die wir heute haben, nicht älter als 15 Jahre sind und sich ihre Zahl in Wissenschaften wie zum Beispiel der Physik, alle acht Jahre verdoppelt. Ähnliches trifft für alltägliche Wissensgebiete wie Ernährung, Gesundheit oder auch Kindererziehung zu. Und dieses Informationswachstum wird sich eher beschleunigen als verlangsamen, denn in weltweit circa 400.000 wissenschaftlichen Zeitschriften werden unentwegt neue Erkenntnisse publiziert (Cialdini 2013).

Im Geschäftsleben beobachten wir den gleichen Trend. Verschärfend kommt hier hinzu, dass gleichzeitig der Verantwortungsbereich vieler Führungskräfte größer wird – was ihnen zwangsläufig mehr Entscheidungen abverlangt.

Die Heuristiken können da helfen, als eine Art Abkürzung in der Beurteilung von Informationen. Gefährlich wird es allein dann, wenn wir uns ihrer nicht bewusst sind oder wenn Verhandelnde sich diese Kenntnisse zunutze machen und sie manipulierend einsetzen. Die Nachfrage nach diesen „geheimen Tricks“ ist jedenfalls enorm, immer wieder melden sich Seminarteilnehmer, weil sie mehr darüber wissen wollen.

Über die oben genannten Heuristiken hinaus führt neben Cialdini auch der Amerikaner Robert Levine unter der Überschrift „Psychologie der Manipulation“ folgende Abkürzungen oder Schnellschuss-Verfahren an, die sämtlich Ansatzpunkte für manipulative Taktiken bieten können (Levine 2003):

- **Autorität** die Bereitschaft vieler Menschen, sich von Autorität ausstrahlenden Menschen und Merkmalen leiten zu lassen.
- **Sympathie**: vermittelt über Ähnlichkeiten oder Attraktivität den Eindruck, mit dem anderen „gut zu können“.
- **Soziale Bewährtheit**: Neigung, dem Verweis zu folgen, dass ein Verhalten oder ein Produkt sich in einer sozialen Bezugsgruppe bewährt hat.
- **Konsistenz**: Neigung, zu einer einmal getroffenen Entscheidung, einem einmal gegebenen Wort zu stehen.
- **Knappheit**: Tatsache, dass Ressourcen mit begrenzter Verfügbarkeit meist besonders begehrt sind.
- **Reziprozität**: das Gefühl der Verpflichtung, dass eine Person B, der von einer Person A eine Gefälligkeit erwiesen wurde, dazu veranlasst, diese Gefälligkeit zu erwidern.
- **Kontrast**: der Handlungsdruck, der entsteht, wenn zu einer aktuellen Situation ein Gegenbild entwickelt wird.

Wie diese Merkmale konkret eingesetzt werden können und sich mit den bereits beschriebenen Heuristiken verbinden lassen, haben wir für die Punkte Autorität und soziale Bewährtheit (Verfügbarkeitsheuristik) und Sympathie (Repräsentativitätsheuristik) bereits im Abschn. 4.2.4 gesehen.

Lassen Sie uns jetzt schauen, was es mit der Knappheit und der Reziprozität auf sich hat. Auf die Konsistenz und auch auf den Kontrast kommen wir dann in Abschn. 4.2.6 zu sprechen.

▶ **Knappheit** Das Prinzip Knappheit ist dem Umstand geschuldet, dass Ressourcen, die nur spärlich vorhanden und schwer zu bekommen sind, in der Regel wertvoller gehandelt werden und häufig auch begehrter sind. Ein Blick in den Anzeigenteil einer Zeitung zeigt, wie massiv mit dem Instrument Knappheit gearbeitet wird: „Angebot gültig bis zum 31.12.“ „Nur noch drei Stück verfügbar“.

Über die Erzeugung des Eindrucks von Knappheit, aber auch durch gezielte manipulative Beeinflussung aller anderen Schnellschussphänomene und Heuristiken wird versucht, einen sogenannten Halo-Effekt zu erzielen. Der Halo-Effekt wird zumeist in der Personenbeurteilung beobachtet. In der Bewertung einer Person wirkt ein einzelnes Merkmal (wie ein Heiligenschein – halo) so dominant, dass andere Merkmale in der Beurteilung dieser Person sehr stark in den Hintergrund gedrängt und mitunter gar nicht mehr berücksichtigt werden (Kanning 1999). Abb. 4.5 veranschaulicht das.

Der Halo-Effekt ist meines Erachtens direkt übertragbar auf Ressourcen aller Art. Der Verkäufer, der etwa auf die knappe noch verbleibende Zeit verweist, will möglicherweise andere kritische Punkte überstrahlen, wie zum Beispiel Wettbewerbsvergleiche oder Qualitätsprüfungen.

In Verhandlungen können wir davon ausgehen, dass mit jeder Beschränkung von zeitlichen Ressourcen weitere Kommunikations- und Ausgleichsprozesse abgekürzt bzw. unterbunden werden sollen. In Verkaufsverhandlungen werden bevorzugt Sätze wie dieser angewendet: „Wenn Sie sich sofort entscheiden (Verknappung des Gutes ‚Zeit'), können wir noch einmal drei Prozent vom Preis abziehen."

Ich rate an diesem Punkt zu erhöhter Skepsis.

► **Reziprozität** Das Prinzip der Reziprozität beruht darauf, das Menschen „Beziehungskonten" führen: Erweist uns jemand einen Gefallen, gibt er uns damit sozusagen einen Beziehungs-Kredit. Und auch, wenn dieser nicht umgehend zurückgezahlt werden muss, scheinen Menschen danach zu streben, eine solche Zahlung ausgleichen zu wollen; möglicherweise auch, um etwas für das eigene soziale Image zu unternehmen. Denn: Jemandem, der gerne nimmt, aber nicht gibt, hängt ein schlechter Ruf an. „Der ist vom Stamme Nimm."

Immer wieder ist zu beobachten, dass Verhandelnde versuchen, bei ihrem Gegenüber ein Gefühl der Schuld zu erzeugen. Etwa indem sie dem Verhandlungspartner einen Gefallen erweisen oder ihm entgegenkommen. Dies ist mit der Erwartung verbunden, dass sich der andere dann später in der Verhandlung verpflichtet fühlt, sein Minus auf dem Beziehungs-Konto abtragen zu müssen.

Das kann schon mit solchen Kleinigkeiten losgehen, dass und wie Ihnen der Mantel abgenommen wird, Sie einen Kaffee und ein Glas Wasser – beides nur vom Feinsten –

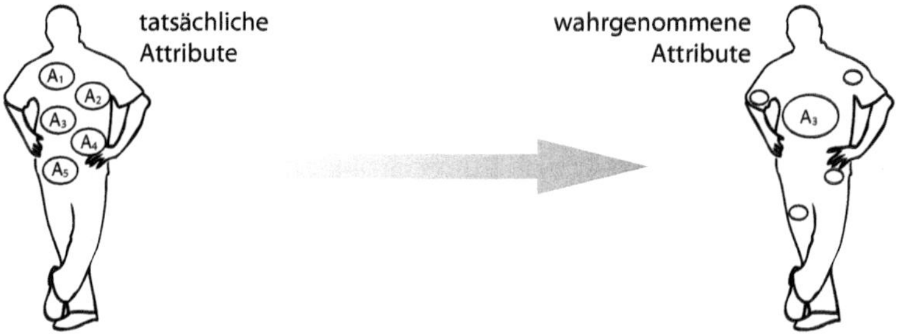

Abb. 4.5 Der Haloeffekt in der Personenbeurteilung

serviert bekommen, bevor Sie einen Satz gesagt haben. In der Verhandlung dann betont ihr Verhandlungspartner, was er alles in Ihrem Sinne auf sich genommen und mit wie viel Altruismus er gehandelt hat – da wird er von Ihnen doch wohl ein kleines Zugeständnis erwarten dürfen – oder?

Ich empfehle in solchen Situationen: In Kleinigkeiten großzügig sein, bei wichtigen Punkten standhaft bleiben.

Hilfe für schnelle Entscheidungen

Möglicherweise ist bei der Vorstellung der Heuristiken und Schnellschussverfahren bei Ihnen der Eindruck entstanden, dass Personen allein durch das Auslösen ganz bestimmter Impulse sehr gezielt und quasi automatisch in diese oder jene Richtung gelenkt werden können. Der Mensch wäre dann gewissermaßen ein gelenktes Wesen, das den Heuristiken und Schnellschussverfahren hilflos ausgeliefert ist. Ein Grund, weshalb der Gebrauch von Heuristiken bislang vor allem negativ konnotiert und der Mensch in Forschungen zum Thema Urteilsheuristiken als „kognitiver Geizhals" gesehen wurde, der die Heuristiken rigide, nahezu automatisch und unabhängig von der Situation oder aktuellen Zielen einsetzt – fast fremdgesteuert.

Die Verhandlungs- und Wahrnehmungsforschung hingegen hat gezeigt, dass es in vielen Fällen sinnvoller ist, Akteure im Entscheidungsprozess mit dem Bild eines Managers oder motivierten Taktikers zu beschreiben. Und die behalten es stets im Auge, unterschiedliche Ziele mit begrenzten zeitlichen und kognitiven Ressourcen zu erreichen. Die Heuristiken und Schnellschuss-Verfahren dienen diesen „Ressourcenmanagern" als „Werkzeuge", damit sie ihrer Aufgabe gerecht werden können (Strack und Deutsch 2002).

Der innere „Ressourcenmanager" scheint dabei von drei Prinzipien geleitet zu werden:

1. Bei wichtigen Urteilen mehr (mentale) Ressourcen aktivieren.
2. Bei eingeschränkten Ressourcen sparsamere Strategien verwenden.
3. Strategie ändern, wenn sie nicht zielführend ist.

Ob Heuristiken und Schnellschuss-Verfahren (bewusst) eingesetzt werden oder nicht, ist offenbar nicht nur vom Kontext und dem Geschick der Verhandelnden abhängig, sondern auch von der persönlichen Relevanz, die die zu fällenden Entscheidungen für die Entscheider bzw. Verhandelnden haben. Im Zusammenhang mit Untersuchungen zur Verfügbarkeitsstatistik konnte dies nachgewiesen werden: Eine hohe Relevanz des Urteils für den Urteilenden führt zu einer geringeren Nutzung der Heuristik, eine geringere Relevanz hingegen zu einer verstärkten Nutzung. Andere Untersuchungen haben gezeigt, dass wenig Zeit und wenig mentale Ressourcen zum verstärkten Einsatz von Heuristiken führen. Ganz vereinfacht lässt sich für die Anwendung von Heuristiken wohl folgende Faustregel aufstellen:

- Stresssituationen und wenig persönliche Relevanz begünstigen den Einsatz von Heuristiken.
- Wo kein Stress belastet, die persönliche Relevanz jedoch stark ist, werden Heuristiken dagegen eher selten genutzt.

- Verhandlungen, die häufig durch kompetitive Einstellungen und Unsicherheiten der Verhandelnden geprägt sind, sind daher besonders anfällig für den starken Einsatz von Heuristiken, zumal sich Verhandelnde in der Dynamik der Verhandlungsgespräche selten Zeit für ausgiebige Überlegungen nehmen.

▶ Um die eigene Verhandlungskompetenz auszubauen sind folgende Erkenntnisse hilfreich:

- Das Wissen über Heuristiken und das Bewusstsein über die Umstände, die ihren Einsatz begünstigen, scheinen dazu zu führen, sich diesen Entscheidungshilfen nicht so oft anzuvertrauen.
- Die Kenntnis, welche Bewertungstendenzen Heuristiken hervorrufen können, ermöglicht es, automatisierte Urteilsprozesse zu unterbinden – und damit bewusstere, objektivere Entscheidungen zu erreichen.

Mit dem Wissen der Wahrnehmungs- und Kognitionsforschung lassen sich starke Manipulationswerkzeuge schmieden. Sie zu kennen und in Verhandlungen zu erkennen, ist der erste Schritt, sich von der ungewollten Beeinflussung zu befreien.

Vorsicht bei folgenden Argumentationen!
Werden Ihnen in kompetitiven Zusammenhängen Lösungen mit folgenden Argumentationen angeboten, ist allerhöchste Vorsicht geboten, denn besteht die Gefahr, sich der Dynamik von Heuristiken und Schnellschuss-Verfahren auszuliefern:

- Eine Autorität in Ihrer Branche/Ihrem Unternehmen hat sich positiv dazu geäußert.
- Ein Verhandlungspartner betont wiederholt Ähnlichkeiten zwischen seiner und Ihrer Situation/Geschichte.
- Ihnen wird berichtet, dass die angedachte Lösung (z. B. eine private Krankenversicherung) speziell für Ihre Berufsgruppe konzipiert wurde und sich dort auch bestens bewährt.
- Sie werden daran erinnert, dass Sie sich zu einem früheren Zeitpunkt schon einmal für ein Produkt der Firma X entschieden haben – und das, was damals eine gute Entscheidung war, ja heute keine schlechte sein kann.
- Es sind nur noch wenige Exemplare erhältlich, Sie sollten sich also schnell entscheiden.
- Der Verhandlungspartner hebt darauf, ab, welche Leistungen er ohne oder gegen geringe Berechnung für Sie erbracht hat.

4.2.6 Weitere verhandlungsrelevante Fehlwahrnehmungen

Neben den Heuristiken und den anderen Schnellschussverfahren gibt es eine Reihe typischer kognitiver Prozesse, die einen starken Einfluss auf das Verhalten von Verhandelnden sowie die Ergebnisse von Verhandlungen haben (Kreggenfeld 2009). Dazu gehören:

- die jeweils unterschiedliche „Brille", durch die verhandelnde Menschen ein und dieselbe Ausgangslage wahrnehmen und bewerten,
- blind auf positive Ergebnisse vertrauen,
- an einmal getroffenen Entscheidungen festhalten, auch wenn diese keine wirklich guten Alternativen mehr darstellen,
- jegliche Konzessionen der anderen Seite gleich automatisch abzuwerten,
- zu glauben, dass die Verhandlungsmasse nicht erweiterbar ist. Die Engländer sagen: „The mythical fix-pie of negotiations assumption", was in etwa als „Der Kuchen kann nicht vergrößert werden"– Effekt übersetzt werden könnte.

Ein Problem – zwei Sichtweisen: Warum Menschen so unterschiedlich urteilen
Ob das Glas halb voll oder halb leer ist, unterscheidet Optimisten von Pessimisten. Beide betrachten das gleiche mit Wasser gefüllte Glas und kommen doch zu unterschiedlichen Wertungen. Es kommt also auf den Referenzpunkt an, von dem Menschen ausgehen. Und so kommt es, dass Menschen sich in ein und derselben Situation völlig unterschiedlich verhalten können, je nachdem ob sie sich in einem „Verlustkontext" oder einem „Gewinnkontext" sehen. Man spricht hierbei vom sogenannten Framing-Effekt.

Hat ein Verhandelnder den Eindruck, dass die Verhandlung auf ein für ihn schlechtes Geschäft hinausläuft, nimmt die Konzessionsbereitschaft ab. Er ist (eher) bereit, teure Verzögerungen oder auch Verhandlungsabbrüche in Betracht zu ziehen – falls Hoffnung besteht, die wahrgenommenen Verluste zu minimieren.

Im umgekehrten Fall, wenn Verhandelnde sich also im Gewinn-Kontext sehen, steigt die Konzessionsbereitschaft, um greifbare Gewinne nicht zu riskieren. Der Sozialpsychologe Dieter Frey erklärt es so:

> Im Gewinnbereich bevorzugen die meisten Menschen das Etwas gegenüber dem Nichts und wählen die sichere Option. Bei Verlusten jedoch ist Nichts besser als Etwas und so wird die riskante Alternative gewählt. (Frank und Frey 2002)

Durch die Präsentationen von Informationen oder getroffenen Absprachen in Gewinn- oder Verlustkontexten, sind also massive Beeinflussungen durch die Verhandelnden entsprechend ihrem Eigeninteresse möglich. Das wird in Verkaufsschulungen und der Ratgeberliteratur auch reichlich ausgeschlachtet.

So können wir davon ausgehen, dass die Versicherungswirtschaft einen erheblichen Teil ihrer Umsätze dem richtigen Framing ihrer Produkte verdankt. Eine populäre Strategie der Branche ist, potenziellen Kunden zunächst die schlimmen Folgen im Falle der Nichtabsicherung möglichst plastisch auszumalen und damit einen Verlustkontext zu schaffen (z. B. Armut im Alter). Im Anschluss daran wird als Kontrast ein Leben mit einer entsprechenden Versicherung (z. B. Privatrente) geschildert und somit ein Gewinnkontext geschaffen – aus dem heraus sich Versicherungen dann deutlich entspannter verkaufen lassen. Übrigens finden wir hier das oben angesprochene Schnellschuß-Verfahren „Kontrast“ in seiner Reinform.

Wer einmal etwas genauer auf die Werbung achtet, merkt: Heute wird kaum noch vom Einkaufen gesprochen. Stattdessen ist ständig vom Sparen die Rede. Zwar geben wir Geld aus, im Grunde aber sparen wir – das ist die Botschaft, die uns damit vermittelt wird. Denn: Geld ausgeben, heißt, sich im Verlustkontext zu bewegen. Geld sparen, hingegen führt uns in den Gewinnkontext.

Auch Verkäufer machen sich das Framing zunutze, wenn es um den Preis geht: Wer zu einem hohen Preis verkaufen will (wahrgenommener großer Verlust für den Käufer) ist gut beraten, den Preis möglichst klein zu rechnen. In etwas übertriebener Form: Statt den Preis von 1825 € zu nennen, kann es besser sein, davon zu reden; dass es sich um eine Investition – bezogen auf ein Jahr – von fünf Euro pro Tag handelt. Fünf Euro pro Tag – in welchem Budget ist das nicht drin?

Spart der Kunde durch eine Investition hingegen beispielsweise fünf Euro am Tag, kann man ruhig mal kräftig hochrechnen und in fünf Jahren einen Gewinn von knapp 10.000 € prognostizieren.

Der Gewinn- und Verlustkontext sowie der Kontrast, der sich daraus ergibt, lässt sich hervorragend als Entscheidungs- und Verkaufsmotor nutzen: Vor die Wahl gestellt zwischen einem günstigen Produkt (zum Beispiel einer Flasche Bordeaux für fünf Euro) und einem teurerem Produkt (zum Beispiel einer Flasche Bordeaux für zwölf Euro) entscheiden sich viele für den günstigeren Wein. Wird dem teurem ein noch teureres Fläschchen hinzugestellt (zum Beispiel ein Bordeaux für 18 €) und die Wahl auf drei erhöht, entscheiden sich viele für den vormals teureren und jetzt mittleren Wein. Die Investition von 12 € erscheint im Dreier-Rahmen als weniger großer Verlust.

Das ‚Asian Desease Problem‘

Die Forschungen rund um das Thema „Framing“ gehen zum überwiegenden Teil auf eine Übung namens „Asian Disease Problem“ und auf die Forschungen der amerikanischen Psychologen Amos Tversky und Daniel Kahneman zurück.

Dabei werden die Probanden mit folgendem Szenario konfrontiert:

„Bitte stellen Sie sich folgende Situation vor. Eine ungewöhnliche asiatische Krankheit breitet sich aus, die 600 Menschen das Leben kosten wird. Zwei unterschiedliche Programme zur Bekämpfung dieser Krankheit sind vorgesehen. Dabei sind die exakten wissenschaftlichen Schätzungen der Folgen der beiden Programme wie folgt:

Gewinn-Frame:

- Option A: Bei Anwendung des Programms A werden 200 Personen gerettet.
- Option B: Bei Anwendung des Programms B gibt es eine Wahrscheinlichkeit von 1/3, dass 600 Personen gerettet werden, und eine Wahrscheinlichkeit von 2/3, dass keine Person gerettet wird.

Verlust-Frame:

- Option A: Bei Anwendung des Programms A werden 400 Personen sterben.
- Option B: Bei Anwendung des Programms B gibt es eine Wahrscheinlichkeit von 1/3, dass niemand sterben wird, und eine Wahrscheinlichkeit von 2/3, dass 600 Personen sterben werden."

Die veränderte Beschreibung des gleichen Problems, zunächst im Gewinn-Rahmen und dann im Verlust-Rahmen, führt bei den Probanden zu einer Verschiebung von Risikoneigung hin zu Risikoaversion. Und das, obwohl die zugrunde liegenden Daten in beiden Fällen die gleichen sind.

„Overconfidence" oder die Super-Optimisten

► Overconfidence bezeichnet das übersteigerte und zuweilen blinde Vertrauen in das eigene Urteil: die eigenen Chancen werden besser eingeschätzt als sie tatsächlich sind. So neigen Verhandelnde dazu, die Konzessionsbereitschaft der anderen Seite sehr hoch einzuschätzen. Sie sehen beispielsweise Gerichtsverhandlungen gelassen entgegen; einfach, weil sie sich im Recht fühlen.

Umso größer ist dann die Überraschung, wenn der Verhandlungspartner das gleiche Recht für seine Sichtweise und Argumente beansprucht. Die Ursache für solche Fehleinschätzungen wird darin vermutet, dass die Verhandelnden zu wenig Informationen über die andere Seite haben und sich auch zu wenig für sie interessieren. Infolgedessen fühlen sie sich im Recht (Bazerman et al. 2001; Pfeifer 2004).

Unter Psychologen ist das Phänomen unter dem Begriff der „Illusion der eigenen Unverwundbarkeit" bekannt. Darunter versucht man etwa solch subjektive Ansichten zu erfassen wie: Allen Menschen kann etwas zustoßen – nur uns selbst nicht. Oder: Alle Menschen wissen, dass sie sterblich sind – nur wir denken, dass der Tod uns nichts angeht.

Interessanterweise fällt in diese Schublade auch die weit verbreitete Auffassung, dass wir uns gegen unerwünschte Beeinflussung besser zur Wehr setzen können als unsere Mitmenschen. Egal worum es geht: Krankheit, Tod, Scheidung, unerwünschte Schwangerschaft, ein für die Firma katastrophal ausgehandelter Vertrag – den anderen passiert das, aber uns nicht. Menschen neigen dazu, das subjektive Risiko zu unterschätzen. (Levine 2003)

Das kann geschickt von Akteuren ausgenutzt werden, die unterhalb unserer Wahrnehmungsschwelle arbeiten.

Hintergrundinformation

Overconfidence ist bei Analysten in der Finanzbranche ein weit verbreitetes Phänomen. Und erfahrene Profis scheinen meist schwerer davon betroffen zu sein als Kollegen mit weniger Erfahrung. Generell schätzen 60–70 % der Analysten ihre eigene Performance gegenüber dem Durchschnitt der Kollegen besser ein. Sie hegen ein großes Vertrauen in das eigene Wissen, die Erfahrungen und Fähigkeiten. Das Ausmaß des übersteigerten Selbstvertrauens wird umso größer, je öfter ein Analyst in der Vergangenheit richtig gelegen hat und es steigert sich mit zunehmendem Erfolg. Die weltweite Krise hat die systematische Selbstüberschätzung der Branche gnadenlos offenbart. Auch wenn Studien dieses Phänomen unter Analysten bereits zuvor beobachtet hatten.

Das Overconfidence-Problem ist auch unter dem Fachterminus „Fundamentaler Attributionsfehler“ oder -irrtum bekannt. Dazu gehört, dass viele Menschen sich für kompetenter als andere halten. Oder: Für die Probleme anderer Leute werden automatisch persönliche Eigenschaften verantwortlich gemacht (Unfähigkeit, Inkompetenz, mangelnde Intelligenz). Geht es um uns selbst, schieben wir es gewöhnlich auf die Situation (falsche Zeit, falscher Ort).

Der Vorteil: Wenn wir das Unglück eines anderen seiner persönlichen Eigenschaft zuschreiben, können wir weiter in der Illusion leben, besser zu sein als die anderen, weil uns das ja nicht passieren würde.

Der „Naive Realismus“ bietet eine weitere Erklärung für diese Prozesse:

Menschen glauben, andere Menschen in einer Art objektiven Realität wahrzunehmen (und verwechseln das mit ihrer subjektiven Wirklichkeitskonstruktion) – und folgern daraus, dass die anderen ihre Reaktionen und Verhaltensweisen logischerweise teilen müssten.

Schließen andere sich dann nicht den eigenen Anschauungen an, wird das gleich als Versagen und Verweigern gedeutet oder mit einer engstirnigen Ideologie, Eigeninteresse oder mit einer in der Person begründeten Verzerrung der Realität in Zusammenhang gebracht.

Diese Denkweise führt schnell zu einer falschen Polarisierung und nach Meinung des Sozialpsychologen Dieter Frey zu einer

> … unangemessenen Vergrößerung der wahrgenommenen Unterschiedlichkeit der Ansichten zweier Parteien. Dieser wahrgenommene Extremismus intensiviert soziale Konflikte. (Frank und Frey 2002)

Festhalten an Entscheidungen, auch wenn diese keine Alternativen mehr sind

Der Volksmund sagt: „Ich stehe zu meinem Wort“. Wissenschaftler nennen dies Dissonanzreduktion bzw. -vermeidung aufgrund von früherem Verhalten. Fatalerweise finden wir die dahinterstehende Haltung auch in Verhandlungen, wo einmal getroffene Ablehnungen oder Zustimmungen aufrechterhalten werden, auch wenn es dafür außer der Prinzipientreue („der Pabst irrt nie!“) keine rationalen Gründe gibt.

Das kann sich zwar auch positiv auswirken, etwa in dem Sinne, dass eine einmal ausgehandelte Übereinkunft bestehen bleibt; z. B. wenn Gewerkschaftsvertreter eine mit den Arbeitgebern ausgehandelte Übereinkunft vor den eigenen kritischen Gremien vertreten müssen.

Negativ ist die Wirkung dann, wenn die Verhandlungspartner an einmal getroffenen Fehlentscheidungen festhalten und aus Angst, das Gesicht zu verlieren, Konflikte lieber eskalieren lassen und auf diese Weise sogar zusätzliche Kosten in Kauf nehmen. D. Frey sagt dazu, dass es

> … es vielen Menschen fast unmöglich (ist), einmal abgelehnte Lösungen später zu akzeptieren. Vielmehr wird die vergangene Ablehnung von Vorschlägen noch rationalisiert, was die psychischen und sozialen Kosten einer zukünftigen Akzeptanz der Lösung weiter erhöht. (Frank und Frey 2002)

Die Neigung an einmal getroffenen Entscheidungen festzuhalten, haben wir weiter oben auch als Konsistenz-Prinzip bezeichnet. Verkäufer lernen dieses Prinzip unter der Überschrift „Ja-Straßen-Effekt“ kennen – und so wird es intensiv auch für Verkaufsverhandlungen genutzt. Der Gedanke dahinter ist äußerst simpel: Hat der Kunde zu einer nahezu x-beliebigen Frage im Verkaufsgespräch erst einmal „ja“ gesagt, sagt er auch ein zweites Mal „ja“ und wird schließlich die Frage nach dem Abschluss ebenfalls bejahen.

Konzessionen, die beim Kunden schlecht ankommen

Haben die Akteure in Verhandlungen eine längere gemeinsame und leidvolle Geschichte, stellt sich immer wieder so etwas wie ein automatisches Abwerten gegnerischer Angebote oder Konzessionen ein. Ganz nach dem Motto:

> Wenn der Verhandlungspartner mir entgegenkommt, wird da schon noch was dahinter stecken, wovon er selbst noch stärker profitiert.

Diese innere Misstrauenshaltung lässt alles, was von der anderen Seite kommt, in einem schlechten Licht erscheinen. Die gleichen Vorschläge, von einem Partner vorgebracht, hätten mit einer hohen Wahrscheinlichkeit die Chance auf eine wohlwollende oder zumindest neutrale Prüfung. Die amerikanischen Verhandlungsforscher Neil und Bazermann berichten von einem diesbezüglichen Experiment:

> In einem Experiment aus der Endzeit des kalten Krieges sollte der Vorschlag eines Waffenreduktionsabkommens zwischen den USA und der UdSSR bewertet werden. Der Hälfte der (amerikanischen) Probanden wurde erklärt, der Vorschlag stamme (richtigerweise) von Seiten der UdSSR, der anderen Hälfte wurde eine amerikanische Urheberschaft vorgetäuscht. Während im ersten Fall 56 % der Versuchspersonen angaben, der Vorschlag begünstige die Russen, und ihn nur 28 % als ausgewogen betrachteten, sahen den gleichen Vorschlag mit angeblich amerikanischer Urheberschaft 45 % als ausgewogen an und je 27 % als eine Seite begünstigend. (Neil und Bazermann 1991)

Es gibt offensichtlich eine ausgeprägte Bereitschaft von Verhandelnden, die Gedankengänge und Schlussfolgerungen der anderen Seite zu ignorieren.

Der Glaube an die nicht erweiterbare Verhandlungsmasse

Verhandelnden zu helfen, den optimalen Abschluss auszuhandeln, ist ein zentrales Anliegen der Verhandlungsforschung. Ein Schlüsselelement für dieses Ziel ist die Erkenntnis, dass Individuen, die in Verhandlungen treten, grundsätzlich annehmen, dass sie in einem kompetitiven Kontext zueinander stehen und die Verhandlungsmasse grundsätzlich nicht erweiterbar ist (the mythical fx-pie of negotiation-effect – Neil und Bazermann 1991)

Diese Annahme ist jedoch häufig falsch unter dem Strich nichts anderes als eine unangemessene Vereinfachungsstrategie für komplexe kognitive Aufgaben.

In Abschn. 3.3.2.7 haben wir bereits gesehen, dass kompetitiv motivierte Verhandelnde große Schwierigkeiten haben, alle möglichen Optionen – und eben auch Win-win-Optionen in Verhandlungen – zu realisieren, weil sie sich in einem Null-Summen-Spiel wähnen.

Eng verbunden mit dem „fixed-pie-Effekt“ ist die Annahme, dass es keine gemeinsamen Interessen zwischen den Verhandelnden gibt. Somit werden Verhandelnde nicht nur davon abgehalten, integrative Lösungen zu entwickeln, sie behindern sich auch darin, Verhandlungspunkte zu finden, in denen es keinen konfliktträchtigen Einschätzungen gibt.

> Ein Tipp: Wer in Verhandlungen immer wieder auch die Außenperspektive einnimmt, sich auf diesem Weg immer wieder einmal in sein Gegenüber hineinversetzt, erweitert seine Optionen zu nachhaltigeren Ergebnissen wie etwa Win-win-Lösungen zu gelangen.

4.2.7 Zusammenfassung

Manipulation ist ein Begriff aus der Psychologie, Soziologie und Politik und bedeutet gemeinhin: gezielte und verdeckte Einflussnahme. Damit gemeint sind sämtliche Prozesse, welche auf eine Steuerung des Erlebens und Verhaltens von Einzelnen und Gruppen zielen und diesen verborgen bleiben sollen.

Manipulation wirkt durch Beeinflussung der Art und Weise, etwas

- wahrzunehmen (also Informationen aufzunehmen oder nicht aufzunehmen),
- zu benennen (die Bezeichnung eines Produktions- und Dienstleistungsareals als Industriepark klingt eindrucksvoller als Gewerbegebiet) und
- zu bewerten und mit Bedeutung zu versehen. Somit greift Manipulation also letztlich in den gesamten Bereich der Wirklichkeitskonstruktion ein.

Welche Informationen – und welche nicht – wir bewusst oder unbewusst aufnehmen und sie dann später wie verarbeiten, wird sowohl von unserer Umwelt (äußeren Faktoren) als auch von uns selbst bestimmt (den kognitiven Strukturen, unserer individuellen Innensteuerung).

Zu den äußeren Faktoren zählen, die Informations- oder Reizintensität, die Informations- oder Reizeindeutigkeit sowie der Informations- oder Reizkontext.

Zu den inneren Faktoren gehören vor allem die Aufmerksamkeit und die Bezugssysteme

Heuristiken helfen uns, angesichts einer Flut an Informationen handlungsfähig zu bleiben. Wir unterscheiden die Verfügbarkeits-, Repräsentativitäts-, Simulationsheuristik sowie die Heuristik der Verankerung und Anpassung.

Überdies wirken in Verhandlungen sogenannte Schnellschuss-Verfahren oder auch Abkürzungen in Entscheidungsprozessen. Sie arbeiten mit Autorität, Sympathie, soziale Bewährtheit, Konsistenz (die Neigung, zu einer einmal getroffenen Entscheidung, einem einmal gegebenen Wort zu stehen), Knappheit und Reziprozität (die Beobachtung, dass sich eine Person B, der von einer Person A eine Gefälligkeit erwiesen wurde, dazu verpflichtet sieht, diese Gefälligkeit zu erwidern) und Kontrast.

Eine Art innerer Ressourcenmanager hilft uns, Heuristiken und Schnellschuss-Verfahren zielführend einzusetzen.

Weitere verhandlungsrelevante Fehlwahrnehmungen sind:

- Der (positive oder negative) Rahmen, in dem Risiken gesehen werden.
- Zu leichtes Vertrauen auf für Sie positive Ergebnisse.
- Das Festhalten an einmal getroffenen Entscheidungen, auch wenn diese keine wirklich guten Alternativen mehr bieten.
- Das reaktive Abwerten (jeglicher) Konzessionen der anderen Seite.
- Der Glaube an die nicht erweiterbare Verhandlungsmasse.

Hier hilft es, immer wieder, die Außenperspektive einzunehmen.

Literatur

Bazermann, M. H., Curhan, J. R., & Moore, D. A. (2001/2008). The death and the rebirth of the social psychology of Negotiation. In G. Fletcher & M. Clark (Hrsg.), *Blackwell handbook of social psychology*. Malden: Blackwell.

Besemer, C. (1999). Konflikte verstehen und lösen lernen. Karlsruhe.

Brandenburger, A. A., & Nalebuff, B. (1996/2007). *Coopetition – kooperativ konkurrieren: mit der Spieltheorie zum Unternehmenserfolg*. Frankfurt a. M.

Cialdini, R. (2013/2017). *Die Psychologie des Überzeugens*. Bern. 8. Aufl.

Crott, H., Kutschker, M., & Lamm, H. (1977). *Verhandlungen. Individuen und Gruppen als Konfliktparteien Ergebnisse aus sozialpsychologischer Verhandlungsforschung*. Stuttgart.

Deutsch, M. (1977/2009). *The resolution of conflict*.

Fischer, L., & Wiswede, G. (1997/2009). *Grundlagen der Sozialpsychologie*. Oldenbourg.

Fisher, R., Ury, W. &, Patton, B. (2013/2018). *Das Harvard-Konzept*. Neu übersetzt und erweitert. München.

Frank, E., & Frey, D. (2002). Theoretische Modelle zu Kooperation, Kompetition und Verhandeln bei interpersonalen Konflikten. In D. Frey & M. Irle (Hrsg.), *Theorien der Sozialpsychologie* (Bd. 2, 2. Aufl.). Bern.

Gigerenzer, G. (2002/2014). *Das Einmalseins der Skepsis*. New York.

*Gigerenzer, G., Kober, H. (2013/2020). *Risko! Wie man die richtigen Entscheidungen trifft*. Berlin.

Kanning, U. P. (1999). *Die Psychologie der Personenbeurteilung*. Göttingen.

Kanning, U. P., Hofer, S., & Schulze-Willbrenning, B. (2004). *Professionelle Personenbeurteilung. Ein Trainingsmanual*. Göttingen.

Kreggenfeld, U. (2009). *Verhandlungen in und zwischen Organisationen*. Frankfurt a. M.

Levine, R. (2003/2013). *Die große Verführung, Psychologie der Manipulation*. München.

Lewicki, R., Saunders, D M., Barry, B., & Minton, J. W. (2004). *Essentials of Negotiation*. New York.

Montana, L., & Kals, E. (2001/2013). Mediation – *Lehrbuch für Psychologen und Juristen*. Weinheim.

Neil, M., Bazermann, M H. (1991). *Cognition and rationality in negotiation*. New York.

Pfeiffer, T. (2004). *Das Aushandeln im Transportrecht*. Berlin.
Popp, M. (1988). *Machtprozesse in sozialen Interaktionen*. Frankfurt a./M.
Rubin, J. Z., & Brown, B. B. (1975/2013). *The social psychology of bargaining and negotiation*. New York.
Schmook, R., Bendrien, J., Frey, D., Wänke, M. (2002). Prospekttheorie. In D. Frey & M. Irle (Hrsg.), *Theorien der Sozialpsychologie* (Bd. 3, S. 279–311). Bern.
Schwarz, N. (1985). Theorien konzeptgesteuerter Informationsverarbeitung in der Sozialpsychologie. In D. Frey & M. Irle (Hrsg.), *Theorien der Sozialpsychologie* (Bd. 3, S. 261–291). Bern.
Selman, R. L., &, Lynn, H. (1990). *Making a friend in youth*. Chicago.
Simon, F. B. (2004/2019). *Gemeinsam sind wir blöd!? Die Intelligenz von Unternehmen, Managern und Märkten*. Heidelberg. 6. Aufl.
Strack, F., & Deutsch, R.: (2002). Urteilsheuristiken. In D. Frey & M. Irle (Hrsg.), *Theorien der Sozialpsychologie* (Bd. 3, S. 352–385). Bern.
Thieme, K. H. (2005/2010). *Preisdruck? Na und! Wie Spitzenverkäufer Preise erfolgreich verhandeln*. Uffing.
Tversky, A., & Kahneman, D. (1974). Judgement under Uncertainty: Heuristics and Biases. *Science, 185,* 1124–1131.
Weber, M. (1990). *Wirtschaft und Gesellschaft. Grundriss einer verstehenden Soziologie*. Tübingen (Original 1922).
Wiswede, G. (1995/2012). *Einführung in die Wirtschaftpsychologie*. München.

Verhandlungen strategisch vorbereiten 5

Zusammenfassung

Das erwartet Sie in diesem Kapitel:

Überlegungen zum Thema Strategie sind Ihnen in diesem Buch bislang in jedem Kapitel begegnet. Von daher möchte ich Ihnen auf den folgenden Seiten einen abschließenden Überblick über das Thema geben.

Die Anwendung von Strategien hat unzweifelhaft Vorteile. Ich möchte Sie aber auch auf die Probleme hinweisen, die sich aus einem sehr engen und rigiden Strategie-Verständnis ergeben können. Alternativ dazu möchte ich Ihnen die evolutionäre Planung vorstellen: Ein Vorgehen in 8 Schritten, mit dem Sie sehr ziel- und ergebniseffizient handeln und sich gleichzeitig möglichst viele Optionen offenhalten.

Sie lernen Beispiele kennen für die in diesem Buch noch nicht angesprochenen strategischen Optionen „Nachgeben" und „Ausweichen" und machen sich den Zusammenhang bewusst, der zwischen dem Interesse an den eigenen und den Verhandlungszielen des Gegenübers sowie der Wahl der Verhandlungsstrategie besteht.

Das versetzt Sie in die Lage, die Strategie-Klaviatur souverän für Ihre Ziele zu nutzen.

5.1 Verhandlungsstrategien

Apple-Chef Steve Jobs galt als großer Stratege. Mit dem iPod und dem IPhone führte er den kränkelnden Computerbauer zu ungeahnten Erfolgen. Computer gehören zwar immer noch zum Geschäft, doch das Geld macht Apple längst mit den trendigen Smartphones und ‚Musikabspielgeräten' und den passenden Internetplattformen zum Download der Apps und Songs.

U. Kreggenfeld, *Erfolgreich systemisch verhandeln*,
https://doi.org/10.1007/978-3-658-33906-7_5

Strategien entwickeln, Ressourcen dafür bereitstellen und die Ziele konsequent umsetzen, ist in unserer heutigen, von hartem Wettbewerb geprägten Geschäftswelt unabdingbar. Dabei stammt der Begriff „Strategie" ursprünglich aus der Kunst der Kriegsführung. Das altgriechische Wort strategós bedeutet „Feldherr" und „Kommandant".

In der Online-Enzyklopädie Wikipedia wird Strategie als ein „längerfristig ausgerichtetes, planvolles Anstreben einer vorteilhaften Lage oder eines Ziels" beschrieben – und damit klassisch von mittel- und kurzfristigem Handeln – also taktischem und operativem Handeln – abgegrenzt. Strategie hat somit weniger mit Rhetorik, Gesprächstaktik und situativem Verhalten am Verhandlungstisch zu tun, sondern mehr mit der Vorbereitung, Gestaltung und Beobachtung des gesamten Verhandlungsraums, um die eigenen Ziele zu erreichen.

Klassischerweise unterscheiden wir Ergebnisstrategien und Prozessstrategien (Herbst und Voeth 2009).

Bei der Ergebnisstrategie geht es um das „**Wie viel**", also das Ausmaß, in dem Sie Ihr angestrebtes Ziel am Ende erreichen. Die Prozessstrategie beschäftigt sich hingegen mit dem „**Wie**" und somit mit dem Weg, auf dem ein Ergebnis erreicht wird. Für beide Bereiche gibt es alternative Einzelstrategien, die wir uns im Folgenden genauer anschauen.

In der Praxis sind beide Strategieformen nicht ganz so klar voneinander zu trennen. Denn: Wer viel will, legt häufig nicht ganz so viel Wert auf das ‚Wie', die Beziehung also. Genau andersherum ist es häufig bei denjenigen, die auch mit weniger ‚Wie viel' zufrieden sind. Siehe hierzu auch Abb. 5.1, die die Beziehung zwischen dem Durchsetzen der eigenen Ziele (Ergebnisorientierung) und dem Interesse an der Beziehung zum Verhandlungspartner darstellt.

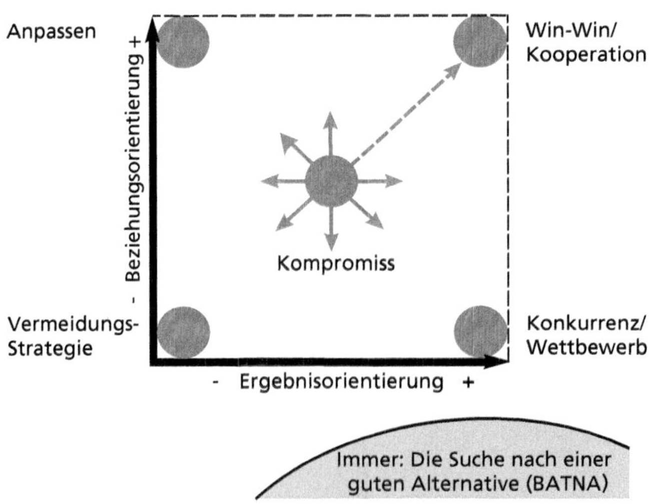

Abb. 5.1 ‚Verhandlungsstrategien'

5.1.1 Die Ergebnisstrategien

Die in der Skizze genannten Strategien ‚Win-Win'-, ‚Kompromiss'- ‚Konkurrenz'- ‚Anpassungs'-, und ‚Vermeidungsstrategie' werden auch als Ergebnisstrategien bezeichnet – obschon alle auch eine Aussage über das Beziehungsinteresse machen (Lewicki et al. 1998).

5.1.1.1 Die Win-Win-Strategie

Diese Vorgehensweise zielt auf ein bestmögliches Ergebnis für beide Verhandlungspartner ab. Die dahinterstehende Überzeugung lautet: ‚Ich möchte meine Ziele maximal erreichen – und gestehe das gleiche Recht auch meinem Verhandlungspartner zu.'

Im besten Fall gelingt dies – und beide erreichen ihre Ziele. Oder, falls eine Partei die gesetzten Ziele nicht erreicht, wird auf einer anderen Ebene ein Ausgleich gefunden, der auch diese Partei zum Gewinner macht.

Wenn bspw. im Vertriebskontext am Preis nichts mehr zu machen ist, könnte die eine Partei die Zahlungsziele verändern, Ratenzahlungen oder Naturalgeschäfte prüfen, anfallende Konstruktionskosten auf mehrere Projekte verteilen oder auch die Transportkosten übernehmen.

Bewährte Win-win-Techniken lauten: den Kuchen vergrößern, Logrolling, Bridging, spezifische und unspezifische Konzessionen u. a. Viele Beispiele hierfür haben Sie in Kap. 2 kennengelernt. Win-win gelingt selten unter Zeitdruck, braucht gegenseitiges Vertrauen, die Gewissheit, dass beide Seiten diese Kooperationsstrategie verfolgen und zeigt sich in der Verhandlung in klassischem Problemlösungsverhalten (Fisher et al. 2013; Gordon 2009), dass wir uns im selben o. g. Kapitel angeschaut haben:

1. Beide Seiten benennen ihre Interessen und definieren die Einigungsprobleme
2. Alternative Lösungen entwickeln
3. Die alternativen Lösungen bewerten
4. Entscheiden für die beste annehmbare Lösung
5. Die Entscheidung ausführen
6. Anschließende Bewertung der Lösung

5.1.1.2 Die Kompromissstrategie

Die Kompromissstrategie wird von der Überzeugung getragen: „Wenn wir zu einem Ergebnis kommen wollen, müssen beide Seite Konzessionen machen." Tarifverhandlungen sind häufig ein Beispiel hierfür: Die Arbeitnehmerseite fordert 6 %, die Arbeitgeberseite will eine Nullrunde – und am Ende einigen sich beide auf 3 %. Man spricht auch von der goldenen Mitte – und folgt damit dem weit verbreiteten Gerechtigkeitsverständnis, dass beide Seiten gleich viel nachgeben sollten. Das kann allerdings auch problematisch sein. Nämlich dann, wenn die eine Seite es ausnutzt und – um im obigen Beispiel zu bleiben, 9 statt 6 % fordert. Denn dann müsste man sich bei 4,5 % einigen. Nach meiner Beobachtung wird die Kompromissstrategie sehr häufig eingesetzt, häufig weil Win-Win- oder Konkurrenzstrategien nicht umsetzbar sind oder für nicht umsetzbar gehalten werden.

Kompromisse sind oft schnell und effizient gefunden. Das ist die positive Seite. Negativ ist, dass die Qualität leiden kann. Deswegen werden manche so erzielte Ergebnisse häufig als „zweite Wahl" bezeichnet. Der Volksmund spricht auch von „faulen Kompromissen".

5.1.1.3 Die Konkurrenz- oder Wettbewerbsstrategie (Win-Lose)

Hierbei geht es darum, um jeden Preis zu gewinnen, die eigenen Vorstellungen bestmöglich durchzusetzen und in der aktuellen Situation ein gutes Ergebnis zu erzielen. Es gilt der Leitsatz: „Der Stärkere setzt sich durch." Wie sich diese konkurrierende Verhandlungsführung auf eine zukünftige Geschäftsbeziehung auswirkt, spielt hier eine untergeordnete Rolle. Das kann daran liegen, dass die Verhandlungsmacht sehr ungleich verteilt ist, der eine den anderen also weniger braucht als umgekehrt. Oder es handelt sich bei der Zusammenarbeit um ein einmaliges Projekt, Folgeaufträgen sind nicht zu erwarten – warum soll man da in die Zukunft investieren? Auch möglich: Die Beziehung zwischen den Verhandelnden ist nicht besonders entwickelt und Änderung nicht zu erwarten.

Win-Lose kommt auch dann zum Einsatz, wenn dasselbe Verhalten vom Gegenüber erwartet wird. Dann wird die Konkurrenzstrategie quasi zur Verteidigung eingesetzt. ‚Auge um Auge, Zahn um Zahn.'

Im Kapitel kompetitives Verhandeln haben wir uns ausführlich mit den Vor- und Nachteilen dieser Strategie beschäftigt.

5.1.1.4 Die Vermeidungsstrategie

Zu wahrer Meisterschaft in dieser Strategie, die auch als Ausweichverhalten bezeichnet werden kann, brachte es Altbundeskanzler Helmut Kohl. Das Aussitzen gehörte während seiner 16-jährigen Regierungszeit zu seinem favorisierten Handlungsrepertoire – was seiner Machtfülle offenbar lange nicht schadete. Legendär ist sein Bonmot:

> Man muss den Dingen auch die Möglichkeit geben, sich von alleine zu erledigen.

Überliefert ist auch, dass Kohl in der Zeit des vermeintlichen Aussitzens hinter den Kulissen intensiv daran arbeitete, das Verhandlungsfeld zu seinen Gunsten zu modellieren.

Ausweichstrategien sind dann opportun, wenn Sie Zeit benötigen, um Ihre aktuelle Verhandlungsposition zu verbessern, Parallelgespräche mit anderen Akteuren führen oder wenn der Einstieg in die Verhandlung für Sie nicht wichtig ist.

Zur Vermeidungsstrategie gehören aber auch Verhandlungen, die mit dem Ziel begonnen werden, kein Ergebnis zu erreichen. Das erscheint auf den ersten Blick unlogisch – zumal Verhandlungen für Unternehmen immer mit Aufwand verbunden sind. In der Praxis kann es zu dieser Situation kommen, wenn beispielsweise ein Vorgesetzter seinen Mitarbeiter aus dem Einkauf beauftragt, in Verhandlungen mit einem potenziellen Lieferanten einzutreten. Wenn der Einkäufer aber seit Langem gut mit einem anderen Zulieferer zusammenarbeitet, hat er vermutlich kein Interesse an einer neuen Verbindung. Dann wird er versuchen, einen attraktiven Abschluss zu vermeiden, so dass die Verhandlung erfolglos endet.

5.1.1.5 Die Anpassungsstrategie (Lose to Win)

Wer versucht, bei einem potenziellen Auftraggeber den „Fuß in die Tür" zu bekommen, wendet gerne die Anpassungsstrategie an. Dabei geht es im ersten Schritt darum, den Interessen des Verhandlungspartners entgegen zu kommen, wenn ein kurzfristig schlechteres Geschäft einen Vorteil in der Zukunft verspricht. So gibt es viele Berater, die eine erste Beratung, ein erstes Coaching oder Training weit unter ihren üblichen Honoraren verkaufen, um die Hemmschwelle für den Kunden zu senken. Sieht der Kunde dann in der Praxis, dass der Berater gute Arbeit macht, fällt es ihm leichter, den Schritt zu den üblichen Tagessätzen mitzugehen. Der Berater seinerseits kann die geringere Einnahme als Akquisitionskosten verbuchen.

Der Zusammenhang zwischen Motivation und Strategie

Wie Sie sich konkret verhalten, d. h. welche Taktiken und Strategien für Sie handlungsleitend werden, wird letztlich viel mit Ihrer Motivation zu tun haben. Es ist aber auch entscheidend, wie Sie Ihr persönliches Interesse am eigenen Ergebnis definieren und welche Bedeutung Sie dem Ergebnis Ihres Verhandlungspartners zumessen. Aus der Kombination beider Motivationen lassen sich dann die in Abb. 5.2 vier unterschiedliche Verhandlungsstrategien ableiten.

Anzumerken ist: Je nach Thema und Verhandlungsgegenstand brauchen Sie in realen Verhandlungen alle diese Strategien. Das bestätigen auch die beiden amerikanischen Verhandlungsforscher D. Pruitt und P. Carnevale, wenn sie sagen:

> Oft nimmt ein Konfliktverlauf zwei Phasen an: zunächst eine Kombination aus Zugeständnissen und Zwang, dann Problemlösung, weil beide Parteien an ihren Grenzen angelangt sind und erkennen, dass Nachgeben und Zwang keine gewinnbringenden Strategien mehr sind. (Pruitt und Carnevale 1993)

5.1.2 Die Prozessstrategien

Bei den Prozessstrategien geht es um die Frage, wie Sie Ihre Ergebnisse erreichen wollen. Bildlich gesprochen: Mit hartem Gesichtsausdruck und grimmiger Miene oder freundlich und offen, beziehungsorientiert eben.

	Interesse am Ergebnis des anderen niedrig	**Interesse am Ergebnis des anderen hoch**
Eigeninteresse niedrig	Ausweichen, Passivität	Nachgeben/ Zugeständnisse machen
Eigeninteresse hoch	Kämpfen/Durchsetzen	Kooperations- und Win-/Win-Strategien, Problemlöseverhalten,

Abb. 5.2 Verhandlungsstrategien und Motivationen. (in Anlehnung an das „Dual-Concern-Model" von Pruitt und Rubin 2004)

5.1.2.1 Die Beziehungs- und Transaktionsstrategie

Voeth und Herbst haben zur Charakterisierung der Beziehungsstrategie folgende Werte ausgeführt: Kooperativität, Emotionalität, Offenheit, Fairness, Ehrlichkeit, Verlässlichkeit und Benehmen. Je ausgeprägter dieser Werte im Verhandlungsprozess gelebt und sichtbar werden, desto stärker ist die Beziehungsorientierung in der Verhandlung.

Andersherum gesagt: Je stärker diese Werte in den Hintergrund rücken, desto deutlicher tritt eine rein transaktionsorientierte Prozessstrategie (Konzentration auf die Sache und auf diese eine Verhandlung) in den Vordergrund. Im Kapitel Kooperieren oder Kämpfen haben wir die Auswirkungen einer Kooperativen und einer kompetitiven Zielstruktur gegenübergestellt.

Die letzte hier betrachtete Facette der Prozessstrategien dreht sich um die monetären Aspekte. Verhandlungen sind für Unternehmen immer mit Kosten verbunden. Betriebswirtschaftlich ist es also sinnvoll, den Prozess so effizient und kostengünstig wie möglich zu gestalten. Dieses ökonomische Prozessziel vor Augen, unterscheiden sich zwei Strategien: die Verhandlungskostenvermeidung und die Verhandlungskostendelegation.

5.1.2.2 Die Verhandlungskostenvermeidung

Diese Strategie zielt darauf, alle anfallenden Verhandlungskosten so gering wie möglich zu halten. Sehr sorgfältig wird deswegen bereits im Vorfeld der Rahmen und Ablauf der Verhandlung geplant – dabei ist auch die Effizienz des Prozesses immer im Blick. Grundsätzlich geht es bei dieser Strategie nicht um einseitige Vorteile, sondern sie versucht die Gesamtkosten für alle am Verhandlungsprozess Beteiligten zu minimieren – und folgt damit eher dem kooperativen Ansatz.

5.1.2.3 Die Verhandlungskostendelegation

Hierbei steht die Optimierung der eignen Kostensituation im Vordergrund. Es wird versucht, den eigenen Aufwand so gering wie möglich zu halten, etwa indem die Reisekosten oder die Organisation dem Verhandlungspartner aufgebürdet werden. Je mächtiger eine der Parteien ist, desto eher wird es ihr gelingen, diese Strategie zu verfolgen. Die Gegenseite wird dann versuchen, diese einseitige Kostenbelastung im Rahmen der Preisverhandlung möglichst auszugleichen. Es liegt auf der Hand: Die Verhandlungskostendelegation folgt eher dem kompetitiven Ansatz.

Bis hierher haben wir uns 5 Ergebnisstrategien und 4 Prozessstrategien angeschaut und auch auf die Korrelationen untereinander hingewiesen. Wie wir in diesem Buch schon mehrfach gesehen haben, besonders aber im Kapitel Kooperieren oder Kämpfen, kommt es letztlich darauf an, die gesamte Strategieklaviatur zu beherrschen und sich von einer zu rigiden Strategieauffassung zu lösen.

▶ Unter einer reinen Strategie versteht man eine vollständige Handlungsanweisung, die für jede sich ergebende Situation festlegt, wie auf der Basis der vorliegenden Informationen zu handeln ist.

Denn damit ist das Strategie-Dilemma auch recht klar beschrieben: Verhandlungssituationen und Wirklichkeit allgemein lassen sich nur schlecht planen. Menschliche Interaktionen sind immer komplex, d. h. jederzeit können sich Optionen oder Sinnzusammenhänge ergeben, mit denen bis dahin niemand gerechnet hat. Zudem sind Strategien in der Regel darauf ausgerichtet, Menschen und Ressourcen besser, effizienter und konsistenter einzusetzen. Aber wir selbst ebenso wie unsere Verhandlungspartner sind nur Menschen und eine strikte Ausrichtung an rationalen Kriterien gelingt selten.

Auch Versuche der vollständigen Planbarkeit, wie sie sich in den 5-Jahres-Plänen der sozialistischen Planwirtschaft ausdrückten, sind eindrucksvoll gescheitert.

Ich möchte hier nicht zum Strategie-Verzicht aufrufen. Doch zwischen vollständiger Planung und planlosem Handeln tut sich ein weites Feld auf. Eine Möglichkeit damit umzugehen ist die evolutionäre Planung.

5.1.3 Die Evolutionäre Planung

„Evolutionäre Planung" meint, offen und mit klarer Zielvorstellung in eine Verhandlung hineinzugehen, flexibel zu bleiben, schauen was sich ergibt und einen Verhandlungsschritt nach dem anderen zu machen.

► **Tipps für Ihre Vorgehensweise**

1. Formulieren Sie ein Organisations-, Abteilungs- oder auch persönliches Leitbild, eine Vision davon, was Sie erreichen möchten und leiten Sie daraus entsprechende Ziele ab.
2. Klären Sie dann ab, wie Sie diese Ziele erreichen können, ohne sich von einzelnen Akteuren (zu) abhängig zu machen. Wer noch andere Optionen hat, ist in Verhandlungen immer im Vorteil.
3. Analysieren Sie den gesamten Verhandlungsraum, alle in Frage kommenden Verhandlungspartner, mit dem Fokus auf Ressourcen und Risiken.
4. Schauen Sie immer, welche Optionen Ihnen die meisten Handlungsmöglichkeiten offen lassen.
5. Je nach Verhandlungspunkt, Verhalten des Verhandlungspartners, Ihrer Beziehungsorientierung sowie Ihrem Interesse an den eigenen Ergebnissen und den Ergebnissen Ihres Verhandlungspartners entscheiden Sie sich zwischen
   - Wettbewerbs-,
   - Kompromiss- und
   - Win-/Win- Strategien, zwischen
   - Anpassen und
   - Vermeiden
6. Seien Sie offen, für das, was da auf Sie zukommt und verschließen Sie sich nicht den Chancen, die sich aufgrund von Zufällen und Störungen ergeben können.

7. Wenn Sie unsicher sind, welche Strategie die richtige ist, nutzen Sie die positive Kraft des negativen Denkens und fragen Sie sich, wie Sie sicherstellen können, Ihr Ziel nicht zu erreichen. Dann wissen Sie schon einmal, was Sie nicht unternehmen sollten.
8. In Meta-Phasen innerhalb von Verhandlungen und auch im Rückblick auf Verhandlungen geht es dann immer wieder darum, Ihr Vorgehen auf seine Sinnhaftigkeit und Zieleffizienz zu überprüfen. Nutzen Sie dazu den Verhandlungsloop (Abschn. 3.3).

Wie können Sie diese Empfehlungen konkret umsetzen?
Anregungen dazu haben Sie bereits an verschiedenen Stellen im Buch bekommen. Vorschläge, um sich mehr Klarheit zu verschaffen über Ihr persönliches und berufliches Leitbild und über die Ziele, die sich daraus für Sie ableiten, finden Sie unter der Überschrift „Ziele und Visionen" in Kap. 1.

Im 4. Kapitel über Macht und Einfluss in Verhandlungen finden Sie viele Impulse, um sich von einzelnen Akteuren unabhängiger zu machen. Die Entscheidung für einen speziellen Partner ist dann freier gewählt und fällt leichter.

Im 3. Kapitel „Systemisch Verhandeln" haben Sie exzellente Werkzeuge zum Ausleuchten des Verhandlungsraums, zum Aufspüren von Ressourcen, Chancen und Risiken an die Hand bekommen.

Kooperations- und Win-Win-Strategien finden Sie in Abschn. 2.1 und Wettbewerbs-Strategien im Abschn. 2.2.

Die Checkliste im Folgenden und letzten Kapitel ist eine strukturierte Anleitung zur professionellen Verhandlungsvorbereitung und verdichtet noch einmal alle hier genannten Punkte.

5.1.4 Zusammenfassung

Unter Strategie versteht man, langfristig ausgerichtet und planvoll, eine vorteilhafte Lage oder ein Ziel anzustreben.

Strategie hat weniger mit Rhetorik und Gesprächstaktik, sondern mehr mit der Vorbereitung, Gestaltung und Beobachtung des gesamten Verhandlungsraums in Bezug auf die eigenen Ziele zu tun.

Die 5 Ergebnisstrategien lauten ‚Win-Win'-, ‚Kompromiss'-, ‚Konkurrenz'-, ‚Anpassungs'- und ‚Vermeidungsstrategie'.

Die 4 Prozessstrategien lauten: Beziehungs- und Transaktionsstrategie; Verhandlungskostenvermeidung und Verhandlungskostendelegation.

Ein zu rigider Umgang mit Strategien macht unflexibel und lässt schlechtenfalls Chancen verstreichen, die sich spontan auftun.

- Nutzen Sie die acht Schritte der evolutionären Planung:
- Leitbild entwickeln, Ziele ableiten.
- Die eigene Verhandlungsmacht durch Unabhängigkeit von einzelnen Akteuren optimieren.
- Den gesamten Verhandlungsraum nach Chancen und Risiken absuchen.
- Leitfrage: Welche Optionen lassen mir die meisten Handlungsmöglichkeiten?
- Offen in Verhandlungen hineingehen
- Je nach Verhandlungspunkt, Verhandlungspartner und in Bezug zum Interesse an den eigenen Zielen und denen des Verhandlungspartners die strategischen Handlungspläne variieren.
  - Ausweichen/Passivität,
  - Nachgeben in der Hoffnung auf eine bessere Zukunft,
  - Kooperations- und Win-/Win-Strategien/Problemlöseverhalten
  - Kämpfen/Durchsetzen
  - Kompromiss aushandeln.
- Die positive Kraft des negativen Denkens nutzen
- In Meta-Phasen und nach den Verhandlungen ständig die Ziel- und Handlungseffizienz mithilfe des Verhandlungsloops überprüfen.

5.2 Checklisten für die Verhandlungsvorbereitung

Benjamin Franklin, einem der Gründerväter der Vereinigten Staaten von Amerika, wird das folgende Zitat zugeordnet: „If you fail to prepare, you prepare to fail." Wenn Du versäumst, Dich vorzubereiten, bereitest Du Dein Scheitern vor.

Daneben gibt es die Redewendung: „Je besser Du vorbereitet bist, desto härter trifft Dich der Zufall."

In meinen Augen ist beides richtig – und es gilt den stimmigen Mix zu finden. Denn: Wer zu gut vorbereitet ist, verliert häufig das Gespür für die Möglichkeiten des Augenblicks und versucht alles in seine vorbereitete Schablone zu pressen. Und wer auf die Vorbereitung verzichtet, ist offen für alles, (vielleicht auch nicht ganz dicht) und versäumt es auf jeden Fall, die mit einer strategischen Vorbereitung sich nutzenden Chancen aufzuspüren.

Ich möchte Ihnen hier verschiedene Checklisten anbieten.

Eine sehr pragmatische für die schnelle Vorbereitung. Und im Anschluss eine sehr ausführliche, mit der Sie den gesamten Raum des systemischen Verhandelns ausleuchten. Dabei sind folgende Abkürzungen verwendet:

V = Verhandlung
VG = Verhandlungsgegenstand
VP = Verhandlungspartner

5.2.1 Checkliste kompakt

Verhandlungsgegenstand – Worüber wird verhandelt?

- Wie genau definieren Sie den VG?
- Wie kann der VG aufgeteilt, erweitert oder ersetzt werden?
- Welche weiteren VG können in der V genutzt werden? ◀

Verhandlungsziele

- Wie lauten Ihre Ziele?
- Welche Interessen stehen dahinter?
- Unterteilen Sie Ihre Ziele in Muss-, Soll- und Kann-Ziele
- Welche Ziele verfolgt Ihr VP
- Welche Interessen stehen dahinter?
- Wo vermuten Sie seine Muss-, Soll- und Kann-Ziele?
- Stellen Sie Ihre Ziele und die Ziele und die Ziele Ihres VP nebeneinander:
- Wo gibt es Gemeinsamkeiten?
- Wo Unterschiede?
- Wie können Sie damit umgehen?
- Wie könnten Sie Ausgleich schaffen? ◀

Verhandlungspartner

- Wer ist Ihr VP?
- Welche Rolle hat er in seiner Organisation?
- Wer steht hinter ihm und muss noch überzeugt werden?
- Welche Argumente und Angriffe könnte Ihr VP einbringen?
- Wie können Sie darauf reagieren?
- Auf welcher Systemebene gibt es gleiche Interessen?
- Inwiefern profitieren Sie beide von der angestrebten Kooperation?
- Welche Alternativen zu diesem VP haben Sie? ◀

Strategie

- Wie wollen Sie vorgehen?
- Evolutionär oder vollständig geplant?
- Welche Ergebnis- und Prozessstrategien wenden Sie an?
- Was unternehmen sie, wenn das nicht funktioniert? Wie lautet Ihr Plan B?
- Wo liegen Ihre Stärken – und wie können Sie die Aufmerksamkeit darauf richten? Wie kommen Sie in den Verhandlungsloop? ◀

Verhandlungsrahmen

- Wo, wann und wie lange soll verhandelt werden? ◀

5.2.2 Checkliste ausführlich

Allgemein – Verhandeln heißt für Sie was?

- Welche Assoziationen verknüpfen Sie mit dem Begriff „Verhandeln"?
- Welche Überzeugungen und Glaubenssätze bezogen auf „Verhandeln" steuern Sie? Etwa: „Verhandeln heißt unter keinen Umständen nachgeben" Oder: „Verhandeln heißt, immer einen Kompromiss suchen."
- Welche positiven Erfahrungen haben Sie bisher in Verhandlungen gemacht?
  - Was genau ist gut gelaufen?
  - Was haben Sie dazu beigetragen?
  - Was hat Ihr Verhandlungspartner dazu beigetragen?
- Welche negativen Erfahrungen haben Sie bisher bei Verhandlungen gemacht?
  - Was genau ist schlecht gelaufen?
  - Was haben Sie dazu beigetragen?
  - Was hat Ihr Verhandlungspartner dazu beigetragen?
  - Stellen Sie sich vor, es wäre besser gelaufen. An welchen Stellen hätten Sie sich wie anders verhalten?

Was wollen Sie in künftigen Verhandlungen anders machen? ◀

▶ Falls Ihre Assoziationen zum Begriff ‚Verhandeln' eher schwierig sind, sprechen Sie lieber von ‚Einigungs'- oder ‚Abstimmungsgesprächen' oder auch ganz allgemein von Gesprächen.

Die aktuelle Verhandlung

- Welches Bild haben Sie von der aktuellen anstehenden Verhandlung?
  - Ist es eher eine kooperative Veranstaltung, in der beide Akteure auch die Interessen der jeweils anderen Akteure im Auge haben? Oder:
  - Ist es eher eine Verhandlung, in die Sie innerlich auf- und hochgerüstet hineingehen, weil Sie glauben, dass die andere Seite ohne Rücksicht auf Ihre Interessen den maximalen Gewinn anstrebt?
- Wie sind Sie zu diesen Auffassungen gekommen?
- Welche alternativen Deutungen gibt es?
- Welche dieser Auffassungen möchten Sie lieber bestärken, welche verändern?
- Wollen Sie Ihre Auffassungen transparent machen – oder lieber unausgesprochen lassen? ◀

Der Verhandlungsgegenstand – oder: Worüber wird verhandelt?

- Worüber wird verhandelt?
  - knappe Güter
  - Rollen und Funktionen?
  - Werte, Ziele, Einstellungen?
  - Wege zu den Zielen?
  - …
- Was genau verstehen Sie unter dem VG?
- Gibt es ungeklärte Fragen zum VG?
- Was gehört dazu und was nicht?
- Was sind Muss-, Soll – und Kann- (nice-to-have) Verhandlungsgegenstände?
- Kann der VG/können einzelne VG ersetzt werden und wenn ja – wodurch?
- Gibt es Möglichkeiten (generell: alternative Aufteilungsschlüssel), den Verhandlungsgegenstand so zu zerlegen, aufzuteilen oder zu erweitern, dass damit die Verhandlungsziele beider Akteure erreicht werden können? (Kuchen vergrößern, Logrolling, spezifische und unspezifische Konzessionen, Bridging, ADI-, EBS-, OPV-Methode)
- Welche Lösungen (auch: Side-Deals) sind außerdem denkbar, wenn weitere, dem Verhandlungsgegenstand nahestehende oder generell Ausgleich ermöglichende Ressourcenklassen hinzugezogen werden (Geld, Güter, Dienste, Zeit, Zuwendung, Status, Information)?
- Möchten Sie die gegenwärtige Verhandlung (über diesen VG) mit anderen Verhandlungen (und anderen VG) verbinden?
- Ist der Verhandlungsgegenstand möglicherweise ein Stellvertreter für dahinter liegende Motive und Interessen (siehe Ressourcenklassen), die auch anderweitig erfüllt werden können?
- Wie können die von den Akteuren eingebrachten Verhandlungsgegenstände und die verschiedenen von den Akteuren verfolgten Interessen miteinander verbunden werden?
- Worauf ist der Aufmerksamkeitsfokus gerichtet – welche VG und Aspekte stehen im Zentrum der Beobachtung?
- Was bleibt dabei außer Acht?
- Wie gut kennen Sie sich mit dem VG aus?
- Wo liegen Ihre Stärken?
- Können und möchten Sie den Aufmerksamkeitsfokus verschieben? ◄

Ihr Verhandlungspartner oder: Mit wem verhandeln Sie?

- Wer ist Ihr VP?
- Welches Image hat der VP und seine Organisation bei Ihnen?
- Welche Erfahrungen haben Sie mit
  - mit diesen Menschen?

  - mit dieser Organisation?
  - in diesem Kontext?
- Welche Erwartungen haben Sie an Ihren VP, seine Organisation und die beteiligten Akteure?
- Wie sähe es aus, wenn Sie sich vorstellen würden, dass Sie beide konstruktiv miteinander verhandeln?
- Welches Verhalten wäre für Sie auch in schwierigen Verhandlungssituationen noch okay – welches nicht?
- Welche Rolle hat Ihr VP in seiner Organisation?
- Welche Ziele muss er erreichen?
- Wer steht hinter Ihrem VP?
- Wer muss noch überzeugt werden?
- Wer könnte ein Interesse daran haben, dass die Verhandlung gelingt?
- Wer könnte ein Interesse daran haben, dass die Verhandlung scheitert?
- Welches Image haben Sie/Ihre Organisation bei Ihrem VP?
- Welche guten oder schlechten Erfahrungen hat er mit Ihnen gemacht?
- Wie sieht in seinen Augen eine gute Zusammenarbeit aus?
- Woran würde ein Außenstehender erkennen, dass sie beide gut und konstruktiv miteinander verhandeln?
- Welchen dieser Punkte wollen Sie im Vorfeld oder zu Beginn der Verhandlung in Erfahrung bringen?
- Wo gibt es Gemeinsamkeiten zwischen Ihnen und Ihrem VP (beruflich, fachlich, persönlich-biografisch)?
- Auf welcher Systemebene gibt es gleiche Interessen?
- Wie können Sie diese Interessen und Gemeinsamkeiten thematisieren?
- Welche Möglichkeiten ergeben sich, wenn Sie sich mit Ihrem Verhandlungspartner (gemeinsame) Kunden, Lieferanten, Konkurrenten und Komplementoren anschauen?
- Wie sehen Sie Ihre Beziehung zu ihrem VP (gleich zu gleich, über – oder unterlegen)?
- Falls unterlegen – was können Sie unternehmen, um sich innerlich zumindest gleichzustellen?
- Welche anderen Akteure in Ihrer Organisation oder in der Organisation ihres Verhandlungspartners gibt es, die Sie für Ihre oder die gemeinsamen Interessen nutzen können?
- Sind Sie mit der Zusammensetzung des Verhandlungsteams einverstanden?
- Würden Sie gerne andere Akteure dazu holen?
- Wen möchten Sie lieber nicht dabei haben?
- Was müssten Sie unternehmen, um diese Verhandlung zum Scheitern zu bringen?
- Werden Sie einmalig in dieser Konstellation verhandeln oder öfter?
- Was leiten Sie daraus ab?
- Falls Sie bereits Erfahrungen mit diesem VP haben: Nach welchen (bewussten oder unbewussten) Regeln laufen die Verhandlungen ab?

- Welche dieser Regeln wollen Sie verändern?
- Welche Vorteile ergeben sich für beide Seiten bei einer wiederholten oder dauerhaften Zusammenarbeit?
- Gibt es andere Akteure, mit denen gleichzeitig verhandelt wird?
- Wer entscheidet anhand welcher Kriterien ob und mit welchen Akteuren weiterverhandelt wird?
- Was hat dazu geführt, ausgerechnet mit diesen Akteuren in eine Verhandlungsinteraktion einzutreten?
- Welche Möglichkeiten ergeben sich durch die Kooperation mit diesem VP?
- Welche Kooperationsmöglichkeiten mit anderen Akteuren sind dann nicht mehr möglich?
- Sind Sie bereit, diesen Preis zu zahlen?
- Welche Alternativen zu diesem VP haben Sie?
- Mit welchen VP oder Organisationen könnten Sie ähnliche oder bessere Ergebnisse erzielen?
- Wieso haben Sie diese Alternativen abgelehnt?
- Wo liegen die Vor- und Nachteile der verschiedenen VP?
- Welche Optionen lassen Ihnen die meisten Handlungsmöglichkeiten offen?
- Was ist Ihren VP wichtig?
  - Zahlen, Daten Fakten?
  - Beziehungen, Werte?
  - persönlicher Nutzen?
  - Kompetenzen, logische Analyse, Visionen?
- Welche Argumente wird er ins Feld führen?
- Wie begegnen Sie diesen Argumenten?
- Wie lauten Ihre Argumente?
- Mit welchen Gegenargumenten rechnen Sie – und wie wollen Sie denen begegnen ◄

Verhandlungsziele: Was wollen Sie erreichen?

- Was wollen Sie erreichen?
- Wie lautet Ihr Ziel/Ihre Ziele?
- Aus welchen Gründen ist Ihnen das wichtig?
- Welche Motive und Interessen stehen dahinter?
- Welches sind Ihre Muss-, Kann- und ‚Nice-to-have'-Ziele?
- Was verändert sich, wenn Sie Ihre Ziele erreichen?
- Wie lauten Ihre Einstiegs-, Ziel- und Abbruchspunkte?
- Was könnte Sie dazu bringen, Ihre Abbruchspunkte zu verändern?
- Welche Rolle spielen diese Ziele für Sie, Ihr Team, Ihre Abteilung, Ihre Organisation?
- Wie wirkt sich das Erreichen dieser Ziele auf die Zukunft aus?
- Welche kurz-, mittel- und langfristigen Auswirkungen ergeben sich durch diese Ziele

  - ökonomisch und bezogen auf die
  - Beziehung der Verhandlungsakteure zueinander?
- Haben Sie alle Kompetenzen, die Sie brauchen, um diese Verhandlung zu führen?
- Wen wollen Sie noch dazu holen?
- An welchen Stellen müssen oder wollen Sie sich noch absichern?
- Was geschieht, wenn Sie diese Ziele nicht erreichen?
- Welche Alternativen haben Sie?
- *Verhandlungsziele Ihres Partners (angenommen)*
- Welche Ziele hat Ihr Gegenüber?
- Aus welchen Gründen sind diese Ziele von Bedeutung?
- Welche Motive und Interessen stehen dahinter?
- Welches sind seine Muss-, Kann- und ‚nice-to-have'-Ziele?
- Was verändert sich, wenn er diese Ziele erreicht hat?
- Wo vermuten Sie seine Ausgangs-, Ziel- und Abbruchspunkte Ihres VP?
- Wie könnten Sie Informationen hierzu beschaffen?
- Welche Rolle spielen diese Ziele für Ihren VP, sein Team, seine Abteilung, seine Organisation?
- Wie wirkt sich das Erreichen dieser Ziele auf die Zukunft aus?
- Wenn Sie Ihre Ziele und die des VP nebeneinander sehen –
- Wo sehen Sie Gemeinsamkeiten?
- Wo Unterschiede?
- Wo Schwierigkeiten?
- Wie könnten sie mit diesen Schwierigkeiten umgehen?
- Wo könnten sie dem VP entgegenkommen?
- Wo nicht? (Leitspruch: Bei Kleinigkeiten großzügig sein, bei den wichtigen Punkten hartnäckig bleiben.) ◄

Strategien und Taktiken: Wie wollen Sie es erreichen?

Ausgangsfrage:
- Auf welchem Weg wollen Sie Ihre Ziele erreichen?
- Eher beziehungsorientiert oder eher ergebnisorientiert?
- Zu welchem Verhandlungspunkt wählen Sie welche Ergebnisstrategie?
  - Ausweichen
  - Anpassen
  - Kompromiss
  - Win-Win
  - Konkurrenz
- Welche Prozessstrategie wählen Sie?
  - Verhandlungskostenvermeidung
  - Verhandlungskostendelegation
  - Beziehung
  - Interaktion

Oder gehen Sie **lieber evolutionär** vor, d. h.: mit einer klaren Zielvorstellung offen in eine Verhandlung hinein, flexibel bleiben, schauen was sich ergibt und einen Verhandlungsschritt nach dem anderen machen?

- Was machen Sie, wenn Ihre Strategie nicht aufgeht?
- Wie lautet Ihr Plan B?
- Was würde für Sie eine Verhandlungsunterbrechung nötig machen?
- Wie gehen Sie in den Verhandlungsloop?
- Wie können Sie sicherstellen, immer wieder aus dem Geschehen aussteigen und über ihre Ziele und den Prozess reflektieren zu können? ◀

Verhandlungsrahmen

- Wo soll die Verhandlung stattfinden?
- Wann?
- Wie lange soll sie dauern? ◀

5.3 Verhandlungsnachbereitung

Haben sich Ihre Annahmen über die Verhandlung bestätigt?
Haben Sie Ihre Ziele erreicht? Bitte beurteilen Sie Ihre Zielerreichung pro VG:

VG	Gestecktes Ziel	Zielerreichung in %	Kompensationsgeschäft
–			
–			
–			

Wie zufrieden sind Sie – und wie erklären Sie sich die Abweichungen?
Welche Strategien hatten Sie in dieser Verhandlung geplant – und wie ist es dann tatsächlich gelaufen?
Wie erklären Sie sich die Abweichungen?
Hat sich die Beziehung der VP und der verhandelnden Organisationen

- eher gebessert
- eher verschlechtert
- oder ist sie eher gleich geblieben

Falls a oder b – wie erklären Sie sich die Abweichungen?
Was waren die Knackpunkte in dieser Verhandlung – und wie sind sie damit umgegangen?
Welche ‚lessons learnt' ziehen Sie aus dieser Verhandlung für kommende Verhandlungen

- in Bezug auf die Verhandlungsvorbereitung
- in Bezug auf die Verhandlungsführung

Literatur

Fisher, R., Ury, W., & Patton, B. (2013/2018). *Das Harvard-konzept*. Erweitert und neu übersetzt. München

Gordon, Th. (2009). *Managerkonferenz*. München.

Herbst, U., & Voeth, M. (2009/2015). *Verhandlungsmanagement*. Planung, Steuerung und Analyse. Stuttgart.

Lewicki, R., Hiam, A., & Olander, K. W. (1998). *Verhandeln mit Strategie*. Zürich.

Pruitt, D. G., & Carnevale, P. J. (1993). *Negotiation in social conflict*. Buckingham.

Pruitt, D. G., & Rubin, J. Z. (2004). *Social conflict*. New York.

Stichwortverzeichnis

U. Kreggenfeld, *Erfolgreich systemisch verhandeln*,
https://doi.org/10.1007/978-3-658-33906-7

GEFANGENEN-DILEMMA (Tit-for-tat)

Beide gestehen: 4 | 4

Beide schweigen: 2 | 2

1 gesteht | 1 schw. frei | ?

besser erklärt:
Handy Download
Strategie nur interessant
bei angenommener Wdh.

Kooperation
= Ziel: eine für alle gute Lösung (kann ambitioniert sein) f. beide

=> Karten auf den Tisch
Brainstorming
Kreative Lösungserarbeit.
≠ schnell
= ungewöhnliche Lösungen (z.B. Side-Deals)

Kompetition
– ich hole für mich das Beste raus

MIX
Papier aus verantwortungsvollen Quellen
Paper from responsible sources
FSC® C105338

Printed by Books on Demand, Germany